SCIENCE POPULARIZATION OF
ADVANCED MATERIALS
IN CHINA
ANNUAL REPORT (2024)

U0739218

中国新材料
科学普及报告
2024

—— 走近前沿新材料6

中国材料研究学会
组织编写

化学工业出版社
·北京·

内容简介

新材料产业是制造强国的基础，是高新技术产业发展的基石和先导。为了普及材料知识，吸引青少年投身于材料研究，本书甄选了部分对我国发展至关重要的前沿新材料进行介绍：书中涵盖了多种前沿新材料，主要涉及手性传感器、聚集诱导发光材料、电子皮肤、单原子催化剂、光热除冰材料、钠离子电池、超分子机器、锗与铷等材料。全书所选内容既有我国已经取得的一批革命性技术成果，也有国际前沿材料、先进材料的研究成果，以期推动我国材料研究和产业快速发展。

书中对每一种材料深入浅出地阐释了其起源、范畴、定义和应用领域，全彩印刷，图文并茂，可为广大读者更好地学习和了解前沿新材料提供参考。

图书在版编目（CIP）数据

中国新材料科学普及报告．2024：走近前沿新材料．
6 / 中国材料研究学会组织编写． -- 北京：化学工业出
版社，2025．7． -- ISBN 978-7-122-48350-8

Ⅰ．TB3

中国国家版本馆CIP数据核字第2025SY5753号

责任编辑：刘丽宏
文字编辑：吴开亮
责任校对：田睿涵
装帧设计：王晓宇

出版发行：化学工业出版社
　　　　　（北京市东城区青年湖南街 13 号　邮政编码 100011）
印　　装：天津市豪迈印务有限公司
787mm×1092mm　1/16　印张 11½　字数 219 千字
2025 年 10 月北京第 1 版第 1 次印刷

购书咨询：010-64518888　　　　售后服务：010-64518899
网　　址：http://www.cip.com.cn
凡购买本书，如有缺损质量问题，本社销售中心负责调换。

定　　价：108.00元　　　　　　　　版权所有　违者必究

《中国新材料科学普及报告（2024）》

—————————————— 编 委 会 ——————————————

总序

新一轮科技革命与产业变革深入发展，新的"技术-经济"周期加速酝酿。科学研究持续突破认知边界，技术创新空前活跃，自然科学与工程技术深度交融，推动前沿科技领域的重大群体性突破。全球竞逐新赛道，高技术领域成国际竞争主战场，科技创新版图深度重构，正重塑全球秩序与发展格局。我国建设科技强国面临环境更复杂、任务更艰巨、挑战更严峻。亟需强化基础研究，推动产业升级，从源头破解技术瓶颈，率先突破关键颠覆性技术，对掌握未来发展新优势、把握全球战略主动权至关重要。

新材料是新能源、人工智能、生物医药、电子信息等战略领域的核心引擎。历年公开出版的《中国新材料研究前沿报告》《中国新材料产业发展报告》《中国新材料技术应用报告》《中国新材料科学普及报告：走近前沿新材料》新材料系列品牌战略咨询报告，锚定全球科技创新关键阶段，面向国家重大需求，聚焦"卡脖子"与"前沿必争"领域突破，破解行业发展重大共性难题及新兴产业推进关键瓶颈，通过集群聚智，持续提升原始创新能力、构建产业技术体系、推动技术应用融合、强化科学普及，形成体系化国家战略布局。

本期公开出版的四部咨询报告为《中国新材料研究前沿报告（2024）》《中国新材料产业发展报告（2024）》《中国新材料技术应用报告（2024）》《中国新材料科学普及报告（2024）——走近前沿新材料6》，由中国材料研究学会组织编写，由中国材料研究学会新材料发展战略研究院组织实施。其中，《中国新材料研究前沿报告（2024）》聚焦行业发展重大原创技术、关键战略材料领域基础研究进展和新材料创新能力建设，定位发展过程中面临的问题，并提出应对策略和指导性发展建议；《中国新材料产业发展报告（2024）》围绕先进基础材料、关键战略材料和前沿新材料的产业化发展路径和保障能力问题，提出关键突破口、发展思路和解决方案；《中国新材料技术应用报告（2024）》基于新材料在基础工业领域、关键战略产业领域和新兴产业领域中应用化、集成化问题以及新材料应用体系建设问题，提出解决方案和政策建议；《中国新材料科学普及报告（2024）——走近前沿新材料6》旨在推送新材料领域的新理论、新技术、新知识、新术语，将科技成果科普化，推动实验室成果走向千家万户。四部报告还得到了中国工程院重大咨询项目"关键战略材料研发与产业发展路径研究""新材料前沿技术及科普发展战略研究""新材料研发与产业强国战略研究"和"先进材料工程科技未来20年发展战略研究"等课题支持。在此，对参与这项工作的专家们的辛苦工作，致以诚挚的谢意！希望我们不断总结经验，提升战略研究水平，有力地为中国新材料发展做好战略保障与支持。

以上四部著作可以服务于我国广大材料科技工作者、工程技术人员、青年学生、政府相关部门人员。对于图书中存在的不足之处，望社会各界人士不吝批评指正，我们期望每年为读者提供内容更加充实、新颖的高质量、高水平图书。

魏炳波 李元元

二〇二四年十二月

前 言

新材料的革新始终是推动文明跃迁的核心力量。从青铜器到硅基芯片，从钢铁洪流到碳纤维翱翔，每一次新材料的突破都重塑了世界格局。当今，全球新材料呈现爆发式发展态势，芯片原材料、钠离子电池、单原子催化、电子皮肤、超分子及手性传感等新兴领域正重塑产业格局。

《中国新材料科学普及报告（2024）——走近前沿新材料6》（以下简称《报告》）系列科普读物聚焦国家战略部署要求，围绕新材料领域不断涌现出的新理论、新概念、新知识和新技术远远超过跨行业科技和工程技术人员认知速度的问题，向全社会推介新材料科普知识，普及科学知识和技术进步，服务高水平科技自立自强。报告各篇独立成章主要涉及锗/铷关键战略金属、手性传感器、钠离子电池、单原子催化剂、光热除冰材料、聚集诱导发光材料、电子皮肤、超分子机器。

《报告》各章集聚了新材料研究、制造、应用等领域的优秀科学工作者和科普专家的智慧，以深厚的学养与澎湃的激情，将实验室的尖端探索化为纸上的智慧之光。感谢各位作者分享他们在新材料领域的知识和成果，让我们有机会走近前沿新材料，从而加深对它们的认知。由于创作时间紧，书中还存在诸多不足之处，敬请各位读者谅解。同时，我代表编委会呼吁更多的科技工作者参与到材料科普工作中来，为读者奉献出更加精彩的作品。

特别感谢参与本书编写的所有作者：

- 手性传感器　莫尊理　许　萌
- 聚集诱导发光材料　史湘绮　熊　伟　卢　曦　李传福
- 电子皮肤　郭予宸　孙喜顿　潘力佳
- 单原子催化剂　曲　博　于　博　王亚晶
- 光热除冰材料　杨思艳
- 锗的奥秘　刘萧晗　孟郁苗　赵太平

- 钠离子电池　陈人杰　刘　琦
- 超分子机器　张　琦
- 铷的奥秘　谭彦妮　吕剑锋　陈晔松　张培森

　　希望本书的出版能够为有关部门的管理人员、从事新材料科技工作者、产业技术开发人员、科普人员以及其他相关人员提供有价值的参考。

许建新

二〇二四年十二月

目 录

Approaching Frontiers
of
New Materials

第1章

手性传感器

莫尊理　许萌

手性是化学和材料科学中的重要概念之一。随着科技的发展，在纳米科技领域，手性纳米材料的研究逐渐成为热点。手性材料由于其独特的结构特性，展现出了与传统材料截然不同的光学、电学和催化特性。

1.1 什么是手性

手性是指一个物体与其镜像无法重合的几何特性，通常可以用"右手"和"左手"来形象比喻。在化学中，如果一个分子拥有此特性，那么这个分子就被称为手性分子。手性分子可以有两种形式，称为对映体，这两种形式在化学和生物性质上往往表现出截然不同的行为。在医药领域，一些药物的一个手性异构体可能具有良好的疗效，但另一种不仅没有疗效，甚至可能引起严重的副作用，危害人体生命健康[1]。

1.2 什么是手性传感器

手性传感器是一种用于识别和分析手性分子特性的高灵敏度设备，主要用于区分出同一化合物的不同对映体。手性传感器的设计及应用源于手性分子的特殊性质，手性分子在空间结构上的差异会导致其在化学行为、物理特性和生物活性等方面表现出显著的不同。这种特性在药物开发、食品安全、环境监测和生物分析等领域扮演着至关重要的角色，因此，具有高选择性和灵敏度的手性传感器在当今受到广泛关注[2]。如图1-1所示。

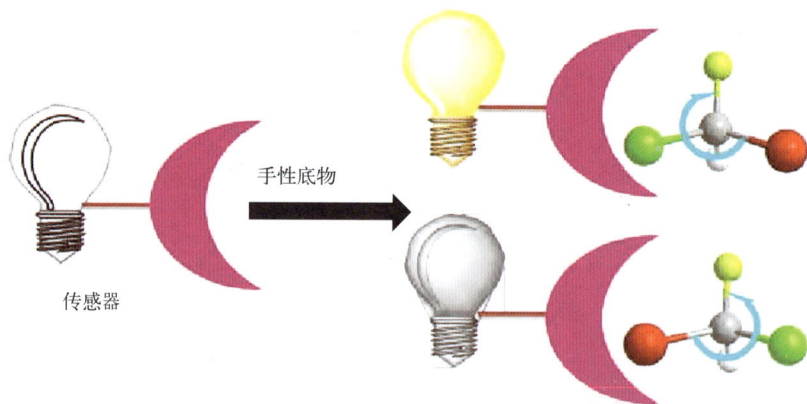

图1-1 手性传感器识别一对对映体图示[3]

1.3　手性传感器核心材料的合成

（1）溶剂热法

选择适当的手性源（胺类、有机酸等）和结构模板（金属离子、聚合物等），将材料溶解于特定的溶剂（水、醇类、醚类等）中，将配制好的反应混合物转移至高压反应釜中，将反应釜加热至特定的温度，一般合成温度在100～300℃，并根据需求调整内部压力，维持几小时到几天，在高温高压环境中反应生成手性纳米材料。通过调节溶剂的性质、反应时间和温度，可以控制手性传感器的形貌和尺寸。

（2）水热法

水热法是目前较为常见的手性传感器核心材料的合成技术，与溶剂热法类似，该方法通常在封闭的反应器中进行，能够利用水的溶媒特性，促进溶质的溶解和反应物的反应，进而提高晶体的生长速率和质量。选择合适的手性源和金属前驱体，适当调节反应所需pH值，控制温度在100～250℃之间。该方法能够有效控制粒子的形状和大小，同时能够提高手性纳米材料的结晶性。

（3）自组装法

自组装是一种物理或化学过程，是分子在特定条件下自发地形成有序结构。这一过程能够实现材料的组装，同时保持其原有的化学性质和手性。自组装法是一种通过分子间的相互作用（氢键、静电作用、π-π堆积等）引导分子自发地组装成复杂结构的技术。它可以用于合成纳米颗粒、自组装单元、薄膜以及其他复杂的功能材料。选择具有手性的分子或手性配体，将前驱体溶解在合适的溶剂中，通过降温、加入组装助剂或蒸发溶剂等方法，促进手性分子的自组装，使分子间相互作用形成有序的结构。

（4）气相沉积法

气相沉积法是一种利用气相前驱物通过化学反应在基材表面沉积薄膜或其他结构的方法。这一过程可以在常压或低压条件下进行。气相前驱物在基材表面反应，产生的固体材料会迅速附着在基材上，形成所需的手性材料。根据目标手性材料的性质，选择合适的气相前驱物。前驱物通常是手性金属络合物或其他有机化合物。将硅、玻璃或金属等反应基材放置于气相沉积反应室中，确保反应室密封良好，并保持适宜的真空或低气压环境，以减少杂质和其他影响因素将气相前驱物引入反应室，同时调节温度、压力和气流速率，这些参数会直接影响沉积的速率和材料的质量。反应温度通常在几百摄氏度，具体取决于气相前驱物的性质和目标材料。在设定的条件下，气相前驱物与其他反应物（氢气、氮气等）反应，形成固态材料，并在基材表面沉积。

（5）溶胶-凝胶法

溶胶-凝胶法是一种广泛用于合成陶瓷材料、薄膜和纳米材料的化学方法。在手性传感器核心材料的制备中，溶胶-凝胶法因其优良的可控性和多样性，成为一种重要的合成技术。要依据目标手性材料的性质选择合适的金属有机前驱体（金属醇盐）或有机分子（手性小分子、手性聚合物等）。常见的前驱体有四乙氧基硅（TEOS）等。将选定的前驱体溶解在适当的溶剂中（醇、醇水混合溶液），并添加必要的化学试剂（催化剂、稳定剂、调节剂等），以促进前驱体的水解和缩聚反应，形成溶胶。再通过调节温度、pH值和反应时间等条件来控制溶胶的形成。随着水解和缩聚反应的进行，形成的溶胶会逐渐转化为凝胶。在此过程中，溶胶中分子的网络结构开始形成。凝胶化的过程通常涉及分子间的交联，形成三维网络结构，其稳定性和韧性取决于原料的选择和反应条件的控制。随后通过干燥和煅烧过程形成纳米材料。在合成过程中，可以引入手性助剂，使得得到的材料具备手性特性。

（6）模板法

根据目标手性材料的特性，选择合适的模板。模板的形状、尺寸和材料性质会影响合成材料最终的形态和功能。通常选择聚苯乙烯（PS）、聚四氟乙烯（PTFE）等可溶性或可去除的聚合物作为模板，再在模板上通过光刻、电子束刻蚀、聚合等方法制造微纳米结构，确保模板表面光滑、均匀，以利于后续材料的沉积。在沉积的过程中，前驱体材料在模板的表面形成一层均匀的薄膜或颗粒结构。完成材料的沉积后，通过焙烧、溶剂溶解或化学方法去除模板。根据所选模板的性质，可以选择合适的去除方法。在去除模板后，可以对材料进行热处理、化学修饰或表面功能化，以优化其手性特性和传感性能。

（7）生物合成法

生物合成法利用生物体（微生物、植物、酶等）作为合成的基本单元，通过催化反应将简单的前体转化为复杂的手性分子或材料。生物合成法制造手性传感器的途径主要有全细胞催化和酶催化两种。全细胞催化利用活细胞的代谢能力将简单的底物转化为手性分子；酶催化利用酶的催化功能，这些酶通常具有高度的立体选择性，能够在温和的条件下进行反应。在合成过程中，首先根据所需手性材料的类型和性质，选择合适的微生物（细菌、酵母、真菌等）、植物提取物或特定的酶。一些酵母和细菌能够催化特定手性分子的合成。利用微生物、植物提取物等合成手性

纳米材料，由于生物体自身的生物合成途径，通常能较好地控制材料的手性和生物相容性。若选择微生物或植物，首先需要在合适的培养基中进行培养，获得足够的细胞或植物提取物。而酶催化可能需要从微生物或植物中提取和纯化酶，以提高催化效果和选择性。在合成过程中，首先要准备所需的底物，这些底物是生物体或酶能够催化转化的底物。底物的选择会直接影响最终产品的手性和纯度。在合适的温度、pH值、时间等反应条件下，将底物与细胞或酶混合，进行催化反应。细胞或酶会利用自身的代谢过程将底物转化为手性产物。反应完成后，通过液-液萃取、色谱分离等方法从反应体系中分离和纯化所获得的手性产物，确保产物的手性特征得到保留。见表1-1。

表1-1 已报道的手性传感器核心材料的合成方法、特点及应用

合成方法	特点	应用
溶剂热法	高结晶性：高温促使晶体生长，通常得到较高的结晶质量。 多样化的形貌：通过调整溶剂种类、反应温度和时间，能够合成不同形状和尺寸的纳米材料（如颗粒、棒状或片状）。 形貌控制：通过改变反应物的浓度和溶液的pH值，可以适当控制材料的手性	利用溶剂热法合成的手性金属纳米粒子，能够通过表面等离子体共振效应实现对手性分子的检测，具有优异的灵敏度
水热法	快速合成：通常反应时间较短，可以在几小时内完成合成。 环境友好：水作为反应介质，降低了对环境的影响，并且具有较好的经济性	在水热法中，常常通过添加手性试剂来调控生成的纳米材料的手性。基于水热法生成的手性氧化锌纳米晶体，可以用于探测手性氨基酸
自组装法	简便易行：该方法常常不需要复杂的合成步骤。 高选择性：通过选择合适的手性分子，可以实现对特定手性分子的选择性识别	自组装的手性有机纳米材料能够用于手性分子的光学识别，利用其特有的光学性质进行定量分析
气相沉积法	高纯度：可以控制沉积的气体成分，得到高纯度的材料。 厚度均匀性：通过控制沉积时间可以得到均匀的膜层，有助于实现均一的传感性能	利用CVD法制备的手性石墨烯纳米材料，凭借其优越的电导性和光学属性，可以应用于手性分子的快速检测
溶胶-凝胶法	大规模合成：适合连续生产，便于大规模制备。 低温合成：相对较低的合成温度可以保护热敏感材料	在医药领域，溶胶-凝胶法合成的手性二氧化钛纳米材料可以用于药物传递，促进药物的靶向释放
模板法	高度可控：能够精确控制纳米材料的形态及其几何特征。 多样性：模板材料的多样性使得能够获得不同类型的纳米结构	手性多孔材料的模板法合成，能够制造出用于气体传感的高性能手性传感器，具有较高的选择性和灵敏度
生物合成法	环境友好：生物合成通常是绿色的，不产生有害废物。 可再生性：生物材料的可得性强，具有可持续发展潜力	利用植物提取物合成的手性银纳米颗粒，能够实现对某些药物分子的光学活性检测，具有良好的生物相容性

1.4 手性识别材料

　　手性传感器的核心组件是手性识别材料，它直接参与待测手性分子的相互作用。选择合适的手性识别材料是设计高性能手性传感器的关键。手性聚合物和金属有机框架（MOF）是目前较为常见的手性识别材料，手性聚合物通常具有固定的手性官能团，能够通过氢键、离子相互作用或范德瓦尔斯力与手性分子形成特定的配位或结合。聚乳酸（PLA）和聚丙烯酰胺（PAM）等可以通过选择合适的单体配方和聚合条件，合成具有特定手性的聚合物[4]。而MOF具有有序的孔隙结构和高度可调的化学环境，能够通过对手性分子的选择性吸附实现手性识别。有研究人员制备了环糊精-金属有机框架，然后通过浸没沉淀法与聚偏二氟乙烯（PVDF）聚合物复合，首次形成用于手性氨基酸分离的CD-MOF/PVDF复合膜，这在药物手性分离中具有重要意义（图1-2）[5]。

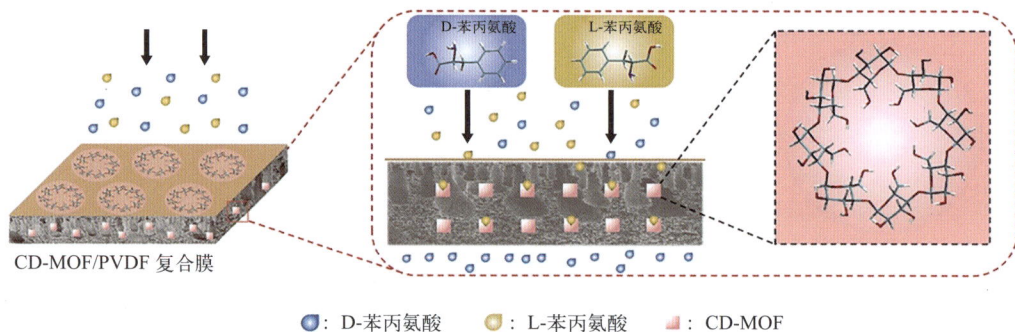

图1-2　CD-MOF/PVDF复合膜手性分离机理示意图[5]

　　除此之外，生物大分子同样是手性识别的重要材料。抗体、酶和一些蛋白质具有的天然手性结构和高度选择的结合能力，使其在手性检测中具有独特的优势。有研究报道通过亚胺还原酶、胺脱氢酶、单胺氧化酶和细胞色素P450四种酶来促进手性胺的合成，这种方法可以在温和的条件下进行，使用生物催化剂也不需要激活官能团。此外，在避免使用有毒试剂的同时产生更少的副产物上，酶表现出的优异的化学选择性、区域选择性和立体选择性，使生物催化路线与传统的非生物催化相比具有相当大的优势[6]。

1.5 手性传感器的工作原理

　　手性传感器通常依赖于特定的手性识别材料，这些材料能够与待测的手性对映体进行特异性的相互作用。手性分子在空间中存在镜像不对称性，通常以两个对映体的形式存在，而这些对映体在化学和生物活性方面表现出显著差异，因此对其进行精确检测至关重要。

1.5.1 手性识别机制

手性传感器的手性识别机制基于手性分子特有的立体化学性质和相互作用力，它们能够区别两种或多种手性异构体，即构型相同但空间排列不同的分子。这种能力在分析化学、药物研发、食品安全及环境监测等领域具有重要意义。手性分子的不同异构体可能表现出相差甚远的生物活性，因此，开发出能有效区分这些分子的传感器是非常必要的。手性传感器的工作原理通常涉及光学性质、信号增强效应及分子相互作用等多个方面。

手性传感器的识别机制通常依赖于光学活动。手性分子的分子结构特定空间构型导致其对偏振光的旋光性影响不同。通过使用日常应用的光源，并对光的偏振态进行检测，研究人员可以确定手性分子所对应的构型。利用这种光学效应制作的手性传感器，可以通过对光信号变化的监测来实现手性识别。这种方法的灵敏度和选择性极大地依赖于传感器的设计，以及光源和检测器的配置。手性传感器通常会采用一些特定的材料，这些材料具有特定的光学响应特性，可以用来放大信号，增强识别能力。手性传感器中的表面增强拉曼散射（SERS）效应也是手性识别的重要机制。SERS技术借助金或银等金属纳米结构表面的局部电场增强效应，可以使得手性分子在表面附近的拉曼散射信号显著提高。当手性分子吸附在金属纳米颗粒表面时，由于手性分子与金属表面之间存在的范德瓦尔斯力或氢键的相互作用，手性分子的拉曼散射信号在特定波长下发生显著放大。通过分析拉曼散射信号的强度和频率，手性传感器不仅可以实现手性分子的识别，还能够进一步获取分子的浓度等信息。这一机制的优势在于其对样品的要求相对较低，并可用于复杂基质的检测，如生物液体和环境样本。

除此之外，手性传感器的识别机制还包括表面选择性和化学选择性。这种选择性通常源自手性传感器设计时采用的手性配体或材料。采用手性分子作为传感器的功能单元时，分子表面的手性结构可以与待测分子的立体结构发生特异性相互作用，这能够增强生成的特征信号，使手性传感器对特定异构体展现出高选择性。相互作用包括配位作用、氢键和疏水相互作用等，再通过设计手性配体的结构，使手性传感器的灵敏度和选择性得到显著提高，即便是在较低浓度下也能准确区分不同的手性分子。

随着纳米技术和材料科学的发展，利用新颖的纳米材料构建出了高表面积与高活性位点的手性传感器，极大增强了识别能力。这些纳米结构赋予手性传感器更好的物化性能，使得其能够在不同环境中稳定地工作。高效的手性识别机制使手性传感器在药物检测、食品安全和污染物监测等领域展现出良好的性能。

1.5.2　信号传导机制

手性传感器的信号传导机制是其核心机制之一，也是实现对手性分子有效识别和检测的关键。信号传导通常涉及不同的物理和化学作用，能够将外部信号转化为可测量的响应，进而实现手性分子的鉴别。手性传感器采用了特定的手性材料，能够通过选择性结合、配位和氢键等方式与手性分子形成特征复合物。当手性分子结合在传感器材料的活性位点时，会引发传感器电导率、光吸收或拉曼散射等特征信号的变化。传感信号的强度和特性取决于手性分子的浓度、性质以及与手性传感器界面的相互作用强度，是手性识别的基础。

1.6　电化学手性传感器

电化学手性传感器是用于检测和分析手性分子的高性能工具。由于电化学手性传感器具有制备方法简单、响应灵敏和检测快速等特点，引起了各界的广泛关注，在药物监测、食品安全和环境检测等领域具有广泛的应用前景。这类手性传感器的工作原理复杂，涉及电化学反应、手性识别和信号转导等多个过程。

1.6.1　电化学手性传感器的工作原理

手性分子与手性传感器表面的检测材料相互作用，引发电化学反应，产生电流、电压的变化，再通过选择性识别信号的变化来区分不同手性异构体。碳纳米管、石墨烯纳米片等材料在与特定手性分子反应时会表现出明显的电化学信号差异。最后将电信号转换为可供分析的数据，并通过特定算法或机器学习模型进行解析，实现手性异构体的定量和定性分析。

1.6.2　识别材料

1.6.2.1　碳基材料

碳基材料因优良的电导性、化学稳定性和可调性在手性分子检测方面得到了广泛应用。目前，碳纳米管、石墨烯纳米片、碳量子点等是构建电化学手性传感器的主要材料。这些碳基材料可以通过表面修饰、静电作用和共价键等方式与多种物质形成复合材料，在电化学手性传感中得到广泛应用。有研究者通过简单的循环伏安法技术在玻璃碳电极上成功制备了羧基化碳纳米管阵列。羧基化碳纳米管以乙二胺作为连接剂，有序地附着在玻璃碳电极的氧化表面，从而形成单壁碳纳米管阵列。手性碳纳米管的应用使该阵列成为一个手性空间，这种手性单壁碳纳米管基于阵列的电极在伏安法技术下对3,4-二羟基苯丙氨酸的对映体显示出优异的识别效果[7]。如图1-3所示。

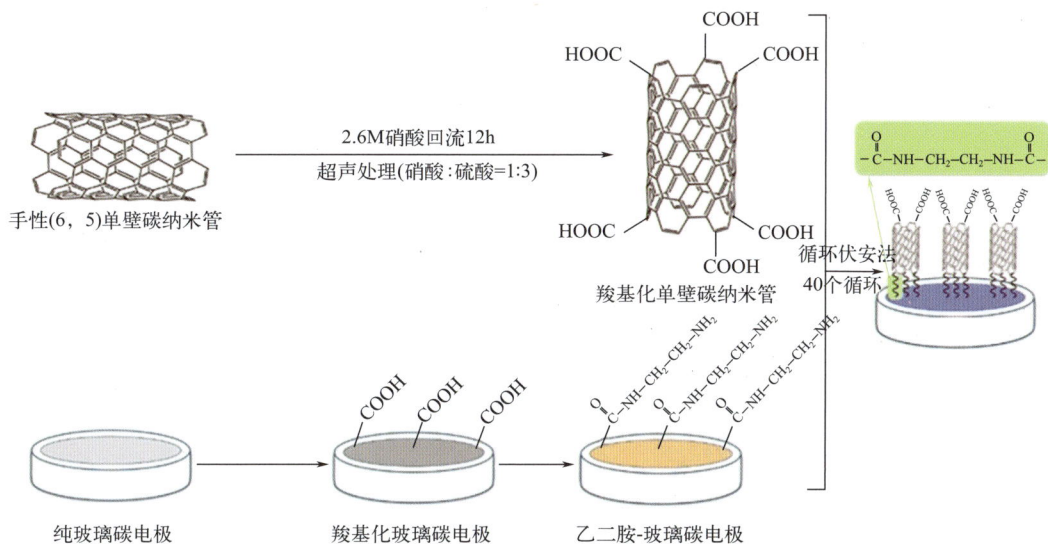

图1-3　单壁碳纳米管阵列电化学手性传感器制备新策略[7]

电化学手性传感器的核心功能源于对电化学反应的监测。在电极表面，手性分子可以通过氧化还原反应参与电子转移。每种手性异构体在特定的电位下表现出不同的电化学行为，这为对其识别和定量提供了重要依据。例如，当手性分子与电极材料相互作用时，可能会发生电流的改变，反映出其浓度的变化。

1.6.2.2　分子印迹材料

分子印迹技术通过创建特定分子位点来实现对目标分子的选择性识别和分离。分子印迹的核心思想是在合成过程中，利用模板分子的结构信息，形成具有记忆功能的聚合物网络，所合成的聚合物可以在后续分析中通过物理或化学方式识别和捕获与模板分子相似的目标分子。聚合物网络中留下的印记对于特定的分子结构具有独特的亲和力，进而能对目标分子进行高选择性识别。有研究团队引入了一种新型手性传感器，该手性传感器采用单一模板分子印迹策略，实现了对D/L-丙氨酸（D/L-ALA）和D/L-酪氨酸（D/L-TYR）两种手性氨基酸的同时探测。该测定方法依赖于将L-丙氨酸-L-酪氨酸二肽掺杂于二氧化硅/聚吡咯（SiO$_2$/PPy）基体中，并在酸性条件下进行水解，从而获得具有L-ALA和L-TYR共同印记的手性传感器。研究者通过使用一个模板，开辟了同时识别两种或多种手性氨基酸的新路径，克服了多模板分子印迹技术的局限性[8]。如图1-4所示。

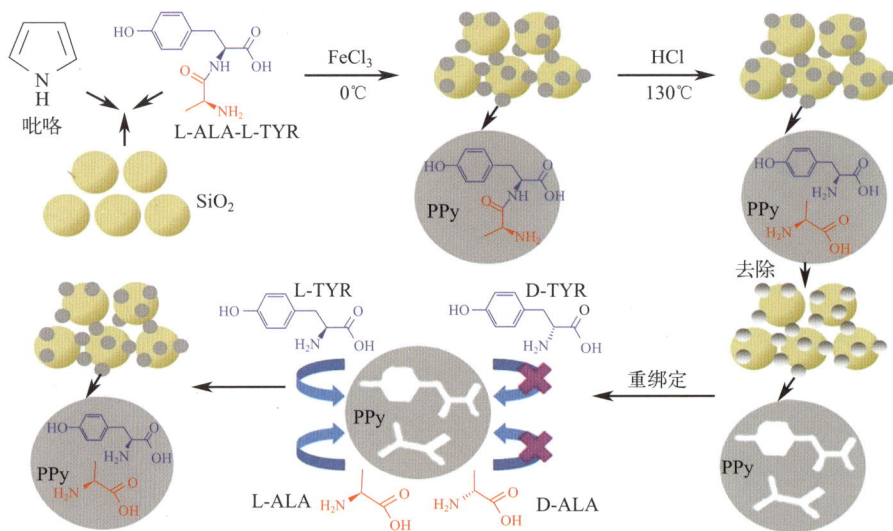

图1-4　同时识别丙氨酸和酪氨酸对映体的单模板分子印迹手性传感器策略[8]

1.6.2.3　手性金属有机框架材料

金属有机框架（MOF）是由金属离子或金属团簇与有机配体通过配位键结合形成的多孔材料。MOF因其独特的结构特性、较大的比表面积、优良的孔隙性质和高度的可调性成为手性识别领域的重要材料。有研究者提出了一种基于双金属Cu/Zn-BTC MOF和分子印迹的双重识别策略，以增强手性传感器的手性识别能力。他们使用Cu/Zn-BTC作为传感器的信号放大单元，再通过分子印迹技术增强对左旋咪唑的识别能力。该手性传感器的检测灵敏度高，识别能力强，是一种检测肉制品和环境中左旋咪唑的新方法[9]。

1.6.3　电化学手性传感器测量技术

1.6.3.1　伏安法

伏安法是最常用的电化学测量技术之一，用于检查表面积较小的极化工作电极在不同电位下测量的电流值和不同分析物浓度之间的关系。在检测手性分子时，伏安法可以准确反映手性分子在不同电位下的氧化还原行为。有研究团队开发了一种基于炭黑糊状电极（CBPE）的新型手性电化学传感器，该传感器由3,4,9,10-苝四羧酸（PTCA）的自组装纳米团簇修饰，用于华法林对映体的选择性识别和测定。通过循环伏安法（CV）、电化学阻抗谱（EIS）、扫描电子显微镜（SEM）和气相色谱法优化了PTCA对石墨化炭黑的改性条件。研究了传感器的电化学和分析特性、伏安图配准的条件以及识别和测定实际样品中对映体的能力[10]。

1.6.3.2　电化学阻抗谱（EIS）

电化学阻抗谱是一种解析电极界面行为的技术，通过测量电流响应与施加电压之间的关系，评估电极表面和溶液之间的电化学过程。当手性分子吸附到电极表面时，系统的阻抗会发生变化，这一变化可以用来评估手性分子的浓度和结合力。

1.7　光学手性传感器

手性传感器用于检测和分析手性分子，这些分子可以是在空间中无法与其镜像重叠的分子，其两个对映体在生物体内可以表现出显著不同的性质。传统的检测方法如色谱或电化学传感器虽然能够提供一定的灵敏度和选择性，但光学检测方法因其高灵敏度、响应快及无需复杂准备而越来越受到关注。

1.7.1　旋光性

手性分子能够对平面偏振光进行旋转，旋转的方向和角度与手性分子的对映体密切相关。右旋性对映体（D型）使光线顺时针旋转，而左旋性对映体（L型）则使光线逆时针旋转。

1.7.2　圆二色性

手性分子对不同圆偏振光的吸收能力也不同，表现为圆二色性。这种现象是由手性分子在不同的对称环境中对光的选择性吸收引起的。圆二色性不仅用于识别分子的手性，还用于研究其构象和相互作用。

1.7.3　表面增强拉曼散射

手性分子可以通过表面增强拉曼散射效应来实现更灵敏的检测。SERS技术结合了拉曼散射与金属纳米颗粒的特性，利用金属表面的局部电场增强拉曼散射信号，从而提高灵敏度。手性分子和金属表面之间的相互作用可导致不同的拉曼频谱表现，提供了分子的手性信息。

1.8 手性传感器的新兴应用

手性传感器是一种专门用于检测和识别手性分子的设备。手性分子因其不同的空间构型表现出不同的生物活性和化学性质，因此手性传感器在制药、食品安全和环境监测等领域具有巨大的应用潜力。

1.8.1 手性识别

手性识别是涉及化学、药学、生物学和环境科学等多个领域的复杂过程，主要用于手性分子的辨识、分离和定量分析。手性分子是指那些具有手性中心的分子，这些手性中心通常是四个不同的基团或原子连接到同一个碳原子上，从而生成两种非重叠的镜像异构体，这样的分子称为对映体，它们在三维空间中的布局完全对称，但无法通过简单的翻转或旋转而重叠。这种特性导致了手性分子在化学和生物过程中的独特表现，在药物作用和生物相互作用中尤其重要。手性识别技术与手性分子对光的旋转能力密切相关，因而被广泛应用于各种科研和工业领域。

手性识别技术在药物开发中得到广泛应用。许多药物分子是手性分子，而手性分子往往只有一种形式具有药效，另一种则可能是无效或有毒的，因此对手性药物的分离和鉴定至关重要。

1957年10月，一种新型药物——沙利度胺（又称"反应停"）推出，在欧洲、非洲和拉丁美洲广受欢迎。生产厂家声称该药物"没有任何副作用，是抗妊娠反应的理想选择"，因此受到孕妇的青睐。然而，随后人们发现，服用"反应停"的孕妇所生的婴儿中，出现了很多四肢残缺婴儿。造成这一悲剧的正是手性分子，它们是一类非常重要的有机分子，在药物中广泛存在。沙利度胺实际上由两种非常相近的手性分子组成，这两种分子就像是分别向右和向左螺旋生长的牵牛花，虽然大小完全相同、看似差别微小，但却展现出截然相反的性质，其中一种能够抑制妊娠反应，而另一种则会导致胎儿畸形。如图1-5所示。如今，通过手性识别技术，制药公司能够有效地监测药物的手性纯度，确保仅有活跃的异构体存在，从而确保患者

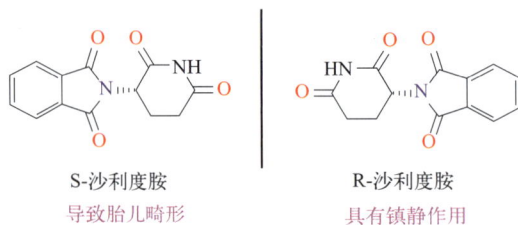

S-沙利度胺
导致胎儿畸形

R-沙利度胺
具有镇静作用

图1-5 沙利度胺两种异构体的作用和副作用

的安全与治疗效果。为了有效地分离和分析药物的手性异构体，科学家们开发了多种技术，如手性高效液相色谱（HPLC）和手性气相色谱（GC），这些技术能够通过不同手性异构体在色谱柱上的流动速度差异来实现手性分子的分离和定量。

在食品工业中，手性识别技术同样发挥着重要作用。许多天然的风味化合物和添加剂都是手性分子，其不同的手性形式对食品的风味和口感有着重要影响。不同存在形式的氨基酸和糖，可能直接影响食品的味道和香气。通过手性识别技术，食品科学家能够检测和验证食品成分的真实性，确保其符合标签上的标识。此外，手性识别技术还能用于监测食品中的有害物质，以确保食品安全。在检测食品中的 L-乳酸（通常由乳酸菌发酵产生）和其异构体 D-乳酸时，手性识别技术可以帮助鉴别食品是否受到污染。

环境监测领域同样受益于手性识别技术。农药、重金属和工业化学品等是当今最常见的环境污染物。不同手性形式的污染物对生态系统的影响往往也各不相同。例如常见的农药苯醚甲环唑具有四种手性异构体（P1、P2、P3、P4），这些异构体对水生生物的毒性存在显著差异。研究表明，(2R,4S)-苯醚甲环唑可以抑制植物体内丝氨酸合成酶，使植物无法正常合成丝氨酸蛋白酶，从而抑制植物的生长；其他异构体在不同浓度下对青鳉鱼胚胎孵化有显著抑制作用，甚至在高浓度下会导致孵化高峰期延后或孵化率降低，对水生生物造成不可逆的伤害[10]。因此，定期监测这些分子在生态环境中的存在状态，能够有效评估其对生态系统造成的潜在风险。通过手性分析，环境科学家能够识别水体和土壤中存在的具体手性异构体，从而采取针对性的清理和防护措施，保护生态环境。

为了实现高效的手性识别，现代科学技术不断发展，催生出了多种新的分析方法。旋光法是一种基于手性分子对偏振光旋转的能力的技术，旋光仪能够测量分子对光的旋转角度，从而间接推测分子的手性结构。色谱法则因其高效性和准确性而被广泛使用，尤其是手性高效液相色谱（HPLC）技术已成为药物分析和食品检测的重要方法。这种方法利用特定的手性固定相使不同的手性异构体在流动相中的流动速度不同，从而实现分离。此外，手性传感器和电化学识别法也在发展，利用分子识别元件实现手性的选择性识别，同时结合机器学习和数据分析，提升识别的准确性和效率。

1.8.2　手性催化

手性催化是一种对有机合成具有重要意义的技术，是通过使用手性催化剂来促进化学反应，从而选择性地产生特定的手性异构体。手性化合物在制药、农业化学和材料科学等领域有着极其重要的地位，它们的生物活性和物理化学性质往往与其空间构型密切相关。手性催化的核心在于实现高效的手性分子合成，同时减少副产物的产生，这对具有复杂结构的天然产物、药物和生物活性分子的制造至关重要。

手性催化的出现与发展，推动了不对称合成的进步。不对称合成是在化学反应中，利用特定的手性催化剂，使产物仅有一种手性形式的过程。传统的药物合成方法往往会同时生成多种对映体，但这些对映体的生物活性并不是相同的，有时甚至相反，导致了药物效果的不确定性及副作用的增加。手性催化技术的提出正是为了克服这一困难，通过选择性催化反应只合成目标手性异构体，从而提高药物和其他手性产品的分子选择性和纯度。

手性催化常用的催化剂主要有两类：手性金属催化剂和手性有机分子催化剂。手性金属催化剂包括钌、铑、铟等过渡金属，因其高活性和优良的选择性被广泛应用于不对称合成反应。手性金属催化剂通常能与反应物形成过渡态，通过降低反应的能量壁垒来促进反应的进行。一些经典的手性金属催化反应，如不对称氢化、不对称环氧化和不对称还原等，已经成为有机合成的重要手段。20世纪30年代，首次提出用铑催化剂实现不对称氢化，开创了手性催化研究的先河。手性金属催化剂的有效发挥通常需要精确的操作条件，包括温度、溶剂的选择以及反应时间的控制，这在实际应用中需要不断优化。

另一类手性催化剂是手性有机分子催化剂，这类催化剂因其良好的生物相容性、低毒性以及可调性，在近几十年得到了广泛关注。手性有机分子催化剂通常由小分子有机物构成，能够通过相互作用、配位或形成过渡态来选择性地催化反应。2000年，研究人员采用手性有机分子催化剂在不需要金属的情况下实现了高效的不对称反应，为手性合成开辟了新的路线。手性有机分子催化剂在不对称烯烃的合成，醇类、酮类和胺类化合物的生产等领域得到了成功应用。

目前，手性传感器在催化领域的应用愈发受到重视，尤其是在不对称催化反应中对手性分子的选择性识别和分析至关重要。手性催化过程中的固态催化剂往往具有较强的手性选择性，但其催化效率和对产物的选择性通常依赖于底物分子与催化剂之间的相互作用，这就需要一种高灵敏度的手性传感器来实时监测这些作用。手性传感器能够提供反应进程中各个组分的手性信息，并对反应条件进行精确控制，从而提高催化反应的效率和选择性。

手性传感器的设计往往结合了化学、材料科学和生物学等多学科的知识。当前，常用的手性传感器包括酶手性传感器、光学手性传感器和电化学手性传感器，这些传感器各具优势，可以适应不同的催化反应和环境条件。酶作为生物催化剂，具有高度的手性选择性和催化效率。通过构建酶手性传感器，可以在无机合成过程中实时监测底物的手性状态，并通过反馈机制优化催化剂的选择，这为化学合成提供了一种新的工具。有研究者通过乙酰胆碱酯酶（AChE）修饰实现了一种高灵敏度的石墨烯手性传感器。量子化学模拟表明，对映体对 AChE 的抑制作用转移到了石墨烯上，从而允许对手性分子进行电检测。在 1V 的工作电压下，该装置对（＋）/（－）-甲胺磷的灵敏度分别达到 0.34μg/L 和 0.32μg/L，远高于圆二色谱（分别为 6.90mg/L 和 5.16mg/L）。此外，通过与智能手机和无线传输技术相结合，实现了实时、快速

检测[11]。如图1-6所示。

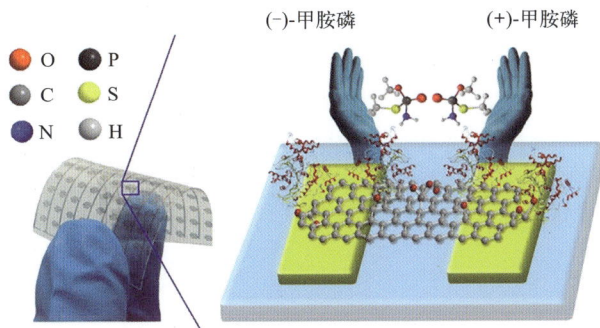

图1-6 乙酰胆碱酯酶修饰的电化学还原氧化石墨烯（AChE-ERGO）传感器的示意图[11]

手性传感器在催化研究中的应用不仅限于对反应产物的监测，还可以用于催化剂的开发和优化。在催化剂设计过程中，通过手性传感器提供的反馈信息，研究人员可以评估催化剂对不同手性底物的选择性，从而实现对催化剂的精确调控。此外，结合深度学习和人工智能等技术，手性传感器将有望实现更高层次的数据分析和模式识别，从而优化催化过程。通过建立模型，科学家能够预测不同催化条件下的手性选择性，从而减少实验成本和时间，提高研究效率。

1.8.3 生物医药领域的应用

手性传感器在生物医药领域应用广泛且具有重要意义，主要用于监测并识别生物样本中对映体的存在与变化，从而为药物开发、疾病诊断及治疗提供关键的数据支持。手性分子在生物体内的作用常常与其空间构型密切相关，因此，精准地检测手性物质尤其重要。许多药物是手性化合物，但不同的手性对映体药物性能却千差万别，有的能改善病情，舒缓疼痛，有的却具有毒性或严重危害人体健康。手性传感器的引入，可以在药物开发过程中，通过实时监测反应产物的手性特征，确保药物的安全性及疗效。在药物发现与开发阶段，手性传感器的应用显得尤为重要。手性传感器能够在药物合成过程中实时监控底物的手性变化，帮助研发人员优化合成路线及条件。许多新药的开发往往需要高选择性的不对称合成，而手性传感器能实时反馈反应情况，促使研究人员及时调整反应条件，以获得更高的产物选择性与产率。手性氢化反应是实现不对称合成的重要手段，使用手性传感器可以实时监控反应中的手性对映体比例，从而指导催化剂的选择与优化，提高反应效率。研究人员开发了一种尖端修饰的纳米通道手性传感器，旨在实现对手性药物的高效选择性识别。在锥形纳米通道的尖端部分，使用亮氨酸氨基肽酶作为选择性受体进行修饰，从而实现有效的对映体选择性反应。该系统保留了锥形纳米通道内部受限空间的优势，使得R-普萘洛尔能够被选择性富集。同时，不对称的修饰模式引起更大的电位差，从而驱动R-普萘洛尔的优先传输[12]（图1-7）。

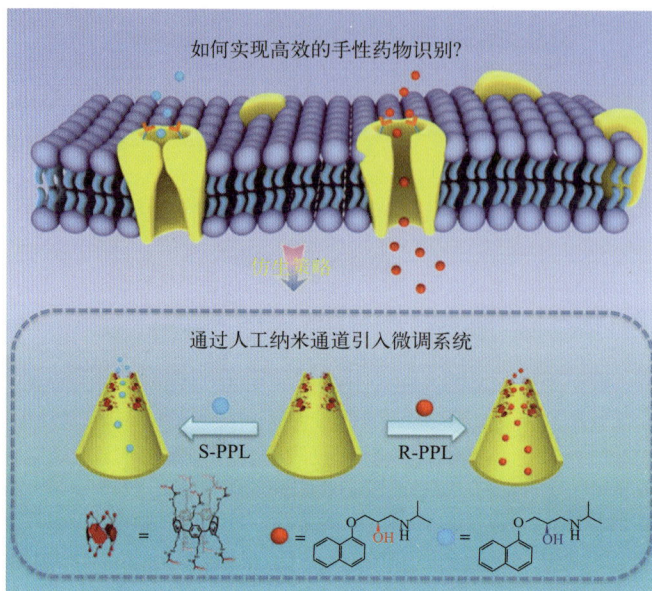

图1-7　亮氨酸氨基肽酶选择性富集R-普萘洛尔的示意图[12]

　　在临床研究中，手性传感器同样可以发挥重要作用。随着精准医疗和个性化医疗的兴起，基于患者体内代谢物的监测，手性传感器能够提供重要的生物标志物信息。通过对生物样本中手性代谢物的实时检测，研究人员可以了解患者的药物代谢情况、药物的有效性及潜在的副作用。尤其在研究抗肿瘤药物、抗生素等的代谢动力学时，手性传感器能够帮助研究人员追踪特定对映体的变化动态，从而优化治疗方案，提高疗效，降低用药风险。

　　用于疾病诊断的手性传感器也越来越受到关注。在某些疾病的生物标志物中，手性变化往往与疾病的发生发展相关。一些代谢性疾病往往会导致体内特定手性代谢物的浓度异常，而这些手性代谢物可以作为疾病早期诊断的潜在生物标志物。手性传感器在这方面的应用，不仅能够实现对患者生物样本的快速筛查，还能够提高疾病的早期检测率，进而提高治疗效果。在糖尿病、癌症等疾病的研究中，手性传感器通过检测患者体内与代谢相关的手性分子，能够为早期诊断和研究提供坚实的基础。

　　除了药物开发和疾病诊断，手性传感器在药物监测及疗效评估中同样不可或缺。在对患者的治疗过程中，医生需要实时了解患者对药物的反应及药物浓度，以便动态调整治疗方案。手性传感器能够精确检测循环系统中药物的手性异构体比例，这对于评估药物的生物利用度和疗效至关重要。通过对患者血液样本的分析，医生能够判断患者对特定药物的反应，从而决定是否调整药物剂量或更换治疗方案。研究者开发了等离子体手性传感器，可以实现糖尿病相关代谢分子的超灵敏、快速和无标记手性检测，光热产生的微气泡会引发强烈的马兰戈尼对流，从而使得小摩尔质量的代谢分子在等离子体手性超材料中受到较大阻力。这些分子在超材料的等离子体热点区域积聚，形成浓密的分布，使得传感器能够实现对低至100pmol/L的葡萄糖进行无标记的手性检测，从而实现对糖尿病患者的筛查[13]。如图1-8所示。

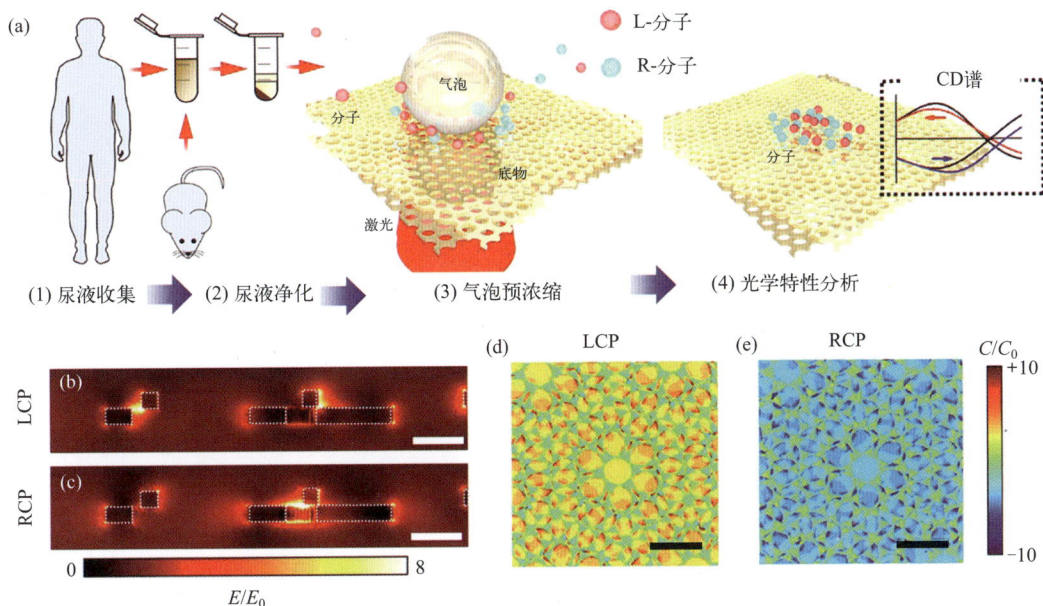

图1-8 不对称光谱偏移增强手性感应和糖尿病检测流程图[13]

在个性化医疗的背景下，手性传感器的应用前景愈发广阔。不同患者对药物的代谢存在差异，这与个体的基因组、环境因素甚至饮食习惯有关。因此，手性传感器可以用于评估患者对不同手性药物的个体反应，进而制定个性化的用药方案。通过分析患者体内药物手性成分的浓度变化，医生可以调整用药次数、剂量和药物类型，以达到最佳治疗效果。这种个性化疗法不仅提高了治疗的有效性，还有效减少了不必要的副作用，是现代医学发展的一个重要方向。

当前，手性传感器的技术进步为其在生物医药领域的应用打下了坚实的基础。纳米技术的发展使得手性传感器的灵敏度和选择性得到了极大提升，许多新型的纳米手性传感器以其优越的性能推动了生物医药研究向前发展。一些研究者开发出基于金属纳米颗粒的电化学手性传感器，它们不仅在灵敏度和选择性方面表现出色，还能在复杂生物介质中实现手性分子的高效探测，这为药物动态监测及生物样本分析提供了新的可能。

同时，随着生物成像技术的发展，手性传感器与生物成像技术的结合也在不断推进。利用手性传感器进行成像，不仅能实现对生物体内手性分子的实时监测，还可以提供生物活性分子的空间信息，实现对细胞及组织中药物分布的观察。这种结合将提高人们对药物在体内的行为的理解，推动新药的开发与应用。

尽管手性传感器在生物医药领域的应用前景广阔，但仍面临一些挑战。首先，手性传感器的选择性和三维空间识别能力在复杂生物样本中可能受到干扰，因此发展更为灵敏和特异性的手性传感器仍然是研究的重点之一。其次，在临床应用中，手性传感器的性价比、便捷性以及对不同酶的适应性是要考虑的重要因素。此外，手性传感器的长期稳定性和可靠性在实际应用中显得尤为重要，需要研究者在传感器材料及结构设计上进行不断创新。

1.8.4　抗菌领域的应用

手性传感器在抗菌领域的应用的效果日益显著，对公共健康和临床治疗产生了深远的影响。抗菌药物多为手性分子，其治疗效果和安全性往往与其手性构型密切相关。因此，精准检测和监控这些手性分子在体内的动态变化成为实现有效抗菌治疗的重要基础。在药物研发过程中，手性传感器能够实时监控药物的代谢和消除过程，帮助研究者判断不同对映体在体内的作用及其可能的副作用。以青霉素类和头孢类抗生素为例，不同手性异构体可能具有不同的抗菌活性和毒性，因此在开发过程中借助手性传感器进行精细的手性分析是至关重要的，这不仅有助于提高药物的疗效，还能降低药物的毒性带来的风险。

在抗菌药物的临床应用中，手性传感器也发挥着重要作用。通过监测患者体内特定抗菌药物的手性成分，医生可以更好地了解患者对药物的反应，从而根据个体差异进行个性化的治疗策略调整。对于同一类型的感染，不同患者对手性抗生素的代谢可能有所不同，手性传感器能够提供相应的数据支撑，帮助医生判断是否需要调整药物的剂量或者更换药物。同时，在临床观察中，通过检测药物在血液或尿液中的手性分布，可以评估药物的有效性和安全性，使得临床治疗更加精准。

除此之外，手性传感器在抗菌感染的快速检测中的应用也展现出了巨大的潜力。常规的微生物培养和抗菌敏感性试验往往需要耗费较长的时间，而手性传感器可以通过快速检测微生物代谢产物或某些特定的手性标志物，在短时间内提供关于感染性质的初步判断。这对于抗菌药物的选用和治疗策略的制定至关重要。特别是在临床急需迅速进行感染评估的情况下，手性传感器的快速响应能力将为感染控制和管理提供重要支持。在细菌耐药性日益严重的今天，手性传感器的应用显得愈加迫切。研究表明，一些微生物对手性抗生素产生耐药性，而这种耐药性在很大程度上与手性相关联。通过手性传感器对细菌在接触不同手性抗生素后的代谢产物进行检测，能够帮助研究者分析耐药机制的变化轨迹，从而推动新型抗菌药物的研发。同时，在药物开发的初期阶段，手性传感器可用于筛选潜在的抗菌化合物，通过对不同手性异构体的活性评估，快速识别出具有显著抗菌活性的候选分子，这将大幅提高药物研发的效率并降低研发成本。

手性传感器的创新各具特色，比如利用生物传感器平台，结合特定的抗体或肽链，对致病菌的手性特征进行特异性识别。这些生物识别元件可以与手性传感器结合，为识别病原菌提供了新的解决方案。针对耐药性金黄色葡萄球菌等临床常见病原体，设计的手性传感器可以通过检测其代谢适应性变化快速识别是否存在耐药现象，从而指导临床用药。研究人员通过调节手性配体D/L-半胱氨酸（Cys）的浓度，成功合成了具有显著手性光学响应和表面增强拉曼散射（SERS）特性的手性金纳米星（C-AuNSs）。手性金纳米星可用于基于SERS-手性各向异性（SERS-ChA）效应的氨基酸对映体的识别。实验结果表明，D-AuNSs与D-谷氨酸（D-Glu）对细菌肽聚糖表现出了选择性亲和力，进一步判别分析有增强拉曼散射特异性的细菌的"指纹"实现对多种细菌的有效识别。此外，D-AuNSs还能够对血清样本中的两种菌种（大肠杆菌和金黄色葡萄球菌）进行分类，成功区分感染的患者与健康受试者。这一方法为对映体和细菌的区分及光热消灭细菌提供了新的策略，有助于进一步扩展手性纳米材料的应用范围[14]。如图1-9所示。

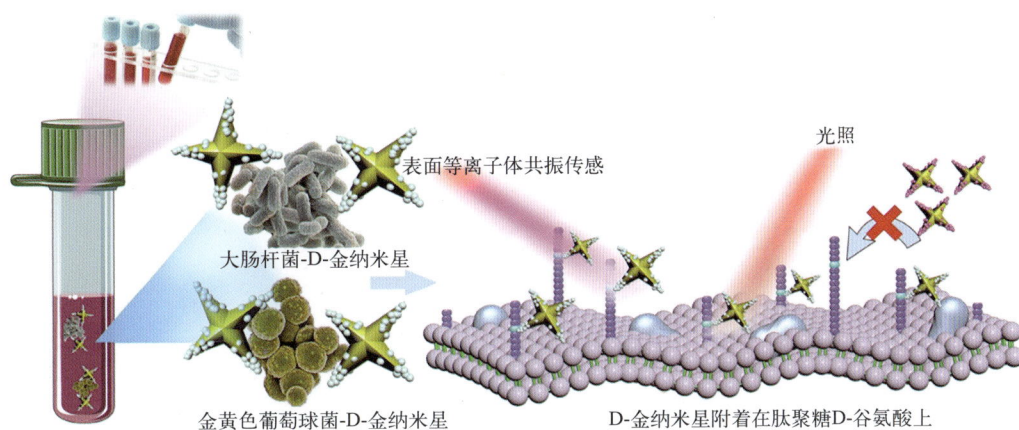

图1-9 手性AuNSs进行细菌区分的过程[14]

随着纳米科技和材料科学的发展，手性传感器制造技术不断进步，使得其在抗菌性领域的应用更加广泛。基于手性纳米材料的手性传感器因其高比表面积和优异的催化性能，在灵敏度、选择性以及响应速度方面表现出色。研究者们利用功能化的手性纳米材料构建了高效的手性传感器，这些传感器能够同时识别复杂生物体系中的多种手性分子，从而为抗菌药物的监测和筛选中提供更全面的数据支持。

手性传感器在抗菌领域的应用将极大地推动抗生素的发展和使用效率，通过实时监控药物反应，提高个体治疗水平，支持临床决策等多元化功能。这种技术的进步无疑为抗菌治疗提供了新的机遇。随着技术的不断进步和材料的不断创新，手性传感器在抗菌研究及应用中的重要性必将持续上升，为公共健康提供更为有力的支持。通过不断挖掘技术潜力，结合精准医疗的理念，未来手性传感器将在抗菌药物开发、临床评价及综合管理中发挥更为重要的作用，从而进一步提升人类抗击感染的能力和公共健康水平。

总结与展望

　　手性传感器作为一种新兴的分析技术，在现代科学研究和实际应用中扮演着越来越重要的角色。随着生物技术、药物研发、环境监测和食品安全等领域对手性分子的关注度不断增加，手性传感器的应用范围和影响力也日益扩大。手性分子由于其立体异构体的不同，可能具有截然不同的生物活性，这使得对手性分子的精确检测变得尤为关键。在药物研发过程中，手性传感器可以帮助科学家深入理解药物的作用机理、代谢过程及其对机体的影响，从而提高药物的安全性和有效性。临床应用中，手性传感器能够实时监测患者体内药物的浓度，支持个性化医疗措施，有助于优化用药方案、减少副作用。这种监测不仅提升了治疗的成功率，还为落实精准医疗提供了技术支撑。此外，手性传感器在食品安全检测和环境监测方面的应用也日益受到重视。食品中的手性掺假物质、添加剂及污染物的检测对于保障消费者的健康至关重要。通过使用手性传感器，可以实现对食品成分的快速、有效分析，确保其符合安全标准。在环境监测方面，手性传感器同样表现出色，能够实时跟踪水体和土壤中的污染物，及时发现环境风险，从而为环境保护提供科学依据。在技术层面上，手性传感器的创新主要体现在材料选择与传感器设计上。新型纳米材料、生物材料以及多功能聚合物的引入，大大提高了手性传感器的灵敏度和选择性。同时，随着传感器技术的不断进步，传感器的操作简便性和适用性也有了显著提升，使其在复杂样本中更具应用价值。

　　然而，手性传感器的应用依然面临一些挑战。复杂基质中可能存在各种干扰物质，可能影响传感器的准确性和稳定性，提高抗干扰能力是当前研究的重要方向。此外，手性传感器还需加快标准化和商业化进程，以确保其能够广泛应用于各个领域。同时，随着数据分析技术的迅速发展，结合机器学习和人工智能技术，未来的手性传感器将更高效地处理和分析数据，使检测更为精确。总的来说，手性传感器作为一个多学科交叉的研究领域，未来将不断拓展其应用领域，为人类的健康、环境保护和食品安全等多个方面贡献力量。

参考文献

[1] Dou X, Wu B, Liu J, et al. Effect of Chirality on Cell Spreading and Differentiation: From Chiral Molecules to Chiral Self-Assembly[J]. ACS Applied Materials & Interfaces, 2019, 11(42): 38568-38577.

[2] 翁文, 韩景立, 陈友遵. 手性传感器研究进展[J]. 化学进展, 2007, 19(11): 1820-1825.

[3] 熊斐, 李莉. 手性传感器研究进展[J]. 有机化学, 2018, 38(11): 2927-2936.

[4] Zheng Y, Xu S, Yu C, et al. Stereocomplexed Materials of Chiral Polymers Tuned by Crystallization: A

Case Study on Poly(lactic acid)[J]. Accounts of Materials Research, 2022, 3(12): 1309-1322.

[5] Ye Q, Li J, Huang Y, et al. Preparation of a Cyclodextrin Metal-Organic Framework (CD-MOF) Membrane for Chiral Separation[J]. Journal of Environmental Chemical Engineering, 2023, 11(2): 109250.

[6] Patil M D, Grogan G, Bommarius A, et al. Oxidoreductase-Catalyzed Synthesis of Chiral Amines[J]. ACS Catalysis, 2018, 8(12): 10985-11015.

[7] Zhu H, Chang F, Zhu Z. The Fabrication of Carbon Nanotubes Array-Based Electrochemical Chiral Sensor by Electrosynthesis[J]. Talanta, 2017, 166: 70-74.

[8] Zhao Q, Yang J, Zhang J, et al. Single-Template Molecularly Imprinted Chiral Sensor for Simultaneous Recognition of Alanine and Tyrosine Enantiomers[J]. Analytical Chemistry, 2019, 91(19): 12546-12552.

[9] Li S, Wu Y, Ma X, et al. Monitoring Levamisole in Food and the Environment with High Selectivity Using an Electrochemical Chiral Sensor Comprising an MOF and Molecularly Imprinted Polymer[J]. Food Chemistry, 2024, 430: 137105.

[10] Zilberg R A, Maistrenko V N, Zagitova L R, et al. Chiral Voltammetric Sensor for Warfarin Enantiomers Based on Carbon Black Paste Electrode Modified by 3,4,9,10-Perylenetetracarboxylic Acid[J]. Journal of Electroanalytical Chemistry, 2020, 861: 113986.

[11] Zhang Y, Liu X, Qiu S, et al. A Flexible Acetylcholinesterase-Modified Graphene for Chiral Pesticide Sensor[J]. Journal of the American Chemical Society, 2019, 141(37): 14643-14649.

[12] Wang Y, Zhang S, Yan H, et al. Efficient Chiral Nanosenor Based on Tip-Modified Nanochannels[J]. Analytical Chemistry, 2021, 93(15): 6145-6150.

[13] Liu Y, Wu Z, Kollipara P S, et al. Label-Free Ultrasensitive Detection of Abnormal Chiral Metabolites in Diabetes[J]. ACS Nano, 2021, 15(4): 6448-6456.

[14] Huang X, Chen Q, Ma Y, et al. Chiral Au Nanostars for SERS Sensing of Enantiomers Discrimination, Multibacteria Recognition and Photothermal Antibacterial Application[J]. Chemical Engineering Journal, 2024, 479: 147528.

作者简介

莫尊理，工学博士，教授（二级），博士生导师，中国仪表功能材料学会理事，全国科普创作与产品研发示范团队主持人，教育部万名优秀创新创业导师首批入库专家，教育部国家高等学校评估专家、教育部国家高等职业教育评估专家、高等职业教育国家课程标准研制组核心专家。全国先进工作者（全国劳模），全国优秀教师，全国"党和人民满意的好老师"，全国科普工作先进工作者，教育部明德教师奖，甘肃省创新创业导师，金城首席科普专家。甘肃省教学名师，甘肃省创新创业教育教学名师，陇原"四有"好老师，甘肃省优秀科技工作者，甘肃省最美人物，两次入选甘肃省优秀博士论文指导教师，西北师范大学优秀研究生导师，西北师范大学"学生最喜爱的老师"。在国内外发表论文260余篇，申请专利110项，获得省部级自然科学奖和教学成果奖10余项，主编、编著各类图书31部。任西北师大国家重点实验室（筹）主任，西北师大科普研究院院长，西北师大科协副主席，甘肃省军民融合先进结构材料研究中心主任。

许萌，西北师范大学在读博士研究生，专业领域为无机化学。致力于新型无机纳米材料的合成与性质研究，主要研究方向为功能复合材料的设计、制备、性能研究及其应用，在国内外期刊发表多篇学术论文，具备扎实的学术基础和独立的研究能力，始终保持对新技术的好奇心和探索精神。

第2章

聚集诱导发光材料

史湘绮　熊伟　卢曦　李传福

Approaching Frontiers
of
New Materials

2.1　聚集诱导发光材料的发展历程

2.1.1　荧光材料的挑战

荧光材料因其独特的发光性质，在众多领域中发挥着重要作用。这些材料能够将吸收的能量以光的形式重新发射出来，这一过程称为荧光（图2-1）。荧光是一种冷光发光现象，是电子从基态激发到高能态，然后返回基态时释放出光。荧光材料的应用范围非常广，包括生物成像、显示技术、防伪技术以及传感器等[1]。

图2-1　荧光物质暴露在紫外线下时，会发出可见光（图片来源：Hannes Grobe/AWI）

发光是物体把吸收的能量转换为光辐射的过程。当物质受到光照、外加电场或电子轰击等激发后，电子跃迁然后回到基态的过程中，吸收的能量如果是以光（电磁波）的形式辐射出来，这就是发光。以光作为激发源而使材料发光的现象就叫做"光致发光"。如果材料受到激发后能马上发出光，激发与发射之间的时间间隔小于10^{-8}s，那么这个过程就叫荧光。

荧光材料的发光原理基于量子力学的理论，一个系统（例如一个原子或分子）可以具有能量不同的量子态。其中，能量最低、最稳定的状态称为基态。系统吸收能量后，会提升到能量比基态更高的量子态，即激发态，这个过程称为激发（图2-2）。通常，处于激发态的系统都不稳定，只能维持比较短的时间，随即通过放出能量（例如发射具有特定能量的光子）回到一个能量较低的激发态或基态[2]。

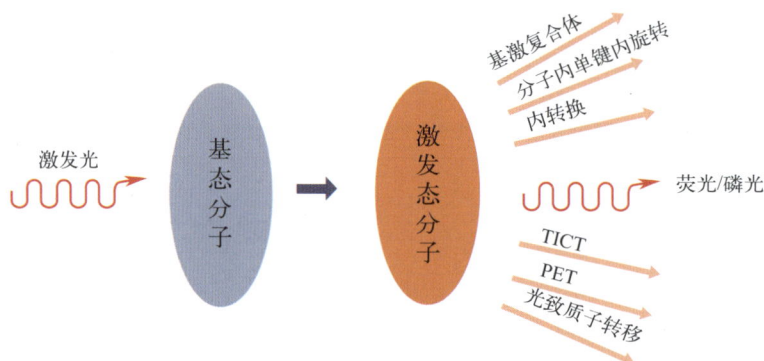

图2-2 激发态分子具有多种能量耗散途径（图片来源:《科学世界》）

荧光粉是照明和显示技术的核心材料之一。例如，发光二极管（LED）显示屏就离不开荧光粉。为了让纸张看上去更白，有时会添加荧光增白剂，它吸收紫外线后能发出蓝色光，与纸张发出的黄色光叠加后形成白色光，达到增白的效果。纸币及证件等采用的印刷防伪技术，利用的则是特殊油墨在紫外线下发出荧光的特性，我们用紫外线灯照射人民币时会看到特殊的标记。在癌症的早期诊断中采用的荧光显微成像技术具有灵敏度高、无损、临床安全以及操作简单、成本低廉的特点。

图2-3 聚集导致荧光猝灭：苝酰亚胺在不同体积比的四氢呋喃-水混合溶剂中（浓度:
20μmol/L）的荧光照片。越聚集，发出的荧光就越弱（图片来源:《科学世界》）

然而，如图2-3所示，很多荧光材料（如苝酰亚胺）只有在溶液中才能发光，一旦聚集或成为固态，光就会消失。这种现象称为"聚集导致荧光猝灭"（aggregation-caused quenching，ACQ），给荧光材料的应用带来了困扰。荧光材料通常使用的是它们的聚集态或者固态形式。例如在发光二极管中，发光材料往往被做成薄膜形式；又比如在检测水中的有害物质时，由于所用的荧光材料多是像苝酰亚胺这样的憎水的物质，所以在水中难免会发生聚集。ACQ现象使得荧光材料在固态以及聚集态的光强度大大减弱，从而在很大程度上限制了它们的应用。

科学家们一直在寻找解决ACQ现象的方法。一种简单而直接的方法是将荧光

材料掺杂到基体物质中，从而降低它的浓度，减弱其聚集程度。但首先很难控制掺杂的浓度，会影响发光纯度；另外，随着使用时间的延长，掺杂分子会从混合物中分离，使得器件的发光性能下降。还有些方法虽然能在一定程度上阻止发光材料聚集，但成本高、制备烦琐。

2.1.2　聚集诱导发光材料的发现

聚集诱导发光（aggregation-induced emission, AIE）现象的发现，是在中国科学家唐本忠教授的带领下实现的一次科研突破。2001 年，唐本忠教授课题组在香港科技大学进行研究时，首次提出了 AIE 的概念，并在《化学通讯》上发表了相关论文。这一发现打破了传统荧光材料的局限，为荧光材料的研究和应用开辟了新的途径[3]。

在传统的荧光材料中，大多数有机分子在稀溶液中发光强烈，但在高浓度溶液或聚集状态下荧光会减弱甚至消失，发生 ACQ 现象。然而，唐本忠院士团队在实验中意外地发现了一种与 ACQ 完全相反的现象。唐教授的一名研究生注意到在实验过程中，使用点样管将样品点在硅胶板上后，在紫外线照射下并未如预期那样显示出明显的荧光，他随后向唐教授求助。当他们返回实验室检查时，惊讶地发现在紫外线照射下，该样品点发出了非常强烈的荧光。经过细致的分析，他们意识到在点样后立即用紫外线灯照射时，样品点是"湿润"的，含有溶剂，因此不发光；而当样品点上的溶剂蒸发后，只剩下固体样品，即样品变成了"干燥"状态，此时便开始发出荧光。经过深入研究和反复实验，他们确认了这种名为六苯基噻咯的化合物在溶液中几乎不发光，但在聚集状态下却能发出明亮的荧光（图2-4）。

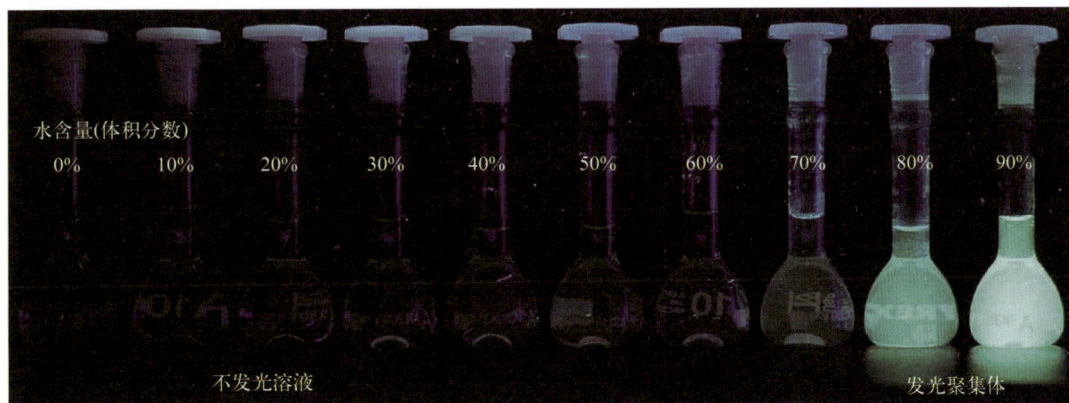

图2-4　聚集诱导发光：六苯基噻咯在不同体积比的四氢呋喃-水混合溶剂中（浓度：20μmol/L）的荧光照片。越聚集，发出的荧光就越强（图片来源：《科学世界》）

这个小小的"反常现象"引起了唐本忠院士的重视，更多更深入的研究随之进行。他们发现，这些噻咯分子在溶液中几乎不发光，但在聚集状态或为固体薄膜时发光大大增强。这种与传统ACQ完全相反的发光性质被定义为AIE。AIE的发现打破了传统观念的束缚，为荧光材料的设计及功能开发开辟了新的途径。

AIE现象的发现是一次偶然的实验结果，但这一偶然发现为光物理领域打开了一扇亮窗，赋予了荧光材料新的生命和活力。20多年的辛苦耕耘使AIE在基础科学和应用科学领域取得了举世瞩目的成绩。AIE理念促使研究者探究聚集态分子的堆积模式与光物理过程，深刻地启发了有机发光分子的设计。

唐本忠院士团队的这一发现，不仅提出了一个新的科学概念，而且为后续的科研工作提供了新的方向。AIE现象的发现，证明了在科学研究中，偶然的发现往往能够引领科学的进步。这一发现不仅挑战了人们对荧光材料的传统认识，而且为设计新型荧光材料提供了新的理论基础和设计思路，开创了一个由中国科学家原创并引领、国外科学家竞相跟进的研究领域。由于创新性和在全球科学界的领导地位，AIE（聚集诱导发光）研究荣获了2017年的国家自然科学奖一等奖。此外，AIE技术还被国际纯粹与应用化学联合会（IUPAC）评选为2020年度化学领域的十大新兴技术之一。在2020年，首个专注于聚集体科学的基础和应用研究进展的学术期刊 *Aggregate*《聚集体》推出，该期刊已被全球多个重要的数据库收录，包括DOAJ、ESCI和Scopus。在2023年，首个以AIE材料的光物理数据为核心的聚集体科学数据库（www.ASBase.cn）正式启动。该数据库已经收录了超过1000种AIE分子，包含的数据信息超过4万条。未来，该数据库将继续扩展功能，并计划利用大数据技术推出人工智能计算模型，用以预测AIE材料的光物理特性和潜在应用，从而推动相关领域的研发进程[4]。

2.2 聚集诱导发光材料的工作原理

AIE现象的原理基于分子内运动受限（restriction of intramolecular motion, RIM）的机制。这种现象与荧光材料在不同聚集状态下的发光行为密切相关。在稀溶液中，AIE分子的苯环等结构单元可以自由旋转和振动，这些运动以非辐射能量耗散方式释放能量，导致激发态能量以非辐射形式（如热能）释放，而非通过荧光辐射。因此，在稀溶液中，AIE分子的荧光很弱或不发光[5]。

当AIE分子聚集或形成固态时，分子间的相互作用增强，导致分子内运动受到限制。这种限制减少了非辐射能量耗散的途径，使得激发态能量更多地通过辐射跃迁（即荧光）释放。因此，在聚集状态下，AIE分子的荧光显著增强。这种现象与传统的荧光材料表现出的ACQ现象截然不同，后者在分子聚集时荧光减弱或消失。

AIE现象的核心在于分子结构的特性（图2-5）。大多数AIE分子具有多个通过单键连接的苯环，这种结构在稀溶液中允许苯环自由旋转和振动。在聚集状态下，分子

间的紧密堆积限制了这些运动，从而抑制了非辐射能量耗散，使得能量主要以荧光形式释放。这种分子结构的设计使得 AIE 材料在聚集状态下具有独特的发光特性。

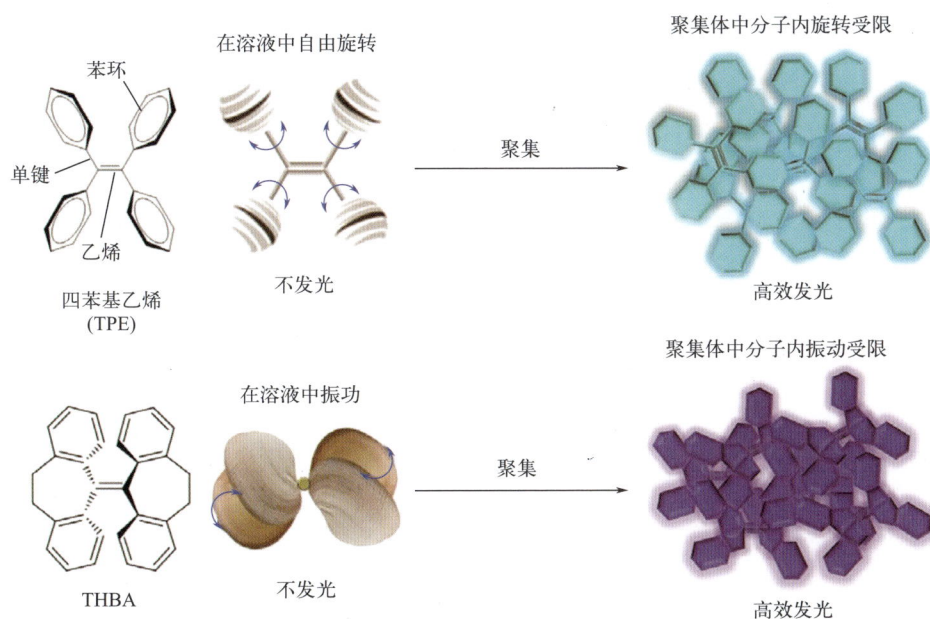

图 2-5　上图是螺旋桨状的荧光分子（如四苯基乙烯，在一个乙烯分子的两端通过 4 个单键连接了 4 个苯环）在稀溶液中不发光，但当其聚集时由于苯环"转子"相对于乙烯"静子"的分子内旋转受限而高效发光。下图是在聚集态下，由于分子内的振动受限，贝壳状发光分子 THBA 的表现类似于四苯基乙烯。分子内旋转受限与分子内振动受限统称为分子内运动受限（图片来源：《科学世界》）

与 AIE 现象相对的是 ACQ 现象，其中荧光分子在聚集时荧光减弱或消失。ACQ 分子通常是平面化的大分子，它们在稀溶液中通过辐射跃迁（发光）消耗激发态能量。当这些分子聚集时，π-π 堆积等相互作用增强，导致激发态能量通过非辐射途径耗散，从而使荧光减弱。这种差异主要是分子结构和分子间相互作用的不同导致的。

AIE 现象的发现揭示了分子内运动与发光效率之间的关系，为设计新型荧光材料提供了新的思路。通过调控分子结构和聚集状态，可以有效地控制荧光的开启和关闭，这对于荧光材料的研究和应用具有重要意义。例如，AIE 材料可以在生物成像、化学传感等领域发挥重要作用，因为其可以在特定的聚集状态下发出强烈的荧光信号。

在分子层面上，AIE 现象的发生可以进一步解释为分子内旋转和振动的受限。在稀溶液中，AIE 分子的苯环可以自由旋转，这种旋转消耗了激发态的能量，导致荧光减弱。然而，在聚集状态下，分子间的相互作用限制了苯环的旋转，使得激发态的能量无法通过非辐射途径耗散，因此更多的能量通过荧光辐射的方式释放出来。

此外，AIE现象还与分子的电子结构有关。在稀溶液中，AIE分子的电子可以在分子内部自由移动，这种移动可能导致激发态能量的非辐射耗散。而在聚集状态下，分子间的相互作用限制了电子的移动，使得激发态的能量更倾向于通过辐射跃迁释放，从而增强了荧光。

AIE现象的发现不仅为荧光材料的研究提供了新的理论基础，而且为发光材料的设计和应用开辟了新的可能性。通过深入理解AIE现象的原理，科学家们可以设计出具有特定发光特性的新型荧光材料，以满足不同领域的需求。这种对分子结构和分子间相互作用的精确控制，使得AIE材料在发光效率和光学稳定性方面具有显著优势，为未来的科学研究和技术发展带来了广阔的前景。

2.3 聚集诱导发光材料的应用

AIE现象的发现为发光材料的研究和应用开辟了新的方向。这一现象的发现，打破了传统荧光材料在聚集时发光强度减弱的规律，为设计新型聚集态或固态发光材料提供了全新的思路。随着对AIE现象理解的深入，科学家们已经设计并合成了数千种AIE材料，这些材料的种类和结构不断丰富，使得根据具体的应用需求，通过调整材料的结构来精确控制发光颜色、荧光亮度、溶解性、功能基团以及手性等特性成为可能[6-8]。

AIE研究的深入不仅推动了材料种类的多样化，还促进了一系列自成体系的新分支的发展。这些新分支包括分子簇集发光、空间电子作用、非芳香共轭体系，以及基于固态分子运动的光热和光声效应等。这些新领域的出现，极大地推动了AIE材料从实验室研究到实际应用的转化，加速了科研成果的产业化进程。

AIE材料的设计和应用已经成为化学、材料科学、生物医学等多个学科交叉融合的热点研究领域（图2-6）。AIE材料的独特性质，使得它在多个领域展现出了广泛的应用潜力。从基础科学研究到工业技术应用，AIE材料正逐步展现出其独特的价值和魅力。

2.3.1 生物成像领域

AIE材料因其出色的生物相容性、光稳定性和高聚集态量子产率，被广泛用于细胞器、微生物以及组织的成像。AIE材料的"不聚不亮，越聚越亮"特性，大幅降低了成像过程中对背景信号的要求，简化了成像流程，使得对细胞、组织和细菌的长时间观测成为可能。研究人员已经开发出了多种AIE荧光探针，用于观测线粒体、溶酶体、内质网等细胞器的精细结构，以及细胞分裂和凋亡过程中的特定变化[9,10]。

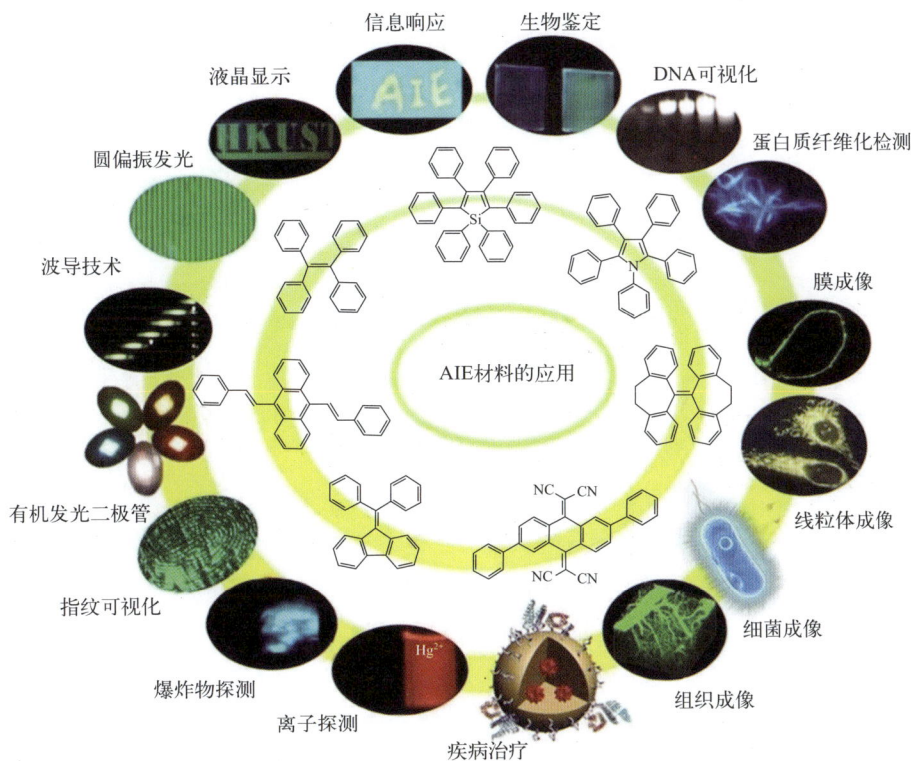

图 2-6　AIE 材料的应用（图片来源：Chem. Rev. 2015, 115(21): 11718–11940）

　　唐本忠院士团队与华南师范大学胡祥龙研究员、郑州大学第一附属医院苏会芳博士、深圳大学 AIE 研究中心王东博士等合作，开发了一种具有良好水溶性并能在近红外区发出强烈荧光的 AIE 分子（AIEgen）。AIEgen 能够特异性地"照亮"细胞膜，而且在成像前无需洗去多余的荧光分子。在细胞培养基中加入 AIEgen 后，在室温下仅需晃动几秒钟就可以完成染色操作。这是首次报道的能同时实现超快染色（秒级）和免洗脱操作的荧光染色分子。另外，由于 AIEgen 能够稳定持久染色细胞膜，因此有望用于活体肿瘤的持久成像（图 2-7）[11]。

　　东北师范大学化学学院朱东霞教授和苏忠民教授团队巧妙地将给电子基团三苯胺或咔唑与具有良好发光性能和优异稳定性的吸电子基团硼-二吡咯亚甲基（BODIPY）衍生物结合在一起，成功实现了对 BDOIPY 衍生物的光谱调节，合成了一系列基于 BDOIPY 衍生物的具有长波长吸收和红光发射特性的 AIE 材料。同时，通过聚合物封装的方法制备了具有良好水分散性、高亮度、高稳定性和低细胞毒性的纳米粒子，实现了细胞内超快速成像和生物体内体外长期成像。

2.3.2　生物传感领域

　　在即时检测（POCT）平台上对复杂样本（如关节液和溶血样品）中的靶标进

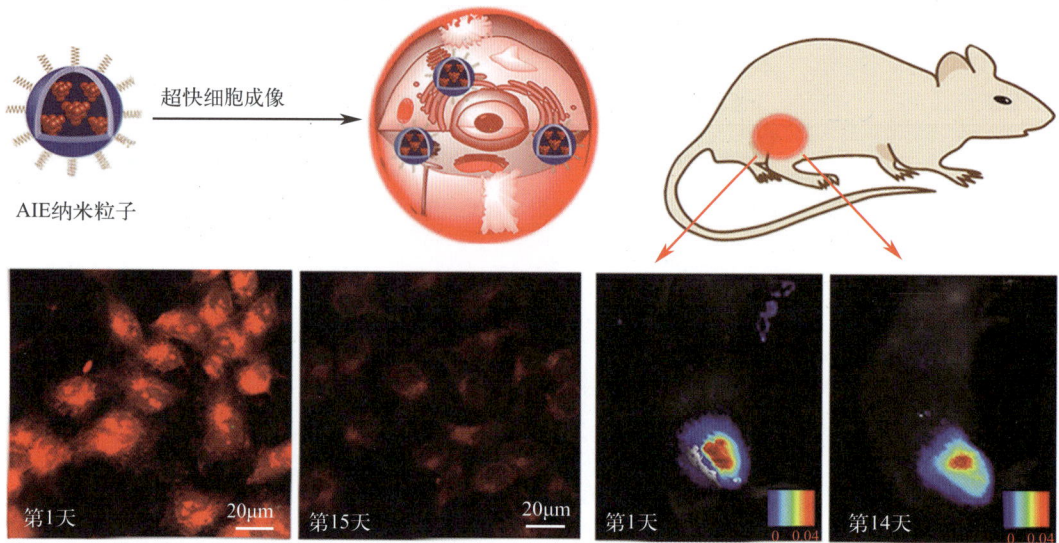

AIE纳米粒子　　超快细胞成像

第1天　20μm　　第15天　20μm　　第1天　　第14天

图2-7　AIE材料在生物成像方面的应用（图片来源：Analytical Chemistry, 2019, 91(5): 3467-3474）

行准确、灵敏和快速的检测，有助于疾病诊断与监测、流行病学研究等。然而，样本强吸收导致的重复性差和高自发荧光导致的低信噪比使得传统的荧光侧流免疫层析（LFIA）技术的准确性和灵敏度不足以识别复杂样本中的目标物。近年来，近红外（NIR）荧光材料（波长在700～1700nm范围内）因在降低光吸收、自发荧光和光散射方面的独特优势，在荧光生物传感和生物成像中得到了成功应用，但聚集引起的淬灭效应限制了其应用。此外，NIR AIE纳米颗粒的开发仍然面临着荧光量子产率（QY，＜10%）相对较低的问题，这导致了较低的检测灵敏度，从而限制了其应用范围[12]。

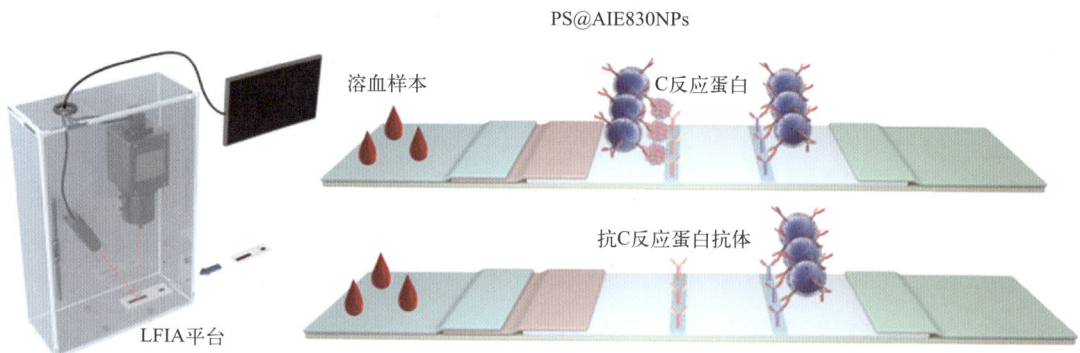

PS@AIE830NPs

溶血样本　　C反应蛋白

抗C反应蛋白抗体

LFIA平台

图2-8　AIE材料在生物传感方面的应用（图片来源：Aggregate, 2024: e551）

重庆医科大学附属第一医院杨培增教授、重庆医科大学陈锐老师和南昌大学黄小林教授合作，设计了一种基于超亮NIR-AIEgen纳米颗粒（PS@AIE830NPs）的

LFIA 平台，通过消除背景干扰，用于在复杂样本中（酱油、关节液和溶血样品）准确、灵敏和快速地检测目标物（图 2-8）。PS@AIE830NPs 采用聚苯乙烯（PS）纳米颗粒作为载体，封装了 NIR AIEgens（AIE830）的荧光单元，与聚合物嵌入法和基于吲哚菁绿（ICG）的 NIR 纳米颗粒相比，大幅提升了量子产率（14.76%）。将其整合到 LFIA 平台后，结合自搭建的 NIR-LFIA 便携式定量仪器，PS@AIE830NPs 标记的 LFIA 可直接检测酱油中的黄曲霉毒素、关节液中的金黄色葡萄球菌生物标志物 α 溶血素、白塞病病人溶血样品中的 C 反应蛋白，无需进行任何预处理，黄曲霉毒素、α 溶血素和 C 反应蛋白的检测限分别为 $0.01\mu g \cdot mL^{-1}$、$0.02\mu g \cdot mL^{-1}$ 和 $0.156mg \cdot L^{-1}$，与相应的标准检测方法相当，并涵盖了其在酱油、关节液和溶血样品中的检测范围[13]。

2.3.3　化学传感领域

AIE 荧光探针能够成功实现对阴离子、金属离子、有机小分子等的识别和检测，具有背景噪声低和检测效率高的优点。大连化物所生物技术研究部乔庆龙副研究员和徐兆超研究员团队设计了一种基于表面活性剂与 1,3- 二乙酰基芘（o-DAP）探针之间的相互作用的新型自适应指纹图谱（AEPF）传感器，可用于高通量鉴别不同结构、不同电荷的阴离子、阳离子、两性离子、非离子的表面活性剂，特别是结构相似的表面活性剂。o-DAP 荧光探针是聚集诱导发光（AIE）分子，在水溶液中存在两种荧光聚集体（分子堆积方式不同），在环境影响下能发生可逆转换。不同的表面活性剂与聚集体的作用力不同，导致两种聚集体的转化程度不同，荧光光谱不同，从而表面活性剂对应的指纹不同，通过各种表面活性剂的"指纹"可以进行精确的分类。该研究选取了 16 种常见的表面活性剂，使用 AEPF 传感器通过"指纹"图谱对表面活性剂进行了精确鉴别，并灵敏检测了 16 种表面活性剂的临界胶束浓度。该传感器还可以鉴别由各种各样的表面活性剂制成的人工囊泡[14]。

多元金属分析的传统检测方法，如电感耦合等离子体串联质谱法和原子荧光光度法等，依赖复杂、昂贵的仪器设备并需要高技能的操作人员，使得现场实时低成本检测具有挑战性。因此，开发简便快捷的方法势在必行。吉林大学齐燕飞课题组和国家纳米科学中心王磊课题组合作，设计了一种通过双芘衍生物（BP）构建的荧光传感器阵列，利用 AIE 特性识别多种金属离子。通过添加不同的金属羧酸盐［如 $Zn(Ac)_2$、$Pb(Ac)_2$ 和 $Ni(Ac)_2$］作为调节剂，利用这些金属离子与 BP 的配位作用产生不同强度的荧光增强效果，而 Fe^{3+}、Cu^{2+}、Co^{2+} 和 Cd^{2+} 能以不同强度淬灭 BP 复合物的荧光信号，从而产生不同的荧光响应模式。利用主成分分析（PCA）和层次聚类分析（HCA）处理荧光响应模式，以区分 Fe^{3+}、Cu^{2+}、Co^{2+} 和 Cd^{2+} 四种金属离子。传感器阵列对 Fe^{3+}、Cu^{2+}、Co^{2+} 和 Cd^{2+} 四种金属离子最低检测限分别达到了 16.2nmol/L、21.8nmol/L、51.4nmol/L 和 25.9nmol/L，该荧光阵列传感器对金属离子的响应在不同浓度和不同环境样本基质中均能清晰区分，具备高灵敏度和抗干扰能力[15]。

2.3.4　疾病诊断领域

活性氧和活性氮类物质（RONS）是各种生命过程至关重要的氧化应激介质。但过高水平的RONS的释放可能会导致细胞死亡和生物结构的破坏。过氧亚硝酸阴离子（$ONOO^-$）是一种重要的RONS，它是生物体内的一种强氧化剂，有助于调节氧化还原稳态。但是过量的$ONOO^-$常常伴随发炎、神经退行性疾病、类风湿性关节炎、癌症以及其他疾病。因此，开发一种能够以高灵敏度检测$ONOO^-$水平的生物探针，对人类疾病的早期诊断具有极其重要的意义。

荧光探针因可提供高灵敏度、无创且实时的检测而受到了越来越多的关注。然而，只有很少的荧光检测体系可以实现$ONOO^-$的体外和体内检测。此外，常规的荧光染料在它们的稀溶液中荧光发射很强，但在形成聚集体后荧光会被部分或完全淬灭，这极大地限制了它们的应用。而具有聚集诱导发光（AIE）特性的染料在稀溶液中几乎没有荧光，但聚集后会发出明亮的荧光。这使得具有AIE效应的荧光探针可在高浓度时使用，并可利用聚集诱导发光的优势，是具有超高灵敏度的荧光"打开"型生物探针。基于AIE的独特优势，一些可以在不同条件下检测各种RONS的AIE探针已经被报道，但是只有少数能特异性检测$ONOO^-$，甚至更少数可以实现体内检测。具有简单分子结构、良好化学稳定性以及可实现对$ONOO^-$的特异性灵敏检测的新型AIE生物探针将会有非常广阔的应用前景。

唐本忠院士课题组与南开大学丁丹教授课题组合作，将一种商用的AIE染料（TPE-DMA）与4-(溴甲基)苯硼酸偶联，通过一步反应合成了一种新型的可以特异性检测$ONOO^-$的"打开"型荧光生物探针，即TPE-DMAB。由于季铵盐和硼酸部分使TPE-DMAB表现出一定的亲水性，使得探针在水溶液中的荧光发射微弱。但是，$ONOO^-$的存在会使TPE-DMAB氧化裂解，并最终产生TPE-DMA。TPE-DMA具有强疏水性和典型的AIE特性，因此会在水中形成聚集体并展现出明亮的荧光。TPE-DMAB可快速对$ONOO^-$产生响应并转化为TPE-DMA，从而引发高达100倍的荧光增强。在3～12μmol/L的范围内，荧光强度与$ONOO^-$浓度之间存在良好的线性关系，检测限为54nmol/L（图2-9）。此外，与其他多种RONS相比，TPE-DMAB对$ONOO^-$具有高度的选择性。制成纳米粒子的TPE-DMAB纳米探针对$ONOO^-$同样具有良好的检测性能，并被成功用于检测巨噬细胞产生的内源性$ONOO^-$。此外，该纳米探针具有良好的生物相容性，并可被用于小鼠炎症部位的特异性成像。在TPE-DMAB纳米粒子注射30min后，在炎症部位观察到强烈的荧光信号，而未注射纳米粒子以及提前注射$ONOO^-$清除剂的小鼠未出现明显的荧光变化，这说明该探针可被用来实现$ONOO^-$的检测和炎症部位的成像[16]。

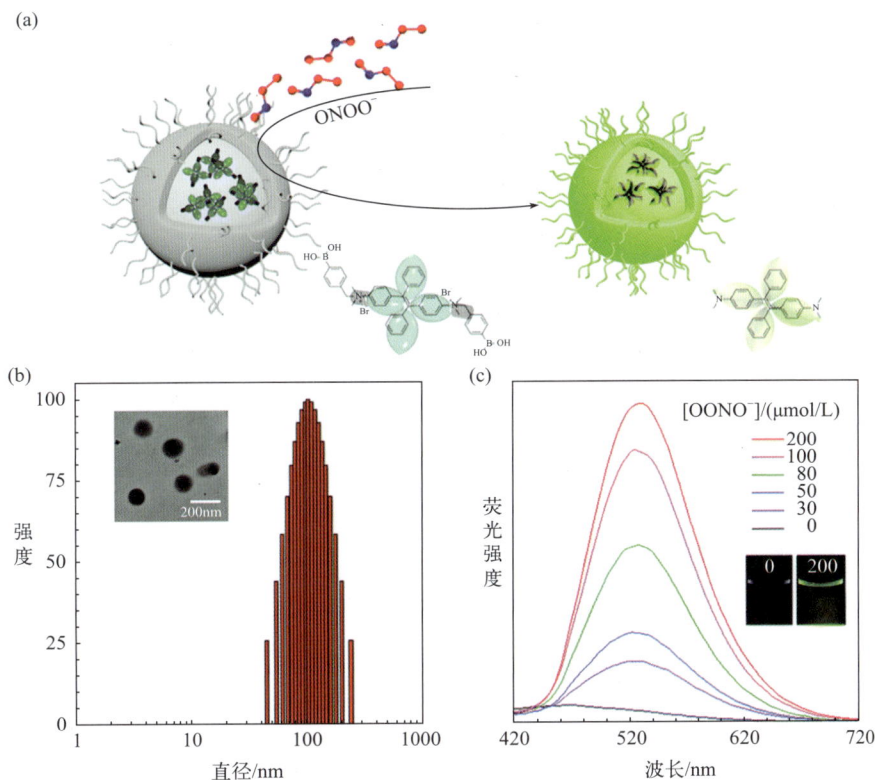

图2-9　AIE材料在疾病诊断方面的应用（图片来源：Materials Chemistry Frontiers, 2021, 5(4): 1830-1835）

2.3.5　诊疗一体化应用

　　AIE材料在疾病治疗领域展现出了潜力，包括光热治疗、光动力治疗以及与药物治疗的联合应用。这些材料能够在光照下高效产生活性氧，破坏细菌的抗氧化机制，有效杀死细菌，促进伤口愈合。

　　唐本忠院士团队受AIE光敏剂和黑磷纳米材料在癌症治疗中各自的优势的启发，展示了AIE光敏剂联合二维黑磷纳米片简便构建的一种新型的多模式诊疗一体化的纳米材料，并探究了其在多模式诊疗中的应用。本章作者将带正电荷、亲水性的AIE光敏剂与表面带负电荷的黑磷纳米片在水中通过静电相互作用结合。所开发的纳米材料不仅显示出优异的稳定性，还同时兼具二者组分各自的优势，包括明亮的NIR荧光发射、高效的活性氧生成和光热转换效率，以及快速的细胞摄取能力等特性和多功能性和通过EPR效应在肿瘤组织上的显著富集。体外和体内评价实验表明该纳米材料具有良好的生物相容性，在光照下实现了高效的荧光-光热成像指导的光动力-光热协同治疗，相比于单一的光动力治疗或光热治疗，效果有显著的提高。这项研究不仅拓展了AIE分子和黑磷材料的应用范围，而且为设计新一代癌症诊疗方案提供了有益的见解[17]。

2.3.6 功能材料领域

AIE材料作为抗菌材料时表现出了高效的产生活性氧的能力，能有效杀死细菌，促进伤口愈合。唐本忠院士和赵征教授团队基于手持式静电纺丝装置成功开发了一种抗菌AIE纳米纤维敷料，可直接静电纺丝到不规则的伤口部位，对金黄色葡萄球菌和耐甲氧西林金黄色葡萄球菌等具有高效的抗菌特性（图2-10）。研究人员利用便携式静电纺丝设备开发了一种新型AIE纳米纤维敷料，这种敷料不仅具有抗菌特性，还具有良好的生物相容性，能够有效对抗多药耐药细菌，促进伤口愈合。与传统的预制纳米纤维膜相比，原位制备的AIE纳米纤维能够根据不同伤口的形状进行定制，提供更紧密的贴合。特别值得一提的是，由于设备的便携性和适应性，这些纳米纤维敷料能够覆盖各种不规则形状的伤口，并且贴敷舒适。得益于AIE材料增强的活性氧特性，这种纳米纤维敷料对金黄色葡萄球菌和耐甲氧西林金黄色葡萄球菌展现出了高效的抗菌作用，同时保持了良好的生物相容性[18]。

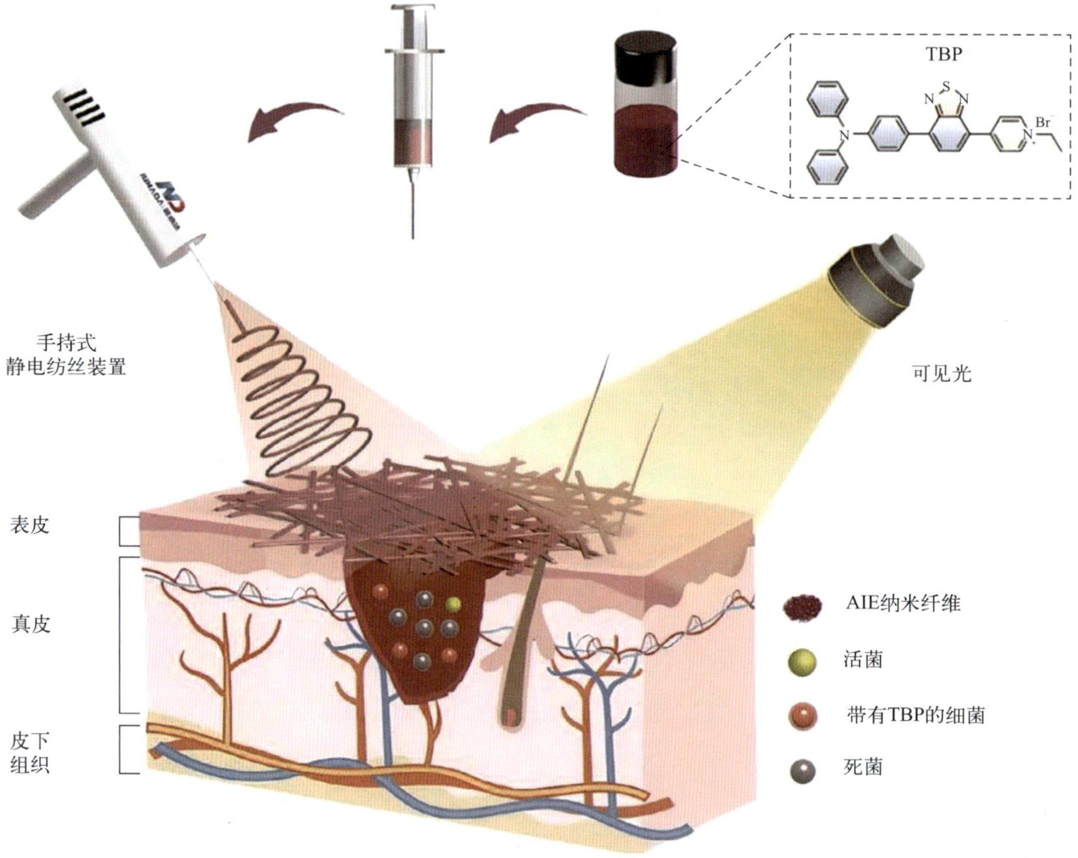

图2-10 AIE材料在功能材料方面的应用（图片来源：《科学》）

动物实验表明，使用这种 AIE 纳米纤维敷料能够显著减少多药耐药细菌对伤口的感染，降低炎症反应，并加速伤口的愈合。此外，这种敷料结合了手持式静电纺丝装置的便捷性，特别适合户外环境使用。在紧急情况下，这种敷料能够迅速应用于伤口，仅需 2min 即可实现伤口的全面覆盖。

2.3.7　光电显示领域

聚集诱导发光材料在固态和薄膜态下展现出了最佳的发光效率，且其扭曲的分子构型非常适用于构建非掺杂蓝光有机电致发光二极管（OLED）。然而，由于 AIE 蓝光材料受限于激子利用率，高效的非掺杂 AIE 蓝色荧光 OLED 还有待发展。而利用三线态激子则有望提升器件的效率。例如，利用高能级三线态激子（热激子）的反系间窜越（RISC）机制，研究人员已经制备了许多性能优异的 AIE 蓝光材料。

唐本忠院士和秦安军教授团队发展了基于四苯基苯（TPB）的 AIE 材料体系，研究中发现以这类材料体系为非掺杂发光层制备的 OLED 的外量子效率可以突破荧光器件 5% 的理论极限。进一步研究发现，TPB 体系中的高能级三线态对器件的外量子效率具有较大的贡献。然而，这类体系中，高能级三线态和低能级三线态之间的内转换过程与高能级三线态和第一激发单线态之间的 RISC 过程存在竞争关系。窄的三线态能隙和 RISC 过程的自旋禁阻特性使得该类材料三线态之间的内转换速率占主导地位，因此，材料的三线态激子利用率较低，进而导致器件的效率仍远远落后于红、绿光 OLED。解决这一问题的关键是如何通过分子设计来调控 TPB 衍生物的三线态能级，降低损耗，从而实现高的激子利用率。策略之一即是在体系中引入三线态-三线态湮灭上转换机制，从而实现损耗三线态能量的再利用。

秦安军教授等基于具有三线态-三线态湮灭效应的发光材料 DMPPP 与 AIE 材料 TPB-AC 的特征，设计并制备了一种高固态发光效率和高激子利用率的蓝光 AIE 材料 DPDPB-AC，将其作为非掺杂发光层制备了蓝光 OLED，实现了外量子效率高达 10.3% 的器件[19]。

AIE 材料的这些应用不仅展示了其在科学研究和工业应用中的多样性和重要性，而且预示着未来在解决关键原材料和器件等领域的挑战中，AIE 材料将发挥更加关键的作用。随着 AIE 材料研究的不断深入，其在多个领域的应用前景将更加广阔。

总结与展望

AIE 现象的发现是科学探索中的一个偶然而美妙的意外。2001 年，唐本忠院士领导的团队在研究中意外发现了一种与传统荧光材料行为截然不同的现象：某些有机小分子在溶液中几乎不发光,但聚集成聚集体或在固体状态时却能高效发光,这一现象被定义为AIE。这一发现不仅颠覆了人们对发光材料的传统认知,也为发光材料的应用开辟了新天地。

AIE材料的独特性质激发了全球科研人员的极大兴趣,促进了数千种AIE材料的开发,并推动了其在多个领域的应用。AIE材料的研究从基础理论出发,深入探索了材料研发,并在技术应用上取得了多个维度的创新和突破,对全球科学研究和技术发展产生了深远影响。

AIE材料的创新不仅体现在科学发现上,更在于其广泛的应用前景。在生物成像领域,AIE材料因其出色的生物相容性和光稳定性,被用于细胞器成像、微生物成像和组织成像,极大地推动了生物医学研究的发展。在生物传感和化学传感领域,AIE材料的高灵敏度和快速响应性使其在检测活性氧、硫醇、离子等方面展现出了巨大潜力。在体外诊断领域,AIE材料的应用提高了检测的准确性和效率,尤其是炎症标志物、心肌标志物、传染性病毒和毒品等方面的检测。

此外,AIE材料在功能材料领域也显示出巨大的潜力,特别是在抗菌材料的开发上,AIE材料在光照时能高效产生活性氧,有效杀死细菌,促进伤口愈合。在光电显示领域,AIE材料的研究推动了有机发光二极管技术的发展,通过减少三线态激子的损失和提高发光效率,实现了性能上的突破。

AIE材料的这些创新和应用,不仅展示了我国在该领域的领跑地位,也为解决我国在关键原材料和器件等领域的"卡脖子"问题提供了新的思路。随着对AIE研究的不断深入,其在多个领域的应用前景将更加广阔,为全球科技进步和社会发展贡献中国智慧和中国方案。

参考文献

[1] 毛慧灵,董宇平,唐本忠.越聚集,越发光[J].科学世界,2017,(05): 82-87.

[2] 刘勇,王志明,唐本忠.聚集诱导发光:从"一种奇特的实验现象"到"中国原创的科学领域"[J].科学,2024,76(01): 1-5+69.

[3] Luo J, Xie Z, Lam J W Y, et al. Aggregation-induced emission of 1-methyl-1, 2, 3, 4, 5-pentaphenylsilole[J]. Chemical Communications, 2001, (18): 1740-1741.

[4] 韩鹏博,徐赫,安众福,等.聚集诱导发光[J].化学进展,2022,34(01): 1-130.

[5] Hong Y, Lam J W Y, Tang B. Aggregation-induced emission: Phenomenon, mechanism and applications[J]. Chemical Communications, 2009,40(45): 4332-4353.

[6] Hong Y, Lam J W Y, Tang B. Aggregation-induced emission[J]. Chemical Society Reviews, 2011, 40(11): 5361-5388.

[7] Chen Y, Lam J W Y, Kwok R T K, et al. Aggregation-induced emission: Fundamental understanding and

future developments[J]. Materials Horizons, 2019, 6(03): 428-433.

[8] Peng Q, Shuai Z. Molecular mechanism of aggregation-induced emission[J]. Aggregate, 2021, 2(05): e91.

[9] Cai X, Liu B. Aggregation-induced emission: Recent advances in materials and biomedical applications[J]. Angewandte Chemie, 2020, 59(25): 9868-9886.

[10] Wang H, Li Q, Alam P, et al. Aggregation-induced emission (AIE), life and health[J]. ACS Nano, 2023, 17(15): 14347-14405.

[11] Wang D, Su H, Kwok R T K, et al. Rational design of a water-soluble NIR AIEgen, and its application in ultrafast wash-free cellular imaging and photodynamic cancer cell ablation[J]. Chemical Science, 2018, 9(15): 3685-3693.

[12] Che W, Zhang L, Li Y, et al. Ultrafast and noninvasive long-term bioimaging with highly stable red aggregation-induced emission nanoparticles[J]. Analytical Chemistry, 2019, 91(05): 3467-3474.

[13] Shu J, Li Y, Cai H, et al. Ultrabright NIR AIEgen nanoparticles-enhanced lateral flow immunoassay platform for accurate diagnostics of complex samples[J]. Aggregate, 2024, 5(4): e551.

[14] Wang G, Qiao Q, Jia W, et al. Adaptive emission profile of transformable fluorescent probes as fingerprints: A typical application in distinguishing different surfactants[J]. Chinese Chemical Letters, 2024, 36(5): 110130.

[15] Zheng H, Ma H, Sun H, et al. Rapid and accurate identification of multiple metal ions using a bispyrene-based fluorescent sensor array with aggregation-induced enhanced emission property[J]. Aggregate, 2024, 36(5): e678.

[16] Xie H, Zhang J, Chen C. Sensitive and specific detection of peroxynitrite and in vivo imaging of inflammation by a "simple" AIE bioprobe[J]. Materials Chemistry Frontiers, 2021, 5(04): 1830-1835.

[17] Huang J, He B, Zhang Z, et al. Aggregation-induced emission luminogens married to 2D black phosphorus nanosheets for highly efficient multimodal theranostics[J]. Advanced Materials, 2020, 32(37): 2003382.

[18] 陈伟才, 刘勇, 王志明. 抗菌新武器：聚集诱导发光在细菌感染防治领域的应用[J].科学, 2024, 76(01): 10-13+69.

[19] Han P, Lin C, Xia E, et al. Non-doped blue AIEgen-based OLED with EQE approaching 10.3%[J]. Angewandte Chemie, 2023, 62(43): e202310388.

作者简介

史湘绮，华中科技大学副研究员，英国皇家化学会会员（MRSC），湖北省科普作家协会会员。先后于浙江清华长三角研究院和华中科技大学开展科学研究工作，发表研究论文30余篇。

熊伟，浙江大学医学院附属邵逸夫医院麻醉科医生。参与国家自然科学基金面上项目2项，省部级专项医学研究项目2项，发表中英文期刊论文3篇。长期致力于超分子组装纳米制剂长效缓慢递送缓解癌痛的研究。

卢曦，北京中医药大学与国家纳米科学中心联合培养博士（师从韩东研究员），主治医师。参与国家级课题3项，在国内外中英文期刊发表论文12篇，参与校对图书4部，申请国家专利1项。长期从事基于生物力药理学的中药单体纳米制剂治疗肺纤维化疾病的研究。

李传福，项目工程师，先后于天津大学、国家纳米科学中心和华中科技大学开展科学研究。在国内外期刊上发表论文20余篇，参与编写著作3部。获得艾思科蓝"2021全球智库年度卓越专家"称号，获得eScience Outstanding Contribution Award，受邀参加2023 RSC-Wuhan University Emerging Investigator Forum。

Approaching Frontiers
of
New Materials

3

第3章

电子皮肤

郭予宸　孙喜顿　潘力佳

3.1 电子皮肤的发展和技术概述

　　皮肤作为人体最大的器官覆盖于身体，不仅具有透气、导湿、柔性、弹性等物理特性，而且具有危害防护、自修复、力感知、温度感知、湿度感知等功能特性，即不仅为人体免于外界伤害提供了有效的防护屏障，还为人体感知外界刺激并做出响应提供了理想的交互平台。电子皮肤是一种模仿人类皮肤功能的仿生电子系统，它通常由柔性和可拉伸材料制成，内嵌多种传感器，用于监测人体生理信号（如心率、血氧、肌肉活动等）以及感知外部环境（如压力、温度、湿度、化学物质等）。由于其柔性、可拉伸性和共形性等特点，电子皮肤可以实现传统笨拙的医疗器件无法做到的连续、实时、无感、无创的生物信号检测。

　　电子皮肤的概念并非一蹴而就。在20世纪60年代至80年代，关于模拟人类皮肤触觉的研究大多集中在如何理解和模仿皮肤的生物学特性。科学家们通过生物力学、神经科学等学科的研究，逐步认识到皮肤在感知环境中的复杂性和多功能性。电子皮肤的概念最早可以追溯到20世纪70年代，当时的研究主要集中在基础的柔性电子器件上，并且尝试开发具有简单触觉感知功能的柔性传感器系统，这些早期的原型为后来的电子皮肤发展奠定了基础。

　　20世纪90年代，随着材料科学的进步，柔性电子材料和传感器技术逐步成熟，科学家们开始尝试将柔性传感器集成到系统中，以模拟皮肤的对外界刺激的感应能力。特别是1996年，杜克大学的科学家首次成功开发出一种柔性电容传感器，并将其用于模拟人类皮肤的触觉感知功能。该传感器能够响应触碰、压力等刺激，为电子皮肤技术的发展打下了基础。21世纪初期，随着纳米技术、柔性电子技术和材料科学的快速发展，电子皮肤在传感功能、柔性和集成度方面取得了重大突破。2008年，斯坦福大学的科学家成功研发出一种可拉伸、透明的导电材料，用于构建柔性触摸传感器[1]。该材料不仅能高效传导电信号，而且具有很强的可拉伸性和稳定性，极大地推动了电子皮肤技术的实际应用。2009年，麻省理工学院（MIT）的研究人员开发了一种由薄膜和传感器阵列构成的电子皮肤系统，该系统能够精确感知压力、温度和湿度等多种物理量，具有较高的灵敏度和响应速度。该技术的出现，使得电子皮肤从理论研究向实际应用迈出了重要一步，逐步引发了全球范围内对电子皮肤技术的广泛关注。

　　此后，研究人员开发出了具有多模态感知能力的电子皮肤，能够同时检测压力、温度、湿度和化学环境等多种参数。同时，柔性电路和可拉伸材料的发展使得电子皮肤更加像人体皮肤，提升了其在医疗和健康监测中的应用潜力。

　　进入2010年，电子皮肤技术取得了更为显著的进展，多个研究团队在电子皮肤的材料、结构和应用领域取得了突破。例如，2012年，东京大学的研究团队开发了一种基于柔性电子元件的电子皮肤系统，成功将传感器、处理器、能源供应和数据传输等功能集成在一起，使得电子皮肤具备了"自给自足"的功能[2]（图3-1）。同时，无线通信技术的发展也为电子皮肤的普及提供了技术支撑。随着电子皮肤需求的发展，电子皮肤需要与外部设备无线连接，使得电子皮肤不仅可以感知触觉信号，还能通过无线方式将数据传输至智能设备进行进一步分析和处理。无线通信技术的应用使得电子皮肤更加灵活，能够广泛应用于可穿戴设备、智能假肢、医疗监测等领域。

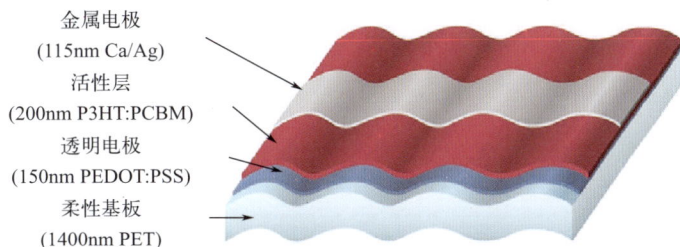

金属电极
(115nm Ca/Ag)
活性层
(200nm P3HT:PCBM)
透明电极
(150nm PEDOT:PSS)
柔性基板
(1400nm PET)

图3-1　超轻柔性有机太阳能电池方案[2]

近年来，随着科技爆发式发展，以人工智能技术、数字化技术和物联网等为代表的第四次工业革命的进程开启了。具有智能感知与交互能力的电子皮肤为个人防护、医疗保健、人机交互、智能制造等领域的发展提供了前所未有的可能性。此外，电子皮肤还具有一定的防护能力、亚环境能量收集与转化能力、自修复能力，可以更好地模拟皮肤功能，实现个人防护、自驱动感知与可靠传感。因此，电子皮肤在实时生理信号监测、健康状况诊断评估和个性化医疗等应用中显示出巨大的潜力。此外，在日常生活中进行无感舒适佩戴和长期稳定监测生理信息成为目前电子皮肤发展的重要方向。

为了确保无感舒适和长期稳定特征，需要电子皮肤具有以下几种特性。首先，核心是传感器，出色而稳定的传感性能是确保电子皮肤可以稳定且精确地进行监测的基础。可以通过构筑各种人工微结构来提高电子皮肤的光、电、力、热等性能。同时，探索电子皮肤性能提升的新机制，延伸其功能并深化其应用也是确保舒适、稳定监测生理信号的新的发展方向。

其次，开发和设计兼具透气、超薄、共形和可拉伸等特性的材料，以优化电子皮肤的舒适性及使用体验。目前，具有某一种或某几种性能的材料已经得到了快速的发展，然而兼具各种性能的材料仍是电子皮肤实现长期舒适佩戴的重要发展方向。

最后，独立的操作框架设计和无线信号传输技术是大幅提升电子皮肤性能并转化为实际应用的关键。虽然传统电子皮肤前端数据采集部分在实验室内具有可参考的较高的性能指标，但对测试环境的依赖和烦琐的数据采集却极大地阻碍了其在实际健康监测中的应用。目前，电子皮肤的数据分析通常依赖实验室中的人工监督，后期信号的选择、评估和处理也无法实时完成，这些情况严重影响了健康监测的时效性和便捷性。

结合当今迅速发展的人工智能技术，新兴的电子皮肤可以通过持续监测多模态数据，使数据分析能够解码由各种信号生成的大型、复杂的图谱。通过深度学习可以揭示传统数据分析难以获得的医学见解，同时提供可以模仿甚至超越人类专业知识的准确预测。然而，真正地实现具备舒适的佩戴、长期稳定的生理信号监测和实时精确的健康分析/疾病预测的电子皮肤仍需要很长的时间。

3.2　电子皮肤的功能机制

电子皮肤作为一种柔性、可穿戴的传感器系统，其功能机制模拟了人类皮肤的感知能力，包括触觉、温度、压力、湿度等多种感知功能。电子皮肤通过多种传感器和智能算法来实现这些功能，能够感知外界的刺激并将其转化为电子信号供进一步处理。近年来，电子皮肤不仅具有对压力、温度、湿度、气体、生物化学分子、光等信号的传感功能，还具有许多实用的其他功能。例如，能量收集功能、自愈合功能、制冷功能、光热转化功能、药物缓释功能等。电子皮肤功能的丰富极大拓展了其应用领域并增强了其实用性。

3.2.1　机械力传感功能

机械力传感功能是电子皮肤最基础也是最重要的功能，为机械和人体等精确感知外界刺激创造了良好的平台。按工作机制进行区分，机械力传感电子皮肤分为五种类型：电阻式、电容式、压电式、离电式以及摩擦电式。

电阻式电子皮肤通过外界机械力作用下的材料形变引起的电阻值变化来进行传感。电阻式电子皮肤通常由本征导电的弹性材料、可拉伸材料构成或由导电材料与弹性材料、可拉伸材料复合而成。常用于制备电阻式电子皮肤的本征导电的弹性可拉伸材料包括离子水凝胶等导电聚合物。常见的电阻式电子皮肤聚合物基材包括二甲基硅氧烷、Ecoflex、聚乙烯醇、聚氨酯、苯乙烯-乙烯-丁烯-苯乙烯嵌段共聚物等。常用于与聚合物复合的导电基材包括液态金属、金属微/纳米颗粒、金属薄膜、金属纳米线、石墨烯、炭黑、碳纳米管等。电阻式电子皮肤结构简单，易于制备，灵敏度高，迟滞低，是目前最常用的柔性传感器件之一。

电容式电子皮肤通过外界机械力作用下的材料形变引起的电容值变化来进行传感。电容式电子皮肤通常由一对电极和夹在电极之间的介电层构成。金属薄膜、金属纳米线、石墨烯、炭黑、碳纳米管等导电材料已被广泛用于制备电容式电子皮肤的电极。其介电层通常由具有微/纳米结构的弹性介电材料构成。电容式电子皮肤的优势在于其基线稳定性好，易于实现较好的线性度，传感可靠性强。电容式电子皮肤的劣势是其电容值变化易受环境寄生噪声的干扰。

压电式电子皮肤通过外界机械力作用引起材料偶极子偏转或偶极矩发生变化，进而导致材料表面压电势变化来进行传感。通常非中心对称的晶体具有压电性。在 32 种晶体学点群中，21 种点群具有非中心对称结构，其中点群 432 的晶体由于具有其他对称因素不显示压电性，剩余 20 种点群都具有压电性。常见的压电材料有氧化锌、氮化镓等具有纤锌矿结构的晶体，还有钛酸钡、锆钛酸铅、铌酸钠钾等具有钙钛矿结构的铁电晶体。相比于电阻式电子皮肤与电容式电子皮肤，压电式电子皮肤的优势在于响应速度超快，响应时间不超过数十毫秒。

离电式电子皮肤通过纳米尺寸的双电层增强外部机械力引起的电容变化来进行传感。离电式电子皮肤的核心构成材料是各种功能离子材料，如离子液体、离子凝胶或离子纤维。与传统电容式电子皮肤相比，离电式电子皮肤通常具有良好的透明度、优异的拉伸性与超高的灵敏度。更重要的是，离电式电子皮肤不易受环境寄生噪声的干扰。

摩擦电式电子皮肤基于接触起电与静电感应的耦合效应，通过外界机械力作用引起的电极电势差来进行传感。它具有四种工作模式，分别为垂直接触-分离模式、水平滑动模式、单电极模式和独立层模式。绝大多数材料，不管是固态、液态还是气态，在相互接触后都会产生摩擦起电效应，因此摩擦电式电子皮肤具有绝佳的材料选择多样性。相比于前述四类电子皮肤，摩擦电式电子皮肤制造方便、结构简单、成本低廉。相比于压电式电子皮肤，摩擦电式电子皮肤输出功率高，在自驱动传感方面具有更突出的优势。摩擦电式电子皮肤不足之处在于外界环境中的湿度变化会显著影响其电输出性能，而且摩擦电式电子皮肤需要经过电荷积累过程才能正常工作，积累的电荷在其不工作状态下极易耗散，在实际环境中的力传感稳定性较弱。

上述五类电子皮肤根据其自身机电响应特性的不同，具有丰富的机械力传感功能，可以对拉伸应力、压力、剪切力等力学信号进行精准监测。由于电阻式电子皮肤具有良好的可拉伸性，该类型电子皮肤被广泛用来检测拉伸应力。由弹性体构成的电阻式电子皮肤、电容式电子皮肤及离电式电子皮肤由于具有良好的工作稳定性，通常被用来检测静态压力信号与低频压力信号。压电式电子皮肤与摩擦电式电子皮肤由于具有超快的响应速度，在动态压力及高频压力传感方面具有显著优势。使用经过特殊微结构设计的电阻式电子皮肤与电容式电子皮肤来检测剪切力，最为经典的微结构是由纳米纤维阵列或微圆顶阵列构成的互锁结构。此外，为实现更复杂的机械力传感功能，如多模态力传感、力方向传感、不同力信号的解耦等，通常需要恰当地集成上述五类电子皮肤，并进行专门的器件结构与材料设计。

3.2.2　温度传感功能

温度感知是电子皮肤的核心功能之一，能够模拟人类皮肤对温度变化的感知能力。电子皮肤的温度感知功能不仅能检测环境温度的变化，还能监测体温、热源的存在以及温度分布的差异。通过这种感知功能，电子皮肤可以应用于健康监测、机器人、智能穿戴设备等多个领域。电子皮肤中的温度传感器通常基于热电效应或温度敏感材料的电性变化。常见的温度感知原理包括热电效应、电阻变化、热敏电阻和半导体材料的特性变化。

热电效应是最常见的温度感知原理，它是指在两种不同的导体或半导体材料的连接处，当存在温度差异时，会产生电势差。利用这一原理，电子皮肤可以通过热电偶来感知温度。热电偶由两种不同材料的导体连接而成。当其中一端受到热源影响时，两端产生温差，会在两个接点之间产生电压。电压的大小与温差成正比，从而实现温度的测量。热电偶通常响应速度快且具有较高的精度，但其测量范围通常局限在较高温度范围内，且需要对信号进行精确的放大和处理。

使用热敏电阻作为温度传感器也是一种传统的集成方式。热敏电阻能够根据温度变化改变其电阻。常见的热敏电阻材料包括氧化金属、碳化硅等。热敏电阻的电阻随温度的变化而发生显著变化。根据材料的不同，热敏电阻可以分为负温度系数（NTC）和正温度系数（PTC）两类。NTC热敏电阻的电阻值随着温度的升高而减小，而PTC热敏电阻则是随着温度升高电阻增加。热敏电阻具有较高的灵敏度和较小的尺寸，非常适合集成到电子皮肤中。然而，热敏电阻的响应范围较窄，且需要较为复杂的校准。

半导体材料的温度依赖性较强，尤其是基于硅、锗、氮化镓等材料制成的温度传感器。因此，可以使用半导体材料作为温度传感器的敏感层。半导体温度传感器的原理基于材料的导电性能随温度变化的特性。随着温度的变化，半导体材料中的载流子浓度变化，从而影响其电导率或电压。通过测量半导体材料的电导率或电压变化，可以获得温度的变化信息。半导体温度传感器具有高精度和宽范围的温度测量能力，适合在高精度应用中使用。然而，其对环境因素较为敏感，且成本相对较高。

电子皮肤中的温度感知功能通常通过微型化的电路进行信号处理，集成了多个传感器单元。电子皮肤的温度传感器阵列一般会分布在电子皮肤表面，以便捕捉不同区域的温度变化。这些传感器可以采用热敏电阻、热电偶、半导体等不同类型的传感器，排列成二维网格结构，以提高测量精度和覆盖范围。

温度传感器所产生的电信号（如电压或电阻变化）通常是微弱的，因此需要通过集成的放大电路进行信号增强。使用低噪声放大器能够确保电信号的稳定和准确。所有模拟信号都需要通过模拟/数字转换器（ADC）转换为数字信号并输入至微控制器（MCU）或专用信号处理芯片进行数据分析和计算。通过内置的算法，可以根据传感器输出的信号准确计算温度变化，甚至实时监控温度分布。

　　温度传感器的数据传输方式直接影响其应用。电子皮肤的温度感知信息可以通过无线传输技术（如蓝牙、Wi-Fi 等）实时发送至外部设备，如智能手机、智能手表等，用于健康监测、环境监控等应用。根据需要，电子皮肤还可以结合反馈机制进行温度调节或报警。

3.2.3　其他传感功能和增益功能

　　除具有机械力传感功能和温度传感功能这两个人体皮肤最重要的感知功能外，电子皮肤还能够实现湿度、气体、生物化学分子、光的传感。常见的湿度传感电子皮肤有电阻式、电容式与摩擦电式。通常使用聚乙烯醇、羟乙基纤维素等亲水材料制备的电子皮肤具有更好的湿度传感性能。常见的气体传感电子皮肤有电阻式与摩擦电式。生物化学分子传感电子皮肤通常是电阻式。光传感电子皮肤的核心部件是具有光电效应的光敏元件。具有各种传感功能的电子皮肤为人机交互、机器人技术、生物医学、安全防护等领域的发展提供了新的可能性和解决方案。

　　电子皮肤除了具有丰富的传感功能，还具有其他有益功能，这些功能增强了其实用性。这些功能包括但不限于能量收集功能、自愈合功能、制冷功能、光热转化功能与药物缓释功能。通常压电式、摩擦电式、热释电式与离子热电式电子皮肤不仅具有力学、热学信号自驱动传感功能，还具有收集环境中机械能与热能的功能。将这些收集的能量储存起来，可以驱动物联网传感系统中的其他小型电子器件，这在高熵微电源领域具有良好的应用潜力。自愈合功能使得电子皮肤能够在受到损伤后自动修复，提高了电子皮肤的稳定性和耐久性，延长了其使用寿命。微胶囊聚合物、水凝胶以及离子凝胶是用于制备自愈合电子皮肤的基础材料。具有制冷功能的电子皮肤有助于保障皮肤干爽及传感器在高温环境中稳定工作。通常使用不耗能的被动辐射制冷技术来赋予电子皮肤制冷功能。这是由于辐射制冷材料结构轻薄，易于与电子皮肤上的传感功能材料进行集成。常见的用于制备具有辐射制冷功能的电子皮肤的材料有二氧化硅微/纳米颗粒、二氧化钛微/纳米颗粒、苯乙烯丙烯酸共聚物、聚偏氟乙烯及其共聚物，这些材料可以帮助电子皮肤实现几度至几十度的制冷效果。具有光热转化功能的电子皮肤能够将光能转化为热能，可以在寒冷环境中提供额外的热量，或在医学领域用于局部治疗，通过高温促进血液循环来加速伤口的愈合。常见的用于制备具有光热转化功能的电子皮肤的材料有 MXene、碳纳米管、石墨烯、金属纳米颗粒等。除此之外，有些电子皮肤还具有药物缓释功能，能够释放药物以治疗局部组织。常见的用于制备具有药物缓释功能的电子皮肤的材料为具有生物相容性的水凝胶。

3.3 电子皮肤中的能量收集技术和无线数据传输技术

3.3.1 能量收集技术

为了确保能够长期稳定运行，电子皮肤不仅需要有精确的传感功能，还需要有高效的能源供应。能量收集技术为电子皮肤提供了自给能源，使其能够无需外部电源持续运行。能量收集技术通过将环境中的机械能、热能、光能等转化为电能，供电子皮肤内的传感器、处理器和通信模块使用。能量收集技术是保证电子皮肤可以长期无感佩戴且可持续进行健康监测的关键技术，其引入的能量收集器可作为传感器的电源，也可以直接作为自供电传感器，消除了对外部电源的需求。电子皮肤的能量采集技术通常配合自供电技术，这种技术可以有效避免传统电子设备的外部电源，以实现电子皮肤在不影响人们正常生活的情况下的长期佩戴的目标。

电子皮肤中使用的能源分为很多种，包括机械能、光电能、热电能和化学能，其中机械能是最为常见的，也是最容易采集的能量。目前，摩擦纳米发电机和压电纳米发电机是采集机械能为电子皮肤提供能量的主流的自供电技术。

摩擦纳米发电机是一种创新储能技术，可以有效利用各种环境能量和人体运动所产生的能量。包括将人体行为（运动、呼吸、发声等）产生的机械能和外界环境产生（雨水、风、海浪等）的各种能量转化为可用的电量，这成为可穿戴电源和自供电传感器等应用的广泛研究主题。自2012年由王中林教授提出后，摩擦纳米发电机技术在理解其基本机制和自我驱动系统的发展方面取得了许多重大进展[3]。关于摩擦纳米发电机的四种基本模式在上一节中已经介绍，基于摩擦纳米发电机的自供电系统同样来自这四种模式，其中大部分是通过垂直接触分离模式实现系统的自供电。最近有成果显示，当两个摩擦电层紧密粘合在一起不能接触分离或者滑动时，仍能有效收集能量。摩擦纳米发电机的两层发生变形（拉伸、折叠、用笔按压等），会引发电荷的重新分配和转移。由于摩擦电特性的差异，电子平衡被打破，电子从一层移动到另一层，并产生电信号，该电信号可以通过连接在一层上的引线收集和输出。这也被称为不同于传统四种模式的第五种摩擦纳米发电机收集能量的模式——变形模式。

类似于摩擦纳米发电机的能量采集策略，压电纳米发电机同样可以直接将机械能转化为电能以实现自供电。压电材料的电能采集原理与传感原理相似，在上一节已进行了详细阐述。当外界对基于压电纳米发电机的电子皮肤施加压力时，会导致压电材料变形，从而导致产生负应变和体积相对减小。电荷中心的分离会产生电

偶极子，导致电偶极矩发生变化，从而在电极上形成压电势。将电极连接到外部负载，允许压电势驱动电子通过外部电路，部分中和电位并达到新的平衡状态。在外力撤回后，电子回流以恢复短路条件下应变释放引起的电荷平衡。

此外，来自人体自身的生物能量，来自自然界的光能、磁能和热能等也可以成为电子皮肤的能量来源，但目前由于技术和应用条件的限制，远不如前两种自供电方式应用广泛。生物能源被认为是当前最有前途的绿色能源之一，人体表皮产生的汗液包含乳酸、葡萄糖、盐分等多种代谢物，电子皮肤在执行监测功能时可以收集这些代谢物用以供给生物燃料电池。通常收集生物能量的自供电系统是利用生物体内的生化反应将储存在有机物中的化学能转化为电能。系统内部通过氧化酶催化生物燃料（如葡萄糖或乙醇）的氧化，产生促进电子和质子转移的中间体，同时还原酶催化氧的还原，从阳极吸收电子和质子，随后与氢结合形成水。这个过程中产生的电子被释放到电极表面并流经外部电路为电子皮肤供电或存储以备后用。

3.3.2　无线数据传输

实现长期、稳定、实时的监测，并且不会影响佩戴者的生活，这对电子皮肤的通信性能有着很高的要求。无线通信技术的最终目标是将动态的生理信号快速及时地无线传输到智能设备上以供专业的医生进行诊断。通常实验室制备的电子皮肤是通过复杂且庞大的测试设备接入系统，用于采集一系列信号。然而实际应用中，无法像实验室一般接入大量的设备，因此需要无线传输系统对采集到的数据进行实时、快速的传输。考虑传感设备和数据接收器的距离、电源供电方式、功能特性等因素，目前已经将射频识别（RFID）、近场通信（NFC）和蓝牙（BLE）等无线通信技术应用于可穿戴设备，为设备的实时监测、动态响应和即时反馈提供了思路。

RFID是一种具有唯一的标识符的双向通信的技术，可以配备各种传感功能。RFID在人们的日常生活和工业中发挥着关键作用，应用于货物跟踪、食品安全、环境传感等许多领域。电子皮肤柔性传感器标签内部没有芯片和电池，网络概念是通过位于衣服上的多组柔性传感器和软读出电路实现的。监测到的信号通过RFID传输到终端，实现人体生物物理信号（呼吸、脉搏等）的实时监测。

NFC是基于RFID、结合无线互联技术开发的，属于RFID的一个子集。NFC只使用RFID的不同频段中的13.56MHz频段实现短距离设备的快速通信。相对于RFID，NFC具有极高的安全性和保密性，并且可以兼容电子皮肤实现无源模式、非接触数据传输和无线通信。天线是集成NFC的电子皮肤的重要组成部分，其主要功能是在标签和阅读器之间传输射频信号，以实现数据的实时无线传输。由于具有长期佩戴的需求，要求NFC标签在任何情况下都不得影响佩戴舒适度。这不仅需要灵活、小巧、轻便的设计，实现合理集成，还需要可持续运行，以避免频繁充电。此外，还需要一个稳定可控的无线通信链路，以便使佩戴者移动自由，且不会超出读取范围。Bandodkar等报道了一种可穿戴式汗液传感平台，该设备包括一个灵活的微流体网络和一个轻便的可穿戴NFC电子模块[4]。一次性微流体网络容纳化学传感器以处理通过腺体的作用输送到平台的少量汗液并对其进行分析，NFC电子模块安装在具有可释放机电接口的一次性微流体系统上以保证其可以重复使用。

蓝牙技术通常需要外部电池供电，因此即使小型化，信号传输系统仍不可避免地影响对电子皮肤的持续监测和舒适佩戴需求。总之，作为应用于健康监测的电子皮肤的一部分，无线通信技术将重要信息无缝传输给用户。超高频RFID（UHF RFID）传输距离长，但读取设备非常昂贵（1000～2000美元），也更容易受到环境影响，导致信号损失和失谐。低频RFID（LF RFID）具有出色的抗干扰性能，已经大范围商业化应用并且发展迅速，但它的缺点是传输速率相对较低，工作距离短（50cm）。NFC标签和智能手机之间可以进行点对点（P2P）通信，这是其他RFID技术无法实现的。BLE（3～200m）具有更大的读取范围，并且比NFC需要的功率更小，其在自供电和无感佩戴方面仍有很大的发展空间。表3-1总结了几种无线通信技术，在电子皮肤中具体选择何种无线通信技术，还需要匹配传感器的功能、监测的具体内容以及适用的人群。

表3-1　几种无线通信技术

无线通信技术	频段范围	传输距离	电源供电方式	传输速率	主要优点	主要缺点
超高频射频识别	840～960MHz	3～10m（无源）	无源或有源，有源一般由电池供电	高，1s可读取400个标签以上	传输距离相对较远，多标签读取能力强	读取设备昂贵，易受环境影响导致信号损失和失谐
低频射频识别	125～134kHz	10cm以内	无源或有源，有源一般由电池供电	低	抗干扰性能出色，可穿过多种材料不缩短读取距离（除金属）	传输速率慢，工作距离短
近场通信	13.56MHz	20cm以内	无源模式可无电池，也可有源由电池供电	106kb/s、212kb/s和424kb/s三种	极高的安全性和保密性，可实现无电池无源模式、非接触数据传输和无线通信，能与智能手机进行P2P通信	读取距离短
蓝牙	2.4GHz频段	3～200m	通常需要外部电池供电	低，最高只有几十kbps	稳定性好，设备广泛，覆盖范围比NFC大，功耗比NFC少	需要外部电池供电，影响对电子皮肤持续监测和舒适佩戴的需求

3.4　电子皮肤的性能评价参数和人体生理信号监测的指标参数

3.4.1　性能评价参数

为评价电子皮肤各种功能的优劣，研究人员制定出了各种评价参数。

（1）灵敏度

灵敏度描述了电子皮肤的输出信号在特定被测参量刺激（如机械力、温度、湿度、气体、生物化学分子、光）范围内相对于初始输出信号的变化。例如，机械力传感电子皮肤的灵敏度在数值上等于输出信号的变化量除以初始输出信号，再除以压力变化量。温度传感电子皮肤的灵敏度在数值上等于输出信号的变化量除以温度的变化量。高灵敏度意味着电子皮肤具有高的信噪比，使电子皮肤能够区分被测参量的细微变化。

（2）检测范围

通常，电子皮肤在能够获得信号响应的被测参量的范围内工作，在该范围内电子皮肤能够准确地将外界刺激信号转换为可读取的电信号。这个范围被定义为电子皮肤的检测范围，也称为动态范围。

（3）响应时间与迟滞时间

响应时间描述了电子皮肤在一定被测参量刺激下，输出信号达到其最终信号振幅所需的时间；而迟滞时间定义为移除一定被测参量，电子皮肤的输出信号返回其原始信号所需的时间，亦被称为恢复时间。响应时间与迟滞时间是确定电子皮肤传感速度的关键参数。

（4）检出限

检出限描述了电子皮肤可传感的被测参量的最小值，是用来评估电子皮肤能否满足特定场景应用需求的关键参数。

需要注意的是，电子皮肤灵敏度、检测范围、检出限、响应时间与迟滞时间的测定可能受到读取设备性能的约束。因此，文献中报道的电子皮肤性能评价参数可能无法完美反映被测电子皮肤固有的传感性能。

3.4.2　人体生理信号监测的指标参数

用于健康监测和医疗等领域的电子皮肤需要有明确的生理参数指标来分析和预测人体的健康状况。人体最重要的健康指标，也是评价生命活动存在与否及其质量的指标，就是生命体征：体温、呼吸、脉搏和血压。电子皮肤需要在人们日常生活中持续监测这些信号，并排除不同信号的相互影响，区分出所需要监测的信号以提供初步的诊断信息。

（1）体温

在对人体生命体征的监测中，体温是判断身体是否异常和给出医疗诊断的重要参数。人体的口腔温度（36.5～37.5℃）、腋下温度（36～37℃）和直肠温度（37～38.1℃）都需要保持在特定温度范围内，以维持人体机能的稳定。但是，通常使用体温计测量这些人体部位会让人感到不适，并且无法做到实时监测。而且，不同年龄的个体、不同时间的测量、不同的运动状态、不同的外部环境和不同的激素状态都会产生不同的体温。因此，可以将柔性温度传感器长时间贴在皮肤表面，以实现连续温度监测，并结合实际情况进行实时分析和预测，有助于准确地判断人体的健康状况。由于需要长期佩戴以便于实时监测，所以传感器需要高度的柔韧性，以贴合皮肤并承受形变，而且需要在高精度监测体温变化的同时对外界环境温度不敏感。Bao的团队开发的温度传感器具有高达0.3V/℃的灵敏度和±3.1℃的最大误差（3σ），尤其是该传感器在35～42℃之间具有很强的正温度系数效应，非常适配人体的皮肤温度[5]。

（2）呼吸

在对人体生命体征的监测中，呼吸是一个关键的指标，反映了人体呼吸系统和整体的健康状况。通常通过监测呼吸的以下几方面来分析健康状况：呼吸频率、呼吸深度、呼吸模式和血氧饱和度。正常成年人的呼吸频率大约在12～20次/min之间，儿童会略高，异常的呼吸频率可以提示潜在的健康问题。例如，过快的呼吸频率（呼吸急促）可能与焦虑、缺氧、发热、酸中毒等有关；过慢的呼吸频率可能与药物过量、神经系统疾病等有关。呼吸深度是每次呼吸时吸入或呼出的空气量，正常情况下约为500mL，其变化可以反映呼吸道阻塞、肺部疾病或其他影响呼吸肌功能的疾病。呼吸模式指的是呼吸的节律性和均匀性。正常的呼吸通常是平稳的、无声的。异常的呼吸模式（如潮式呼吸、陈-施氏呼吸等）可能是因为严重的神经系统问题或心肺功能障碍。血氧饱和度是指血液中氧气的携带量，通常通过医用脉搏血氧仪测量，正常的血氧饱和度应在95%～100%之间。

呼吸是维持生命的基本功能，监测呼吸指标可以在早期识别潜在的健康问题，尤其是急性和慢性呼吸系统疾病，同时对心血管疾病和代谢性疾病的早期识别也有

一定的作用。通过检测呼吸频率、血氧饱和度等参数，可以及时发现病情恶化，帮助医护人员采取迅速有效的干预措施，提高患者的生存率和生活质量。但通常呼吸监测无法做到实时和多方面同步测量，只有佩戴医疗呼吸设备才能实时监测，这严重影响了人们的正常行为活动。因此，柔性呼吸监测电子皮肤的研发在健康医疗领域有着重要的意义。

（3）脉搏和血压

心血管疾病已经成为导致人类死亡的头号"杀手"。心血管疾病每年导致全球超过1700万人死亡，约占全球总死亡人数的31%。虽然心血管疾病发作的突然性和不可预测性会给人类带来重大风险，但其中有90%可以通过早期发现来预防。

脉搏和血压（BP）是人体心脏功能的重要指标，这些指标可以评估心血管系统的功能和人体的健康状况，从而预测心血管疾病的发生并加以避免。监测脉搏和血压可以了解心脏和血液循环的状态，在预防和监测心血管疾病方面起着非常重要的作用。传统的家庭式脉搏和血压监测依赖于袖带血压计，但其无法实现舒适地和长期无感监测。开发可穿戴和无袖带的脉搏、血压监测电子皮肤以实现长期、无间断和舒适的健康监测，可以有效避免心血管疾病的发生。

3.5 电子皮肤对新材料的战略需求

电子皮肤是模仿人体皮肤的柔性电子器件，因此开发与人体皮肤特性兼容的新材料需要首先考虑的就是材料的柔韧性。除此之外，为了满足人体舒适佩戴和在不同环境中稳定传感的需求，还要具备透气性和共形性等特性。当然，融合了先进技术和材料的电子皮肤，对人体安全且环保的生物降解性也极为重要。

3.5.1 柔韧性

对模仿人体皮肤的材料的最基本要求就是具有柔韧性，因为它使得电子皮肤可以在更大的范围内自由地弯曲和拉伸，而不会产生不可逆的形变和损坏，从而确保人体的自由活动，并在一定程度上起到防护作用。通常提升柔性和拉伸性较为简单，可以通过对刚性材料的几何设计和使用新型柔性材料来实现。而制备具有与人体皮肤、肌肉组织和肌腱类似的韧性和柔性的材料则具有一定的挑战性。目前，通过设计柔性材料内部的交联结构可以实现类似人体的柔韧性。

通常实现刚性材料的可拉伸性的一种策略是设计其几何形状。器件的结构和电极通常被设计为蛇形、花瓣形、岛链结构和编织结构等，这些不同的形状和结构可以保证器件在允许的形变下的电气性能。

波浪形结构通常是最常见，这种结构是通过预拉伸平面来实现的。虽然采用这种结构制备的器件的拉伸能力非常有限，但波浪形结构因其实现简单而被广泛使用。蛇形电极、花瓣形电极和螺旋形电极提供了优异的拉伸性，功能器件通过可拉伸电极相连形成经典的岛桥结构，这种设计可以保证功能器件在整体器件发生弯折和形变时保持相对独立的稳定，从而保证其性能的稳定。潘力佳等人设计了一种蛇形-蜂窝复合结构的电极，既保持了蛇形电极的高延展性，又保证了低阻抗，可用于人体组织血流动力学检测的互联器，可以传输高频信号，减少寄生电容[6]。蛇形-蜂窝结构在形变初期遵循蜂窝结构的形变规律，当张力达到蜂窝极限时蛇形部分可以松弛应力。在30%应变（皮肤组织的最大实际值）下，蛇形-蜂窝结构的方阻保持在2.6Ω，完全满足了在器件贴合皮肤时对人体组织血流动力学进行实时监测的需求，使其在人体各种活动条件下可以正常运行。如图3-2所示。

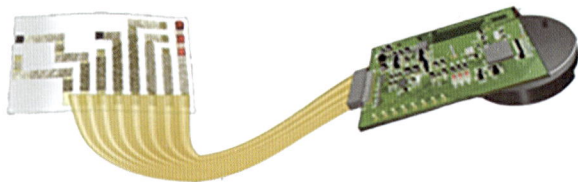

图3-2 用于监测区域组织血流动力学的柔性电路集成装置的示意图[6]

然而，对刚性材料的几何设计虽然可以满足柔性需求，但是其本征不可拉伸性和有限的柔性极大地限制了其在更多方面的应用。新型先进材料逐渐摆脱了传统的刚性而是具有优异柔性的弹性体。大量的可拉伸软材料用于电子皮肤健康监测设备。软材料的共形接触可以产生不同于刚性材料的高信噪比，大幅提升信号采集的准确率。目前流行的弹性材料包括聚二甲基硅氧烷（PDMS）、SEBS和聚氨酯（PU）等，最大伸长率可以超过1000%。这些弹性聚合物填充相应的导电材料，可以实现各种复杂的微结构，实现高精度传感。

上述展示了先进的柔性可拉伸材料，目前基于此的电子皮肤已经完全可以匹配人体日常运动所产生的弯曲和拉伸。然而，在柔性和可拉伸性的基础上开发高韧性以匹配人体皮肤、肌肉和肌腱等组织的杨氏模量的材料仍是一个亟须解决的问题。

水凝胶，尤其是双网络（DN）交联的水凝胶，由于具有优异的拉伸性、自愈性、生物相容性和可调的韧性而成为制造同时具备高柔性和高韧性的电子皮肤的首选材料。DN结构由两个具有相反力学性能的聚合物网络组成，二者可以通过引入可逆交联相互渗透。其中一个网络高度拉伸并密集交联，展现出坚硬而易碎的特性；第二个网络是柔韧且稀疏的交联，使其柔软且可拉伸。这两种不同的性能充分契合了人体肌肉组织的柔软而坚韧。当受到应力时，脆性网络的内部断裂，在大变形过程中会耗散大量能量；而柔性网络则提供弹性以保持水凝胶的完整性。此外，采用冷冻交联策略也是得到具有高柔性和高韧性的DN结构水凝胶的一种简便的方法。由于冰枝晶的定向生长，获得了具有3D有序蜂窝状结构的聚乙烯醇（PVA）水凝胶框架，然后沿着PVA水凝胶框架进行苯胺冷聚合，形成聚苯胺（PANI）纳米纤维。霍夫迈斯特效应指出聚合物聚集态的改变可以通过简单地添加特定离子来实现，其中不同的离子具有不同的聚合物沉淀能力。同时，通过不同的冷冻-溶解可以使水凝胶在较大尺度上具有各向异性结构，并且可以促进分子聚集。

3.5.2 共形性和透气性

为了确保电子皮肤可以长时间佩戴且不会影响人的正常生活，材料的共形性和透气性显得极为重要。共形性可以确保人体不受器件的束缚而自由行动，且器件的信号采集不受行动的影响。由于电子皮肤可以适应不规则和复杂的皮肤表面形状，它能够紧密贴合人体皮肤或其他弯曲结构，提供更加自然的感觉，并且不会使佩戴者产生不适感，这一点对于医疗监控或健康监测的可穿戴设备非常重要。共形性还可以使传感器更准确地捕捉到表面的细微变化，减小数据的误差，提升检测的灵敏度和精度。具有共形性的电子皮肤一定具备高柔性，能够承受反复的弯曲、拉伸或扭曲而不损坏，这对于在动态环境中的实时健康监测非常关键。当电子皮肤能够与表面精确匹配时，减少了外部应力集中点，从而减少了不均匀分布的应力导致的机械疲劳和破损，可以有效延长电子皮肤的使用寿命，特别有利于长期佩戴或在复杂运动中应用。通常通过降低柔性材料的厚度可以使其具有共形性。

透气性是电子皮肤舒适佩戴的重要指标，当其与生物界面接触时，尤其是敏感皮肤或伤口区域，透气性可以极大地降低伤病加剧以及皮肤过敏的风险。通常透气性是通过多孔材料来实现的，常见的多孔材料会使用简单的牺牲模板法来制备。潘力佳等人通过精糖颗粒作为牺牲模板，制备了多孔结的三维球壳网络碳纳米管电子皮肤，该传感器具有-1.2/kPa（压阻）和0.38/kPa（压力电容）的高灵敏度和1～520kPa的宽压力感应范围[7]。更重要的是，其具有良好的透气性和生物相容性，人体佩戴后与裸露皮肤无异并且不会伴有温度的上升。然而这种方法有一个显而易见的不足，就是很难制备薄材料。近年来，通过静电纺丝方法制备多孔纤维材料或者直接使用具有良好生物相容性的天然纤维基材料来制备电子皮肤，可以大幅提升其穿着舒适度。潘力佳等人通过静电纺丝自组装构建了独特、超薄、超轻、透气的静电纺丝微锥体阵列，其每平方厘米的质量仅为1.1mg，由松散的微/纳米纤维组成的多孔微锥薄膜具有出色的透气性[8]。采用静电纺纳米纤维胶的超轻超薄器件，通过加湿处理压在指尖上7h后，佩戴者指尖皮肤外观无变化，且95%的志愿者表示该器件对日常生活无影响。相反，基于传统PDMS薄膜的装置必须用胶带绑在指尖上，在7h后，佩戴PDMS薄膜设备的皮肤出现起皱现象。另外，通过自组装静电纺丝制备的多孔薄膜允许对器件的结构和材料进行优化，在保证超薄、无感、透气的舒适佩戴的基础上，还可以在皮肤上佩戴时实现日间辐射冷却、压力传感和生物能源收集。在 $1kW \cdot m^{-2}$ 的太阳光强度下，辐射冷却织物获得了4℃的温降，其具有高灵敏度（19/kPa），对超弱指尖脉冲的检测具有超低检测限（0.05Pa）和超快响应（≤0.8ms），可用于健康诊断。

3.5.3 可降解性

随着电子设备的广泛使用，电子废物对环境造成了巨大的负担。传统电子器件中的金属和塑料很难降解，处理不当会导致污染，而处理电子垃圾则会消耗大量的人力、物力和能源。可降解电子皮肤在使用完后能够自然分解，有效减少了电子废弃物对环境的影响，减轻了不必要的能源消耗，更加贴合新时代的可持续发展理念。另一方面，在健康监测和医疗领域，电子皮肤可以用于监测患者的生理信号，甚至作为植入式设备。生物降解性可以确保电子皮肤或人体植入物在完成监测任务后自然降解，避免了二次手术来移除设备。这种无创的方式对患者更加安全，并减少了医疗干预的成本和风险。有些电子皮肤用于短期监测或任务，如手术后的康复监测、创伤恢复中的临时传感器等，在完成任务后会自动分解，可以避免其长期留存在体内或环境中的麻烦。最重要的是，不论是天然可降解还是生物可降解的电子皮肤，通常都采用环保、无毒和具有生物相容性的材料来代替传统电子设备中含有的重金属和有害化学物质的材料，更加安全，尤其在涉及人体或生物体时，不会为其带来有害物质的残留和健康隐患。

图3-3 基于叶脉的压力传感器系统，用于人体健康监测和关节运动检测[9]

壳聚糖为天然多糖甲壳素脱除部分乙酰基的产物，是仅次于纤维素的第二大天然聚合物，被认为是最有价值的天然聚合物之一。具有抗菌（抗真菌）抗病毒、无毒、完全生物相容和可生物降解等特性，以及成膜、成纤维和水凝胶形成特性的壳聚糖是制备可降解电子皮肤的重要材料之一。潘曹峰等人采用由天然叶脉、PLGA/PVA 纳米纤维薄膜组成的完全可生物降解电子皮肤（图 3-3）[9]。由叶脉的天然多孔结构和静电纺丝纳米纤维的多孔结构组成的复合薄膜使传感器具有优异的柔性和透气性，PVA 纤维薄膜遇水后会迅速自催化进行水解和体积降解，失重率几乎达到 100%。PLGA 纤维薄膜最初具有更强的抗失重性和抗吸水性，但由于聚合物主链的水解，它略有收缩和卷曲，大约 20 天后，PLGA 纤维薄膜降解至 50%。叶脉的降解呈现出相对缓慢的速率，通过添加复合纤维素分解酶可以实现更快的降解速率，最终室外 45 天完成器件降解。总之，兼具柔韧性、透气性和生物降解性的新型材料可制造舒适、安全、无污染的具有健康监测和医疗功能的电子皮肤，有助于促进电子皮肤在人机界面和人工智能中更安全、更持久和更环保地应用。

3.6　电子皮肤的未来发展方向

电子皮肤作为一种模仿人类皮肤感知功能的柔性传感系统，近年来得到了广泛的研究与应用。其集成了多种传感器和能量收集技术，可以实现对温度、压力、湿度、运动等信息的实时感知，并将这些数据传输至处理器或智能设备，广泛应用于健康监测、智能穿戴、机器人、虚拟现实等领域。随着材料科学、微电子学、人工智能技术和纳米技术的不断进步，电子皮肤未来的发展将会令人瞩目。

3.6.1　技术性突破和发展趋势

（1）柔性与可伸缩性材料的突破

目前，电子皮肤的主要挑战之一是材料的可伸缩性与柔性，尤其是如何在保证性能的同时使电子皮肤佩戴保持柔软、舒适，并能够适应复杂的表面（如人体皮肤）。未来，柔性材料将逐步向超薄、超轻、高韧性、抗疲劳的方向发展，同时集成更高效的传感技术。例如有机电子材料中的聚合物半导体和有机光伏材料，由于其良好的柔性和可调性，已经成为电子皮肤研究的热点。未来，这些材料将朝着更高的电导率、更好的环境适应性（如耐湿、耐高温等）以及更强的力学性能发展。纳米材料在电子皮肤的研发中起到了至关重要的作用。未来，基于纳米技术的传感器和电极材料将变得更加小型化、智能化，能够实现更高的传感精度和响应速度。

（2）集成化与多功能性

随着技术的进步，未来的电子皮肤将不仅仅局限于单一的感知功能（如温度、压力），而是会集成多种传感功能，实现对复杂环境信息的全面感知。

首先，多模态感知将会成为电子皮肤未来发展的重点，如温度、湿度、压力、化学成分等，实现对环境或人体的全面感知。例如，电子皮肤可能通过集成气体传感器检测空气质量、通过压力传感器监测肌肉活动、通过湿度传感器感知皮肤状态等。

其次，自适应与智能感知将为电子皮肤赋予丰富的应用场景。结合人工智能和机器学习技术，电子皮肤将能够根据外部环境的变化自动调整传感灵敏度。例如，在力觉传感器的基础上，能够根据接触力度、表面形状或物体硬度等特征自动调节反应模式，模拟更加精细的力反馈。

（3）能量自给与无线通信技术的进步

电子皮肤的能量供应与数据传输是其发展中的关键问题。未来，能量收集与无线通信技术将会得到显著提升，推动电子皮肤向更长工作时间、更高效、更低功耗的方向发展。通过压电、热电、光电等技术，电子皮肤能够从环境中收集足够的能量供其工作。未来，基于柔性材料的高效能量收集器将收集更多种类的能量，提高收集效率，甚至可能突破现有的能量密度瓶颈，实现电子皮肤的自供电。

目前，电子皮肤的数据传输仍然依赖于有线或短距离无线通信。未来，随着低功耗蓝牙、Wi-Fi 6、5G，甚至未来的6G的发展，电子皮肤将能够实现远程数据传输和高效的数据处理，减少电源负担并扩展应用场景。

（4）人工智能与数据处理的结合

电子皮肤收集的海量数据需要经过实时处理与分析才能为使用者提供有用的信息。未来，结合人工智能（AI）的机器学习和边缘计算等技术，电子皮肤将能够实现更智能的数据处理与反馈。

AI技术将使电子皮肤能够快速处理传感器收集的数据，通过模式识别和数据挖掘，预测用户的需求或健康状况。例如，基于触觉反馈的AI算法可以判断皮肤的健康状况或识别用户的手势动作，并将结果实时反馈到智能设备。

结合深度学习，电子皮肤在长时间的使用过程中可以自适应环境变化，自动调节灵敏度和工作模式，并对损坏的传感器进行自修复。

3.6.2　未来应用场景展望

（1）健康管理与运动监测

使用电子皮肤对人体进行健康管理的最大优势就是电子皮肤能够以非侵入方式连续获取人体的健康和运动数据，提供即时反馈，这在疾病预防、运动优化等方面具有重大意义。电子皮肤可以实现个性化的健康管理，并帮助运动员或普通人制定科学的运动计划，其相当于私人的健康管理助手，为人们定制个性化的私人管理方案。

呼吸、体温、脉搏和血压这四个重要的生命体征参数对每个人的健康管理非常重要。除此之外，汗液分析的结果同样是个人健康管理和运动检测的重要参数，通过检测汗液成分，可以提供代谢信息，帮助评估体液平衡水平、血糖水平、运动疲劳程度等。汗液分析的结果还能用来监测脱水、电解质失衡或其他代谢紊乱的早期迹象。

电子皮肤还可以进行步态分析、疲劳检测、关节角度分析、坐姿站姿分析和睡眠分析，从而全方位评估人体健康状况，提升人们工作和生活质量

（2）情绪识别和心理健康监测

现代人们的压力越来越大，在注重个人生理健康的同时需要同步提升对心理健康的关注，尤其是在情绪管理方面。

情绪是人类对事件或情况的反应，对日常生活有重大影响。然而情绪是一种复杂的心理状态，不易察觉，善于"伪装"。目前，识别情绪的方法主要包括语音信号分析、基于图像的面部动作编码系统、脑电信号和生理电信号分析。通过精确的数据采集，并结合机器学习，有效识别和分析情绪体验的效价（积极或消极）和唤醒（情绪的强度）等。有研究通过电子皮肤收集对应于面部肌群和颧骨的细微活动的面部肌电图信号，使用移动平均滤波器对采集的信号进行预处理，再将从190个面部肌电图片段中得到的信息建立三个不同情绪的数据库，随后从包含不同时域和频域信息的每个片段中计算出特征值，并将其用于机器学习，最后利用双向长短期记忆网络构建分类模型，实现了最终的精准识别分类。

情绪识别和心理健康监测是一个较新的研究领域，包括如何实现自然的人机交互、如何提取特征值、如何使计算机系统精确处理和理解人类表达的感情、如何有效判断情绪的变化等。情感计算需要跨学科知识，需要各学科的共同推动来实现，包括计算机科学、人工智能、电子工程、心理学、神经学、医学等。

（3）婴幼儿护理

电子皮肤在婴幼儿护理领域具有巨大的应用潜力，能够为新生儿和婴幼儿提供非侵入式、实时的健康监测，帮助父母和护理人员更好地掌握宝宝的健康状况。电子皮肤为婴幼儿的健康管理和护理带来了革命性的变化，其能够柔软地贴合婴儿皮肤并通过温和、无创的方式对关键生理指标进行持续监测，不会引起婴幼儿的不适。在婴幼儿护理中，电子皮肤不仅能提高监测效率，还能减少不必要的干预，给父母和医护人员提供科学依据，做出健康评价以及预测。未来，面向婴幼儿的智能物联网护理系统将是电子皮肤有前途且实用的重要发展方向。

（4）老年人护理

随着我国人口老龄化的加剧，面向老年人的健康监测和医疗保健需求巨大。针对老年人护理的电子皮肤主要需要关注老年易发病症和慢性病的监测和预警、睡眠质量监测、术后恢复监测和辅助老年人独立生活等方面。

电子皮肤能够自动采集健康数据并通过无线通信技术进行传输，减少了护理人员对老年人的手动检测，从而提高了护理效率，并减轻了护理负担。其还可以帮助老年人在家中独立生活，监测老年人的身体机能状况，并能发出警报或求助信号，以防危险的发生，提高老年人的生活自理能力。电子皮肤最主要的作用是提供无感的持续的健康监测、辅助行为监测和疾病预警等功能，以提高老年人的生活质量。

（5）残障人士的辅助设备

世界上还有一群不容忽视的人群——残障人士，他们在医疗保健和生活保障方面面临很高的风险。电子皮肤在帮助人残障人士方面应发挥独特的作用，应能根据残障人士不同的生理缺陷、生活方式、健康状况等因素和遗传学表现出的独特的健康状况，提供辅助功能和健康保障。例如，帮助听障人士的可穿戴手语翻译系统可以实时将手语翻译成音频；帮助四肢残障人士的机械手有望成为未来辅助残疾人抓取的假肢。

电子皮肤作为一项融合多学科技术的创新成果，未来的发展将依赖于多个领域的融合。以下是几个重要的战略思考：首先是跨学科合作，电子皮肤的研究和发展涉及材料科学、电子学、计算机科学、人工智能等多个领域，加强不同学科之间的合作，推动技术的集成创新，将是电子皮肤持续发展的关键。其次是标准化与产业化，电子皮肤的标准化和产业化将推动其广泛应用，在材料、传感技术、数据传输、能量管理等方面，制定统一的技术标准，将有助于降低成本、提高生产效率，并促进市场的成熟。再次，用户体验也是需要关注的重要方向，无论是用于健康监测、智能穿戴，还是应用于机器人等，电子皮肤的最终目标是提升用户体验，通过结合人工智能、个性化定制和智能反馈，电子皮肤将能够提供更加便捷、舒适的使用体验，满足不同用户群体的需求。最后，可持续性与环保是研发未来的电子皮肤材料时需要考虑的问题，使用环保材料，设计可回收和低能耗的系统，将是电子皮肤发展的重要方向。

电子皮肤未来的发展将突破现有的技术限制，朝着多功能、高效能量管理、智能反馈和智能穿戴方向不断前进。我们相信，随着材料科学、人工智能技术、传感技术和通信技术的进步，电子皮肤将在健康监测、智能穿戴、机器人、环境监测等领域大展拳脚，为人们的生活带来更多的便利和创新。

参考文献

[1] Roberts M E, Mannsfeld S C B, Queralto N, et al. Water-stable organic transistors and their application in chemical and biological sensors[J]. Proceedings of the National Academy of Sciences of the United States of America, 2008, 105(34): 12134-12139.

[2] Kaltenbrunner M, White M S, Glowacki E D, et al. Ultrathin and lightweight organic solar cells with high flexibility[J]. Nature Communications, 2012, 3(04): 770.

[3] Fan F, Tian Z, Wang L. Flexible triboelectric generator[J]. Nano Energy, 2012, 1(02): 328-334.

[4] Bandokar A J. Sweat sensors break free[J]. Nature Electronics, 2022, 5(10): 631-632.

[5] Jeon J, Lee H, Bao Z, et al. Flexible wireless temperature sensors based on Ni microparticle-filled binary polymer composites[J]. Advanced Materials, 2013, 25(6): 850-855.

[6] Xin M, Yu T, Jiang Y, et al. Multi-vital on-skin optoelectronic biosensor for assessing regional tissue hemodynamics[J]. SmartMat, 2023, 4(03): e1157.

[7] Zhang S, Sun X, Guo X, et al. A wide-range-response piezoresistive-capacitive dual-sensing breathable sensor with spherical-shell network of MWCNTs for motion detection and language assistance[J]. Nanomaterials, 2023, 13(05): 843.

[8] Zhang J, Li Z, Xu J, et al. Versatile self-assembled electrospun micropyramid arrays for high-performance on-skin devices with minimal sensory interference[J]. Nature Communications, 2022, 13(01): 5839.

[9] Liu Y, Tao J, Yang W, et al. Biodegradable, breathable leaf vein-based tactile sensors with tunable sensitivity and sensing range[J]. Small, 2021, 18(08): e2106906.

作者简介

潘力佳，南京大学电子科学与工程学院教授，IEEE senior member；2018年获得国家杰出青年科学基金资助；作为第二完成人获2017年度国家自然科学奖二等奖、获2016年度江苏省科学技术奖一等奖。于中国科学技术大学获得博士学位；2011—2012年、2017年5～8月，为斯坦福大学鲍哲南研究组的访问学者；致力于聚合物电子材料和器件、电子皮肤器件及仿生感知器件领域的研究。在包括 Nature Sustainability、Nature Comm.、PNAS、Adv. Mater.、Nano Lett.、ACS Nano、Adv. Funct. Mater.、Energy & Environ. Sci.、Acc. Chem. Res.、IEEE EDL 等期刊发表SCI论文200余篇，SCI他引超过18000次，H因子为55，ESI高被引论文14篇。应邀为科学出版社、Wiley、Elsivier、World Scientific Publication等出版社撰写书籍8章节。担任 IEEE Journal on Flexible Electronics、Wearable Electronics、Biomimetics、Scientific Reports、《半导体学报》等学术期刊的编委。

第 4 章

单原子催化剂

曲博　于博　王亚晶

4

　　催化是现代人类文明的基础之一，正因为有了催化技术，许多动力学速率极慢的反应才得以实用。现如今80%以上的化工生产都涉及催化技术，同时催化技术直接和间接贡献了世界GDP的20%以上。例如，氨是现代农业的基础，合成氨中最为常见的铁触媒，在合成氨催化的发展历史上曾三次获得诺贝尔奖。

　　自催化概念提出，各种均相和多相的催化反应层出不穷。目前，均相催化机理相对较为明确，但是受限于催化剂的可持续利用等缺点；多相催化剂可高效回收，但由于催化体系的复杂性，其催化机理大多数情况下不甚明确。在这种背景下，兼具均相和多相催化优点的单原子催化剂粉墨登场，将催化技术带入到一个更小的研究尺度——单原子催化。

4.1　单原子催化剂概述

　　单原子催化剂的原理与应用如图4-1所示。

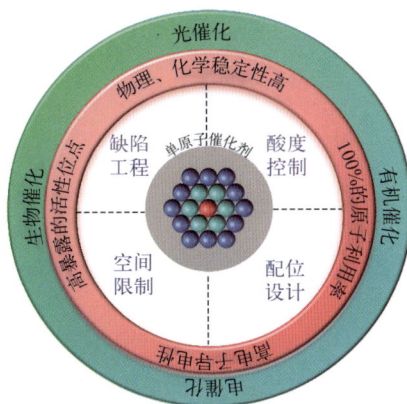

图4-1　单原子催化剂的原理与应用[1]

4.1.1　单原子催化剂的定义和发展背景

　　单原子催化剂是指将孤立的金属原子作为活性位点支撑在载体表面，这些活性位点是均匀分布的，周围固相载体的配位位点将其锚定，以防止单一的金属原子扩散聚集成粒子[2]。这样的设计不仅提高了催化剂的暴露表面积，还最大程度地利用了每一个金属原子，从而提升了催化效果。这种原子级别的分散使得单原子催化剂能够在许多反应中表现出优异的性能，如选择性氧化、氢化反应及有机合成等。

　　催化最早是由瑞典化学家贝采利乌斯提出的：由催化剂施加给反应体系的一种

新式的能力。在希腊语中，"催化"原本指"破坏分解"。1888—1905年，威廉·奥斯特瓦尔德对催化进行了系列研究，发展和明确了催化概念。

1925年，泰勒首次提出催化活性位点的概念，而后事实表明，相对于大量粒子形成的团簇或宏观颗粒，更加微观的纳米级粒子具有更为优异的催化活性及选择性。思维敏锐的化学家们掀起了以"更小、更快、更多"为目的的研究热潮。诸如近几年因诺奖爆火的量子点、飞秒化学，无一不在尺度观念上变得更加微观。在20世纪初，催化剂的研究主要集中在传统的多原子催化剂上。随着催化理论的不断发展，科学家们逐渐认识到催化剂中活性位点的性质对催化性能的重要性。20世纪末，研究者们开始探索如何通过控制金属原子的分布来提高催化剂的催化性能。

到了1964年，科学家通过高分辨透射电镜观察到了金属催化剂的单原子结构；1999年，岩泽教授报道了在MgO上合成原子级分散的Pt；2000年，乌尔里希·海茨将Pt_1/MgO用于乙炔的三聚环化；2003年，弗利扎尼·斯特法诺普洛斯报道了在CeO_2上合成原子簇、纳米颗粒共存的Au/Pt；2005年，清华大学徐柏庆教授报道了在ZrO_2上合成Au位点；2007年，亚当教授报道了在Al_2O_3上合成原子级分散的Pd单位点催化剂。

直到2011年，中国科学院大连化学物理研究所张涛院士课题组成功地制备了Pt_1/FeO_x单原子Pt催化剂，并在报道中首次提出了"单原子催化"的概念[3]。如图4-2所示。历经多年的探究与发展，科学家们从理论以及实验的各个角度证明了单原子催化剂区别于纳米以及亚纳米催化剂。当粒子分散度达到原子尺寸时，能够引起诸如表面自由能、量子尺寸效应、不饱和配位环境和金属-载体相互作用等性质的急剧变化。如图4-3所示，粒子颗粒尺寸越小，其表面自由能越大。

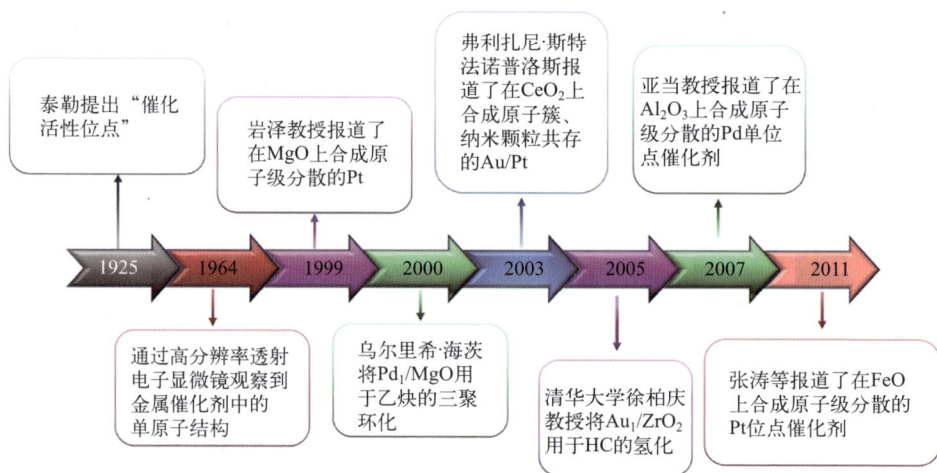

图4-2 单原子催化剂发展历史

在传统的催化概念中，科学家根据催化剂在催化反应中与反应物的状态是否相同，将其分为均相催化剂和多相催化剂。通常情况下，均相催化剂因与反应物的接

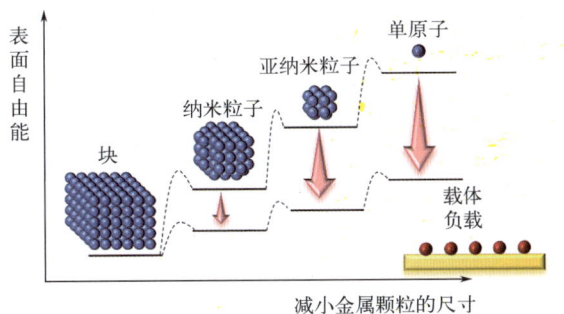

图4-3　金属颗粒尺寸大小对表面自由能的影响[4]

触面积大，催化效率优于多相催化剂，但均相催化剂与反应产物由于高度均一而难以分离。多相催化剂结构稳定，且易于与反应物和产物分离。因此，在使用催化剂的过程中，常常将均相催化剂固定在特定载体上，形成多相催化体系。

单原子催化剂则架起了均相催化和多相催化之间的桥梁，其既具有均相催化剂的单一、均匀的催化中心及优异的催化活性与选择性，又拥有多相催化剂的结构稳定、方便催化剂与催化体系分离等优点[1]。因此，单原子催化有望将均相催化、多相催化以及生物酶催化统一起来，是"大"催化理论的重要衔接[5]，并可帮助人们进一步探究催化的本质。

4.1.2　单原子催化剂的基本结构与特性

（1）基本结构

单原子分散性：单原子催化剂的最显著特征是催化剂的金属成分以单个原子的形式分散在支持材料上。这种分散性使得每个金属原子都能够作为一个单独的催化位点，极大地提高了催化效率和选择性[5, 6]。

载体：单原子催化剂通常被负载在特定的载体（支持材料）上，如氧化物、碳材料（活性炭、碳纳米管、石墨烯等）或金属有机框架。支持材料不仅提供了稳定的环境，从而避免因总表面自由能过大而导致的金属原子的团聚现象，并且还能调节金属原子的电子结构，从而提升催化活性[6,7]。如图4-4所示。

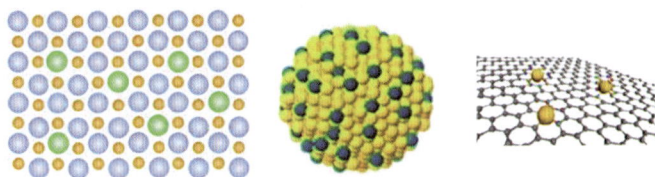

图4-4　单原子催化剂的结构模型[8]

原子级别的均匀性：由于单原子催化剂的金属原子以独立单元的形式分散在支

持材料上，这种原子级别的均匀性使得催化剂相比传统的催化体系，在反应过程中表现出更高的反应性和循环性，避免了纳米颗粒催化剂中常见的团聚现象[9]。

（2）独特性质

① 单原子催化剂的催化中心充分暴露，使得载体、金属原子活性位点与催化底物三者的化学相互作用增强。

② 每个金属原子都可以独立地作为反应催化活性位点，对比相应的金属团簇、金属颗粒具有更多的催化点位、更高的反应速率，可提高对目标产物的选择性。

③ 在液相反应中，单原子催化剂的催化活性可与相应的均相催化剂类似，且易于回收，克服了均相催化剂活性高但回收困难的缺点。

④ 在合成单原子催化剂时，金属源用量较少，具有更高的原子利用率，更节约资源，符合绿色化学原则。

4.1.3 单原子催化剂和传统催化剂的比较

随着对高效、高选择性和环境友好的催化剂需求的增加，单原子催化剂因其特有的结构和性能而备受瞩目，所以将其与传统催化剂进行性能比较就显得格外重要。

（1）结构

单原子催化剂孤立的金属原子分散在载体上，具有独特的结构特征。这种分散使得每个金属原子都能作为反应位点，使得原子的利用效率最大化[10]。其结构均匀性高，使得反应的活性位点分布更加均匀，从而提高了催化效果[11]。而传统催化剂通常是由纳米颗粒组成，这些颗粒内含大量金属原子，虽然它们可以提供有效的催化活性，但颗粒之间的相互作用和不均匀性，可能会导致活性位点的分布不均，影响催化性能[11]。

（2）催化性能

活性与选择性：单原子催化剂展现出了优于传统纳米催化剂的活性和选择性。这是由于单原子的孤立状态使其能够精确控制反应的选择性，从而降低副反应的发生[11]。例如，在某些氧化反应中，单原子催化剂能够显著提高目标产物的生成率。

稳定性：单原子催化剂在多种反应条件下显示出了良好的稳定性，这是因为金属原子在载体上以单一形式存在，减少了聚集和失活的可能[11]。相比之下，传统催化剂在反应过程中可能会因颗粒聚集而降低催化活性。

（3）原子经济性

最大化原子利用率：单原子催化剂的设计旨在最大化原子利用率，确保每个金

属原子都参与反应[12]。这种高效利用不仅提高了催化效率，还减少了原材料的浪费，有助于实现更为可持续的化学反应。

传统催化剂的局限性：由于传统催化剂中的金属原子多以颗粒形式存在，只有一部分金属原子参与催化反应，因而原子利用率相对较低。这种低效利用可能导致资源浪费和环境负担增加[13]。

（4）环境友好性

环境催化应用：单原子催化剂在环境催化方面表现出色，能够有效地催化多种污染物的转化，降低有害物质的排放。这使得其在清洁能源和环境治理中具有广阔的应用前景。

传统催化剂的环境影响：虽然传统催化剂在许多化学反应中表现良好，但其催化过程中可能产生某些有害副产物，影响环境质量。因此，寻找更环保的催化解决方案成为其当前的研究重点。

单原子催化剂的出现为催化化学提供了新的视角和可能性，尤其是在提高催化效率和降低环境影响方面。随着研究的深入，单原子催化剂有望在未来的化学工业中发挥更大的作用，推动其可持续发展。

4.2　单原子催化剂的制备方法

制备单原子催化剂，首先需要考虑如何将孤立的单个原子负载于载体之上，当金属颗粒的尺寸缩小到单原子水平时，其表面自由能的急剧增加会导致原子团聚现象的出现。理论上，提高单原子金属的分散度以及避免粒子团聚可以采取以下两种方法：一是增加载体的表面积，二是增强金属和载体的相互作用。常见单原子催化剂不同合成方法的优缺点见表4-1。

表4-1　常见单原子催化剂不同合成方法的优缺点

合成方法	优点	缺点
湿化学法	操作简单	金属负载量低，对负载材料的活性部位调控有限
物理气相沉积法	过程简单，环境友好，精确控制沉积成分	合成条件严格（高真空、昂贵的合成仪器），难以精确控制固体载体的锚定位置
原子层沉积法	易于研究结构-性质之间的关系，可调节沉积尺寸与厚度	合成条件严格（高真空、昂贵的合成仪器），难以精确控制固体载体的锚定位置
微波辅助法	产量高，时间短，成本低	难以控制原子层厚度与载量
球磨	成本低、过程简单、范围广，可控制催化剂尺寸	催化剂形状不规则，存在污染问题，时间长，对负载材料的活性部位调控有限

续表

合成方法	优点	缺点
高温热解	过程简单，便宜	会有复杂物质生成，能耗高，对负载材料的活性部位调控有限
光化学合成法	简单，不需要额外的化学处理	只适用于特定体系，适用面窄

4.2.1 物理方法制备单原子催化剂

物理方法通常不涉及化学反应，这使得它们能够保持催化剂的纯度和稳定性。物理方法的优势在于其相对简单且易于控制，这对于制备高质量的单原子催化剂至关重要。

以下是常见的合成单原子催化剂的物理方法。

（1）蒸发沉积法

这种方法是将金属材料加热到其蒸发温度，然后在基材上冷凝形成薄膜。通过控制蒸发速率和沉积时间，可以实现单原子层的形成，从而制备单原子催化剂。

优点：能够精确控制金属原子的数量和分布，从而提高催化剂的活性。

（2）物理气相沉积法

物理气相沉积法是将固体材料转化为气相，然后在基材上沉积。常用的方法包括激光蒸发和溅射沉积。

优点：能够在低温条件下制备出具有高纯度的单原子催化剂。

（3）快速冷却法

该方法通过快速冷却熔融金属，以捕获金属原子并将其固定在基材表面。这种方法可以有效避免金属原子的聚集，保持其单原子状态。

优点：能够在短时间内获得高分散度的单原子催化剂。

在物理方法中，温度的控制至关重要，过高的温度可能导致催化剂中金属原子的聚集，而过低的温度则可能导致沉积的不均匀。沉积速率则直接影响催化剂的结构和性能，适当的沉积速率可以确保金属原子以单原子状态分散在基材上。在基材选择方面，基材的性质对单原子催化剂的性能有显著影响，选择合适的基材可以增强催化剂的稳定性和活性。在沉积过程中，气氛的控制同样非常重要，惰性气体的使用可以防止催化剂氧化或污染。

通过物理方法制备单原子催化剂的优势有三点。

① 高纯度：物理方法不涉及化学反应，可以避免杂质的引入，从而获得高纯度的催化剂[5]。

② 高分散度：通过精确控制沉积条件，可以实现高分散度的单原子催化剂的制备，这对于提升催化剂的催化活性至关重[5]。

③ 可控性强：物理方法能够实现对催化剂结构的精确控制，便于研究和优化催化性能[13]。

4.2.2　化学方法制备单原子催化剂

单原子催化剂的制备可以通过自上而下或自下而上的方法实现。自上而下的方法通常涉及将较大的催化剂颗粒微细化成单原子；而自下而上的方法则是从原子的层面构建催化剂，这样可以更好地控制单原子的分散程度和催化活性[14]。

（1）湿法浸渍法

湿法浸渍法是一种传统的制备异质催化剂的典型方法。这种方法是将金属前体溶解在水中，并通过浸渍的方式将其引入载体中。该方法的优点在于操作简单且成本低，但其缺点是可能难以实现单原子的完全分散，容易形成聚集体。

通过湿法浸渍法在 γ-Al$_2$O$_3$ 上引入分散的 Pt 单原子后，五配位 Al 原子的数量显著减少。随着 Pt 负载量的增加，五配位 Al 原子不足以稳定所有的 Pt 单原子，从而导致较大的 Pt 颗粒的形成，1% Pt/γ- Al$_2$O$_3$ 的高角环形暗场像-扫描透射电子显微镜图像显示，大部分 Pt 原子是分散的，10% Pt/γ- Al$_2$O$_3$ 图像显示，分散的 Pt 原子和 Pt 簇/纳米颗粒同时存在[15]。如图 4-5 所示。

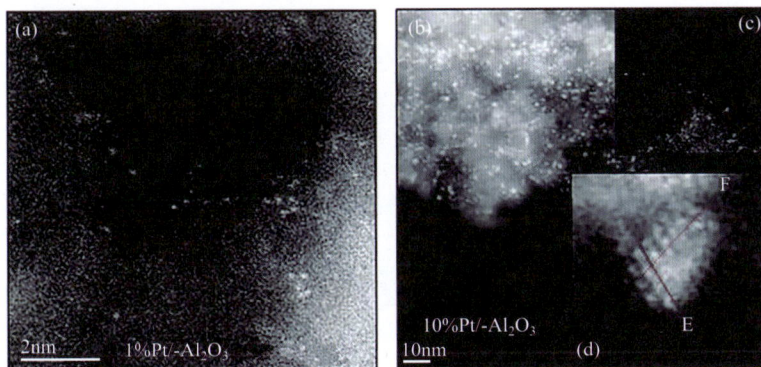

图4-5　（a）1% Pt/γ-Al$_2$O$_3$的高角环形暗场像-扫描透射电子显微镜图像；（b）10% Pt/γ-Al$_2$O$_3$图中的插图；（c）分散的Pt原子；（d）Pt簇/纳米颗粒[15]

（2）热解合成法

热解合成法是一种直接且有效的制备单原子催化剂的方法。在这一过程中，可以通过热解金属前体的方式生成分散的单个原子。该方法的优点在于能够在较高温度下进行，从而促进前体的分解，有助于形成稳定的单原子催化剂[16]。

（3）原子层沉积法

原子层沉积法是一种基于自限制过程的序列表面反应方法，适用于合成非贵金属的单原子催化剂。其过程通常包括两个基本步骤：首先是暴露于前体气体中，然后是清除残余前体和副产物。通过这种方法，可以在较为温和的条件下实现金属原子的精确沉积，从而提高催化剂的活性和选择性[17,18]。如图4-6所示。

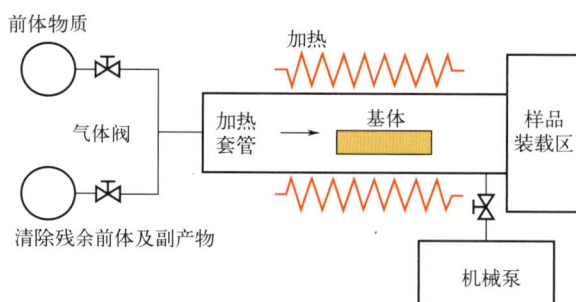

图4-6　原子层沉积反应器示意图

（4）其他化学方法

除了上述方法外，还有一些其他的化学方法用于单原子催化剂的制备。例如，化学还原法可以通过将金属盐溶液与还原剂反应，直接在载体表面生成单原子。此外，溶胶-凝胶法也被广泛应用于制备具有良好分散性的催化剂。该方法通过溶液中的化学反应形成凝胶，随后在适当的条件下干燥和热处理，最终得到具有良好分散性的单原子催化剂。

制备单原子催化剂的过程中，不同的金属前体会产生不同的催化性能，选择合适的前体可以提高催化剂的活性。载体的表面性质、孔径和比表面积等都会影响单原子的分散和催化活性。温度、时间和气氛等合成条件也会显著影响催化剂的最终性能。

4.3　单原子催化剂的应用

4.3.1　催化加氢反应

加氢反应是化工、能源和环境行业最重要的转变之一，我国需要新一代有前景的催化剂来促进经济增长和环境的可持续性。单原子催化剂因其极大的原子利用率、高催化活性以及选择性而成为加氢反应用催化剂的有力竞争者。

在化学工业中，不饱和有机物加氢被认为是一个十分重要的加成反应，在该类反应中可利用单原子催化剂降低反应所需的活化能[19]。单原子催化剂可以促进不同底物发生选择性加氢反应，可用于制造精细化工（如药品、染料、香水、橡胶等）的重要原料[20]，如硝基芳烃、烯烃、炔烃、羰基化合物等。魏海生博士等人发现，FeO_x上带正电荷的单原子Pt可以有利地将官能化的硝基芳烃氢化为苯胺，表现出了高化学选择性，如图4-7所示。加入该催化剂后，产物浓度明显上升，也验证了该催化剂的良好活性。

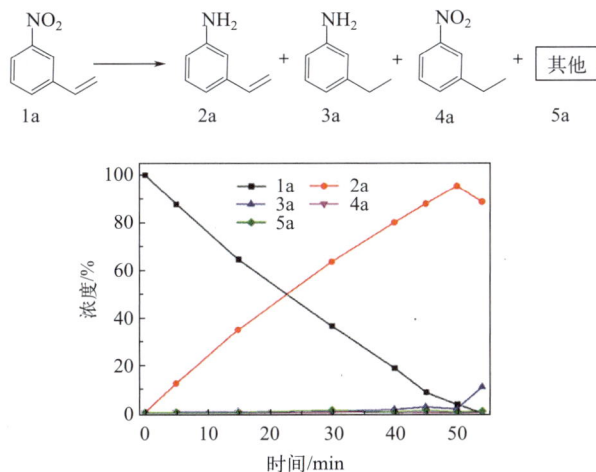

图4-7 在0.08%Pt/FeO_x-R250催化剂条件下，3-硝基苯乙烯还原过程中反应物和产物浓度的变化[20]

在过去的几年里，单原子催化剂已被广泛用于由硝基芳烃加氢生产各种苯胺。对于硝基芳烃的加氢反应，原子分散的Co、Fe、Pd、Ir、Pt、Au-基材料对苯胺都具有显著的化学选择性[21]。

4.3.2 催化选择性氧化反应

选择性氧化反应是有机合成含氧化合物的重要化学过程[22]。到目前为止，已经制备了许多用于有机化合物催化氧化的单原子催化剂，用于生产醇、醛、醚、碳氢化合物、硅烷等。

挥发性有机化合物降解缓慢、毒性高，大量释放会导致水体、大气污染，会通过食物链富集作用严重危害人体健康。单原子催化剂对挥发性有机化合物有着极好的催化氧化能力，例如甲醛、芳香烃等，在单原子催化剂的催化下可以转化为易降解、可利用的有机物、二氧化碳和水。如图4-8（a）所示是乙苯通过Fe-N-C-700催化剂发生选择性氧化生成甲醇和水的机理，图4-8（b）更是说明了Fe-N-C-700催化剂性能的优异。单原子催化剂具有极大的原子利用效率和独特的活性位点，它们在低温下也能展现出优异的催化性能，同时也具有良好的抗水性和抗毒性。这些特性使得单原子催化剂在挥发性有机物处理和环境净化领域具有重要的应用潜力。

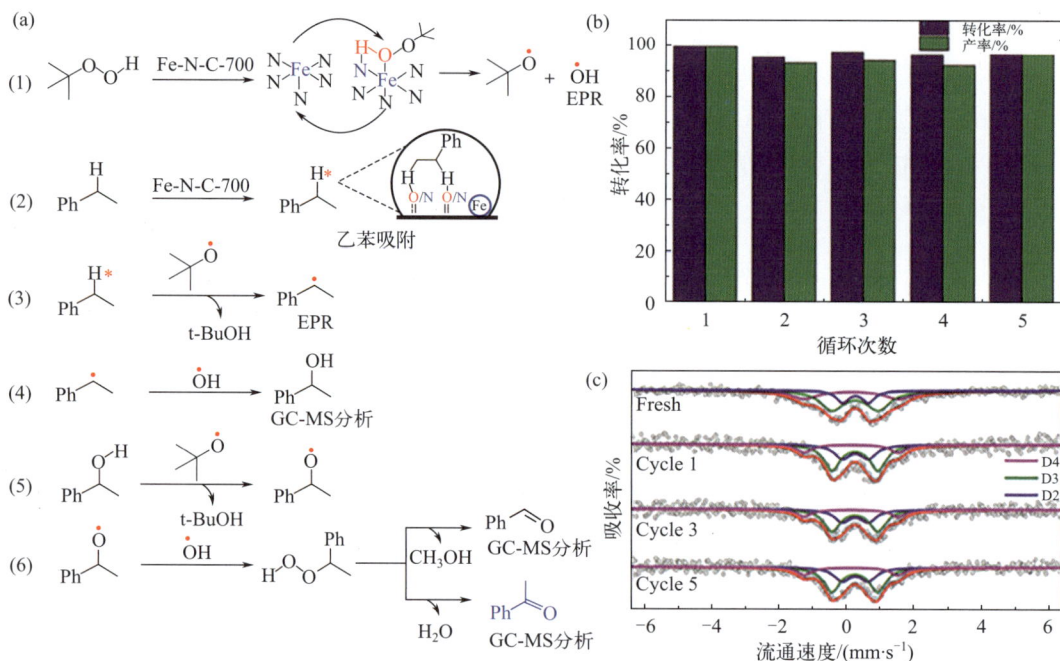

图4-8 （a）乙苯在Fe-N-C-700催化剂上氧化的反应机理；（b）Fe-N-C-700催化剂的重复使用；（c）Fe-N-C-700在不同反应周期前后的穆斯堡尔谱[23]

4.3.3 催化C—C偶联反应

C—C键可以通过厄尔曼反应、薗头偶联反应、苏祖基交叉偶联反应和氧化偶联反应等反应来重构，这在有机合成中具有重要的意义[24]。尽管如此，在最近报道的催化C—C偶联反应的研究中，在催化体系中实现高选择性仍然是具有挑战性的。在原子水平上，Pd单原子催化剂等单原子贵金属催化剂对C—C偶联反应表现出较高的转化率、选择性和稳定性，有助于由简单分子制备复杂有机物[25]。Co基单原子材料被认为是促进C—C偶联反应的优良催化剂。图4-9揭示了由Co-N-C催化的伯醇与仲醇发生C—C偶联反应产生α,β-不饱和酮的可能机理。首先，氧气分子在Co-N-C上经过活化生成超氧化物，使伯醇和仲醇转化为相应的醛和酮，而后发生羟醛缩合生成α,β-不饱和酮。

4.3.4 单原子催化剂在能源转换中的应用

4.3.4.1 单原子催化剂在电催化领域的应用

（1）电解水

电解水是制备绿色氢气的一种前景广阔的方法。单原子催化剂在这一过程中能

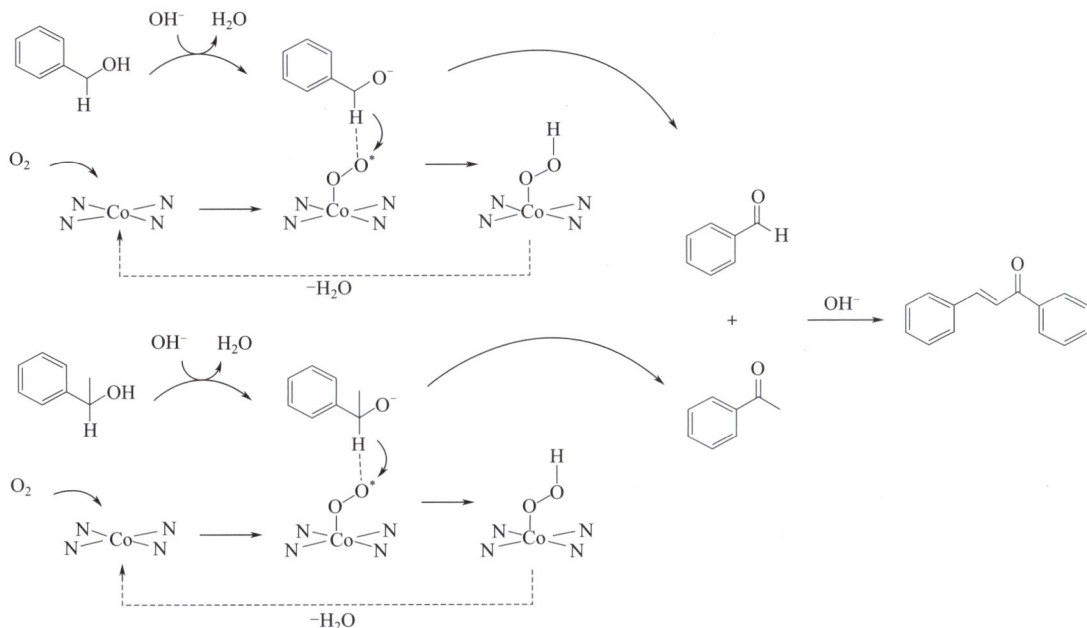

图 4-9　仲醇和伯醇在 Co-N-C 上氧化偶联的反应机理[26]

够显著提高氢气的生成速率。研究表明，嵌入纳米多孔钴硒化物中的铂单原子作为电催化剂，能够有效加速氢气演化反应，从而提高氢的生成效率[27,28]。如 IrO_x 和 RuO_x 被证明对质子交换电解槽具有高度活性，然而它们的稀缺性和高昂的价格在很大程度上限制了电解槽的大规模生产。蔡卫卫及其同事采用了双重保护方法，将 Ir 原子分散在 Fe 纳米颗粒上，并将 IrFe 纳米颗粒进一步封装到 N 掺杂碳纳米管中，这种新型的催化剂可以在酸性条件下实现低电位析氢，从而达成高效率、低能耗，如图 4-10 所示[29]。

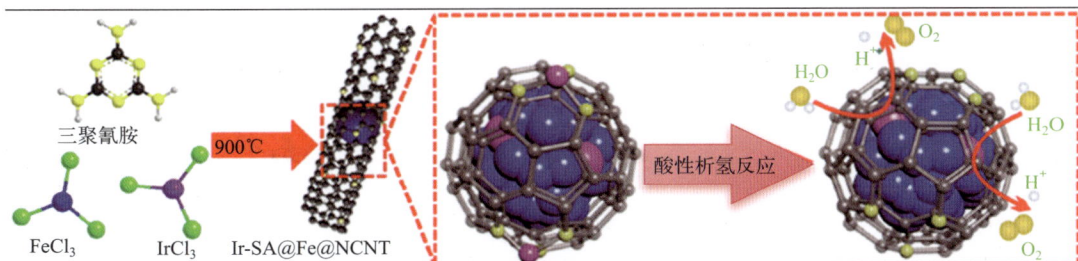

图 4-10　Ir-SA@Fe@NCNT 电催化剂合成原理图[29]

（2）二氧化碳还原

单原子催化剂在二氧化碳还原反应中也显示出良好的催化性能，能够将 CO_2 转化为有用的化学品，如甲醇或乙烯。这种转化过程不仅能够减少温室气体的排放，还能够为可再生能源的储存提供途径[30]。

（3）氧还原反应

在燃料电池和金属空气电池中，单原子催化剂能有效促进氧还原反应，提高电池的能量转化效率。由于单原子催化剂的高表面活性，其能够在反应中提供更多的活性位点，从而提高反应速率[28]。

4.3.4.2　单原子催化剂在光催化领域的应用

光催化是指催化剂能够在光的照射下促使化学反应发生，通常用于有机物的分解、氢气的生成以及二氧化碳的还原等。这些反应依赖于光生载流子的产生和利用，单原子催化剂在这一过程中起到了不可或缺的作用。

（1）光催化析氢反应

单原子催化剂在光催化析氢反应中的应用表现出了优越的催化性能。研究表明，单原子催化剂能够有效抑制光生电荷的复合，提高氢气的产生效率[31]。通过优化催化剂的结构与配位环境，可以显著提升其催化活性。TiO_2半导体已成为一种典型的光催化剂，吸引了众多研究人员的兴趣。随着单原子催化剂的发展，TiO_2基单原子光催化剂显示出了巨大的水分解潜力。张玉杰和他的同事描述了一种将铜原子固定在TiO_2载体上的方法，负载量高达1.5%。利用Cu^{2+}转化为Cu的有效电子转移，分散的Cu原子与TiO_2协同作用，在模拟太阳光照下产生了高时空收率的氢气，如图4-11所示[32]。

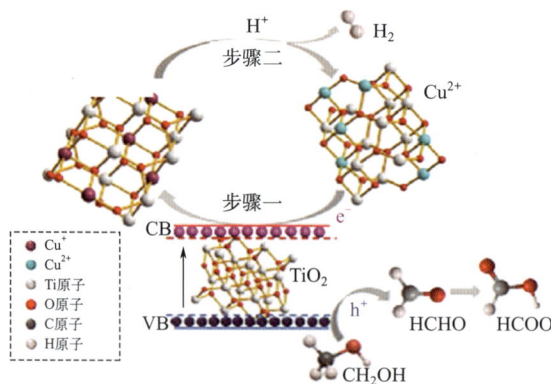

图4-11　铜单原子锚定的TiO_2光催化制氢机理说明[32]

（2）二氧化碳还原

光催化CO_2还原的主要研究方向是创造有效的催化剂，以克服线性CO_2分子的动力学缓慢，加速转化。单原子催化剂由于具有独特的吸附和活化分子的优势，已

成为光催化 CO_2 还原的候选材料。通过设计合适的单原子催化剂，可以在较低的能量输入下实现对 CO_2 的高效还原，生成有用的化学品。李云翔等人通过一种简单的自上而下的策略，创建了一个独特的富氮碳支持的 $Fe-N_4O$ 位点，用于光催化 CO_2 还原。利用这种独特的方式，得到优化的催化剂具有更易吸附 CO_2 分子的活性位点，从而提高了光催化 CO_2 还原的速率，如图4-12所示[33]。

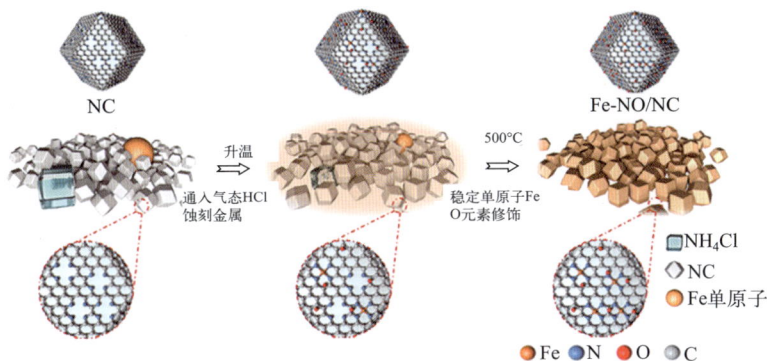

图4-12　Fe-NO/NC催化剂的合成过程[33]

（3）有机污染物降解

光催化剂在降解有机污染物方面的应用越来越受到重视。单原子催化剂能够有效促进有机污染物的降解反应，利用光能将其转化为无害物质[34]。这一过程不仅有助于环境保护，也为水处理技术的发展带来了新的思路。有机半导体载体也被用于构建用于有机合成的单原子光催化剂。王勤等人用配位的 $Co-N_4$ 将孤立的Co原子锚定在碳量子点（CoSAS@CD）上，在氢氧化钠溶液中直接水解维生素 B_{12} 的结构。碳量子点既用作光敏剂，又用作分离的Co原子的载体。Co原子和碳量子点之间的协同作用提高了对可见光吸附能力和对电荷的分离或转移，使CoSAS@CD具有出色的氧化能力，从而可有效降解有机污染物，如图4-13所示[35]。

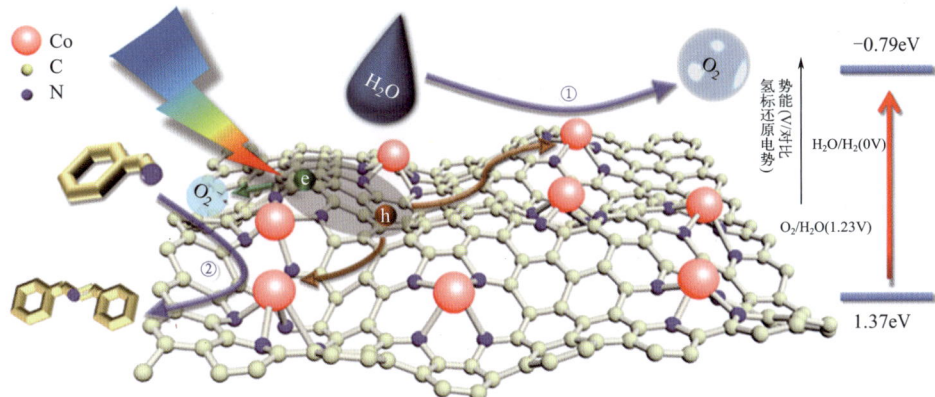

图4-13　在孤立的Co原子修饰的碳量子点光催化剂上进行亚胺合成和析氧[35]

4.4 单原子催化剂的原子经济性分析

单原子催化剂在催化化学领域中越来越受到关注，尤其是在原子经济性方面。原子经济性是指在化学反应中，尽可能地将反应物的原子转化为目标产品，最大限度地减少副产物的生成。而单原子催化剂以其独特的优势，在原子经济性方面独占鳌头。

（1）原子利用效率最大化

单原子催化剂的一个显著优势是其原子利用效率的最大化。单原子催化剂中活性金属原子以孤立的形式分散在固体载体上，这种结构使得每一个金属原子都能参与催化反应，避免了传统催化剂中金属原子的聚集和失活现象，从而实现了更高的原子利用效率[36]。

（2）减少贵金属的使用

单原子催化剂通常使用贵金属（如铂、钯等）作为材料，通过将金属原子以单原子形式分散，可以显著减少所需的贵金属的量。这种"原子经济性"不仅降低了催化剂的成本，也减少了对稀有资源的消耗，从而有助于可持续发展[37]。

（3）高选择性与反应效率

单原子催化剂具有优异的选择性，可以针对特定反应提供催化的高效率。这种高选择性意味着在反应过程中可以尽可能多地将反应物转化为目标产品，从而提高原子经济性。例如，在某些化学反应中，单原子催化剂能够有效地避免副反应的发生，从而提高了反应的原子经济性[38, 39]。

（4）降低能源消耗

单原子催化剂在催化反应中能够显著降低所需的反应温度和压力，从而减少能源消耗。通过优化催化剂的设计和反应条件，单原子催化剂能够在较温和的条件下进行反应，这不仅有利于节能减排，同时也能提高反应的原子经济性[8]。

（5）可调节的催化活性

单原子催化剂的催化活性可以通过改变载体材料或调节单原子的配位环境来进行精确调节。这种灵活性使得研究人员可以针对不同的反应系统设计最优的催化剂，从而提高原子经济性。例如，通过调节单原子的杂化状态，研究人员可以优化催化反应的选择性和效率[11, 40]。

（6）为新型催化剂的开发提供机遇

单原子催化剂的研究促进了新型催化剂的开发，这些催化剂在催化过程中的原子利用效率更高，有可能在更多的应用中实现原子经济性。随着材料科学和催化研究的进步，新型单原子催化剂的设计和合成方法不断涌现，为未来的催化反应提供了更多的可能性[12,39]。

（7）适用于多种反应体系

单原子催化剂的应用范围广，已在许多重要的化学反应中显示出优异的催化性能，如电化学反应、氢气生产和合成气转化等。这些反应不仅涉及基础化学研究，也与能源转化和环境保护密切相关，提高这些反应的原子经济性对于未来的可持续发展至关重要[41,42]。

（8）对环境友好

由于单原子催化剂能够在较低的能量消耗下实现高效催化，不仅有助于提高原子经济性，也对环境保护起到了积极的作用。减少贵金属的使用和副产物的生成有助于降低化学反应对环境的影响，从而推动绿色化学的发展[43]。

总结与展望

自 2011 年科学家提出"单原子催化"的概念后，催化工作者们前赴后继，合成出了性能各异的单原子催化剂。我国在这一领域取得了显著的研究成果，科研人员在对单原子催化剂的合成策略、活性位点的构建以及催化机理的钻研中不断创新、上下求索，为催化技术的发展提供了新思路和新方法，同时为多个领域，如碳分子的催化转化、有机染料的催化降解、水污染处理等，提供了更多的视角以及更高效的催化剂合成思路。但是，单原子催化剂的发展仍在起步阶段，尤其是制备方法不够成熟、催化位点较少以及稳定性较差的问题亟待解决，可供其进行催化的反应类型少，催化机理仍需明确，仍然需要研究者们投入大量的精力去探索，在前人的基础上发展单原子催化科学。

展望未来，我国在催化剂的稳定性、选择性以及工业化应用等方面将继续深入研究，催化工作者们也将继续深耕，推动催化科学的进步。期待在我国掀起的催化热潮中，催化人能够赓续奋发，为国际催化界带来一个又一个中国奇迹！

参考文献

[1] Zheng N, Tao Z. Preface: Single-atom catalysts as a new generation of heterogeneous catalysts[J]. Nat. Sci. Rev., 2018, 5(05): 625.

[2] Manoj B G, Katsuhiko A, Yusuke Y. Single-atom catalysts[J]. Small, 2021,8(08): 2100436.

[3] Yang X, Wang A, Qiao B, et al. Single-atom catalysts: A new frontier in Heterogeneous Catalysis[J]. Acc. Chem. Res., 2013, 46(08): 1740-1748.

[4] Qiao B, Wang A, Yang X, et al. Single-atom catalysis of CO oxidation using Pt_1/FeO_x[J]. Nat. Chem., 2011,(03): 634-641.

[5] Liu C, Cui Y, Zhou Y. The recent progress of single-atom catalysts on amorphous substrates for electrocatalysis[J]. Energy Materials, 2024,4(06): 500001.

[6] Wu Z, Zhu P, Cullen D A, et al. A general synthesis of single atom catalysts with controllable atomic and mesoporous structures[J]. Nat. Synth., 2022, 1: 658-667.

[7] Vera Giulimondi. Challenges and opportunities in engineering the electronic structure of single-atom catalysts[J]. ACS Cat., 2023, 13(05): 2981-2997.

[8] Kottwitz M, Li Y, Wang H, et al. Single atom catalysts: A review of characterization methods[J]. Chemistry - Methods, 2021, 1(06): 278-294.

[9] Wu J, Shi H, Li K, et al. Advances and challenges of single-atom catalysts in environmental catalysis[J]. Current Opinion in Chemical Engineering, 2023,(40): 100923.

[10] Mitchell S, Pérez-Ramírez J. Single atom catalysis: A decade of stunning progress and the promise for a bright future[J]. Nat. Commun., 2020, 11(01): 4302.

[11] He H, Wang H, Liu J, et al. Research progress and application of single-atom catalysts: A review[J]. Molecules., 2021, 26(21):6501.

[12] Li J, Chen C, Xu L, et al. Challenges and perspectives of single-atom-based catalysts for electrochemical reactions[J]. JACS Au, 2023, 3(3):736-755.

[13] Li W, Guo Z, Yang J. Advanced strategies for stabilizing single-atom catalysts for energy storage and conversion[J]. Electrochem. Energy Rev., 2022, 5(03): 9+2-41.

[14] Li S, Kan Z, Wang H, et al. Single-atom photo-catalysts: Synthesis, characterization, and applications[J]. Nano Materials Science, 2024,(03): 284-304,

[15] Kwak J H, Hu J, Mei D, et al. Coordinatively unsaturated Al^{3+} centers as binding sites for active catalyst phases of platinum on gamma-Al_2O_3[J]. Science, 2009, 325(5948): 1670-1673.

[16] Guo J, Liu H, Li D, et al. A minireview on the synthesis of single atom catalysts[J]. RSC Adv., 2022, 12(15):9373-9394.

[17] Li J, Jiang Y, Wang Q, et al. A general strategy for preparing pyrrolic-N4 type single-atom catalysts via pre-located isolated atoms[J]. Nat. Commun., 2021, 12(01): 6806.

[18] Yu X, Deng J, Liu Y,et al. Single-atom catalysts: Preparation and applications in environmental catalysis[J]. Catalysts, 2022, 12(10): 1239.

[19] Zhang L, Ren Y, Liu W, et al. Single-atom catalyst: A rising star for green synthesis of fine chemicals[J]. Nat. Sci. Rev., 2018, 5(05): 653-672.

[20]　Wei H, Liu X, Wang A, et al. FeO$_x$-supported platinum single-atom and pseudo-single-atom catalysts for chemoselective hydrogenation of functionalized nitroarenes[J]. Nat.Commun., 2014, 5(12): 5634.

[21]　Zhang Q, Guan J. Applications of single-atom catalysts[J]. Nano Res., 2022, 15(01): 38-70.

[22]　Bao X. Preface: Catalysis-Key to a sustainable future[J]. Nat. Sci. Rev., 2015, 2(02): 137.

[23]　Liu W，Zhang L, Liu X, et al. Discriminating catalytically active FeN$_x$ species of atomically dispersed Fe-N-C catalyst for selective oxidation of the C-H bond[J]. J. Am. Chem. Soc., 2017,139(31): 10790-10798.

[24]　Zhang L, Wang A, Wang W, et al. Co-N-C catalyst for C-C coupling reactions: On the catalytic performance and active sites[J]. ACS Catal., 2015,5(11): 6563-6572.

[25]　Zhang X, Sun Z, Wang B, et al. C-C coupling on single-atom-based heterogeneous catalyst[J]. J. Am. Chem. Soc., 2018, 140(03): 954-962.

[26]　Ding S, Max J Hülsey, Javier Pérez-Ramírez, et al. Transforming energy with single-atom catalysts[J]. Joule, 2019, 3(12): 2897-2929.

[27]　Zhang Q, Guan J. Applications of single-atom catalysts[J]. Nano Research, 2022,15(01): 38-70.

[28]　Jia C, Sun Q, Liu R, et al. Challenges and opportunities for single-atom electrocatalysts: From lab-scale research to potential industry-level applications[J]. Adv. Mater., 2024, 36(42): 2404659.

[29]　Luo F, Hu H, Zhao X, et al. Robust and stable acidic overall water splitting on Ir single atoms[J]. Nano Lett., 2020, 20(03): 2120-2128.

[30]　Li J, Chen C, Xu L, et al. Challenges and perspectives of single-atom-based catalysts for electrochemical reactions[J]. JACS Au, 2023, 3(03): 736-755.

[31]　Wei T, Zhou J, An X. Recent advances in single-atom catalysts (SACs) for photocatalytic applications[J]. Materials Reports: Energy, 2024, 4(03): 100285.

[32]　Zhang Y, Zhao J, Wang H, et al. Single-atom Cu anchored catalysts for photocatalytic renewable H$_2$ production with a quantum efficiency of 56. Nat. Commun., 2022, 13(01): 58.

[33]　Li Y, Wang S, Wang X, et al. Facile top-down strategy for direct metal atomization and coordination achieving a high turnover number in CO$_2$ photoreduction[J]. J. Am. Chem. Soc., 2020, 142(45): 19259-19267.

[34]　Xue Z, Luan D, Zhang H, et al. Single-atom catalysts for photocatalytic energy conversion[J]. Joule., 2022, 6(01): 92-133.

[35]　Wang Q, Li J, Tu X, et al. Single atomically anchored cobalt on carbon quantum dots as efficient photocatalysts for visible light-promoted oxidation reactions[J]. Chem. Mater., 2020, 32(02): 734-743.

[36]　Cheng N, Zhang L, Doyle-Davis K, et al. Single-atom catalysts: From design to application[J]. Electrochem. Energ. Rev., 2019, 2: 539-573.

[37]　Wang Y, Wang M. Recent progresses on single-atom catalysts for the removal of air pollutants[J]. Front. Chem., 2022, 10:1039874.

[38]Datye A K, Guo H. Single atom catalysis poised to transition from an academic curiosity to an industrially relevant technology[J]. Nat. Commun., 2021, 12: 895.

[39]　Chen Z, Song J, Zhang R, et al. Addressing the quantitative conversion bottleneck in single-atom catalysis[J]. Nat. Commun., 2022, 13(01): 2807.

[40]　Mitchell S, Pérez-Ramírez J. Single atom catalysis: A decade of stunning progress and the promise for a

bright future[J]. Nat. Commun., 2020, 11(01): 4302.

[41] Chen Z,Chen L, Yang C, et al. Atomic (single, double, and triple atoms) catalysis: Frontiers, opportunities, and challenges[J]. J. Mater. Chem. A, 2019, 7(08) 3492-3515.

[42] Zhang L, Ren Y,Liu W, et al. Single-atom catalyst: A rising star for green synthesis of fine chemicals[J]. National Science Review, 2018, 5(05): 653-672.

[43] Zhang W, Fu Q, Luo Q, et al. Understanding single-atom catalysis in view of theory[J]. JACS Au, 2021, 1(12):2130-2145.

作者简介

王亚晶，博士、副教授、硕士生导师，毕业于华南理工大学，主要研究领域为C1小分子催化转化，以第一/通讯作者在Angew. Chem. Int. Ed., ACS Catal., Chem. Sci., Appl. Catal. B: Environ. Energy等化学化工主流期刊发表SCI论文10篇，其研究工作聚焦于绿色催化过程开发，为碳资源高效利用和清洁能源转化提供了重要理论基础和技术支持。

第 5 章

光热除冰材料

杨思艳

面对极端寒冷天气带来的挑战，传统的主动除冰技术，如电热、机械刮除和使用化学剂，往往存在能耗高、操作复杂以及对环境不友好的问题。近年来，以超疏水和超滑涂层为代表的被动除冰技术备受关注。尽管这些技术通过降低界面冰的粘附力取得了一定成效，但仍需主动除冰技术的辅助，才能实现彻底除冰。相比之下，光热涂层凭借将太阳能高效转化为热能的独特优势，能够促进界面冰层融化，将原有的固-固（冰-基底）接触转变为液-固（水-基底）接触，从而显著降低界面冰的粘附力，实现高效除冰（图5-1）。这一技术不仅摆脱了对主动除冰技术的依赖，还展现出广阔的应用前景，为应对极端天气提供了可持续的创新方案。本章总结了光热除冰的三种机制、材料创新与性能提升、实际应用的挑战。

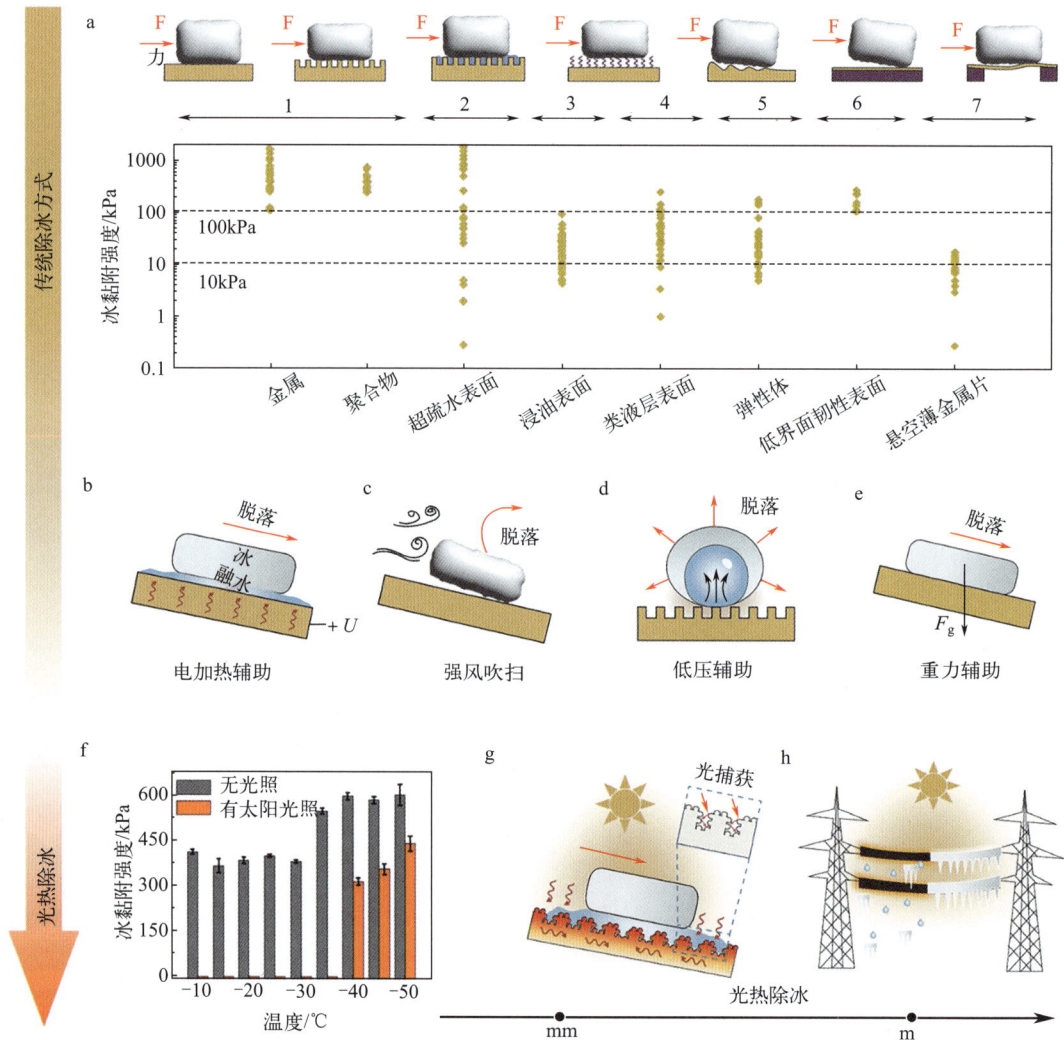

图5-1 与传统除冰技术相比光热除冰的优势

5.1 光热除冰机制

光热技术通过将太阳能转化为热能，使冰-基底的固-固接触变为水-基底的液-固接触，从而显著降低冰的附着力。光热的机制分为三种，如图5-2所示。

① 局域等离子体加热：通过金属纳米结构捕获太阳能并产生局部热效应。

② 非辐射弛豫：半导体材料吸收光子后产生电子-空穴对，通过非辐射途径释放热量。

③ 分子热振动：碳基材料吸收全光谱太阳光，诱导分子振动释放热能。

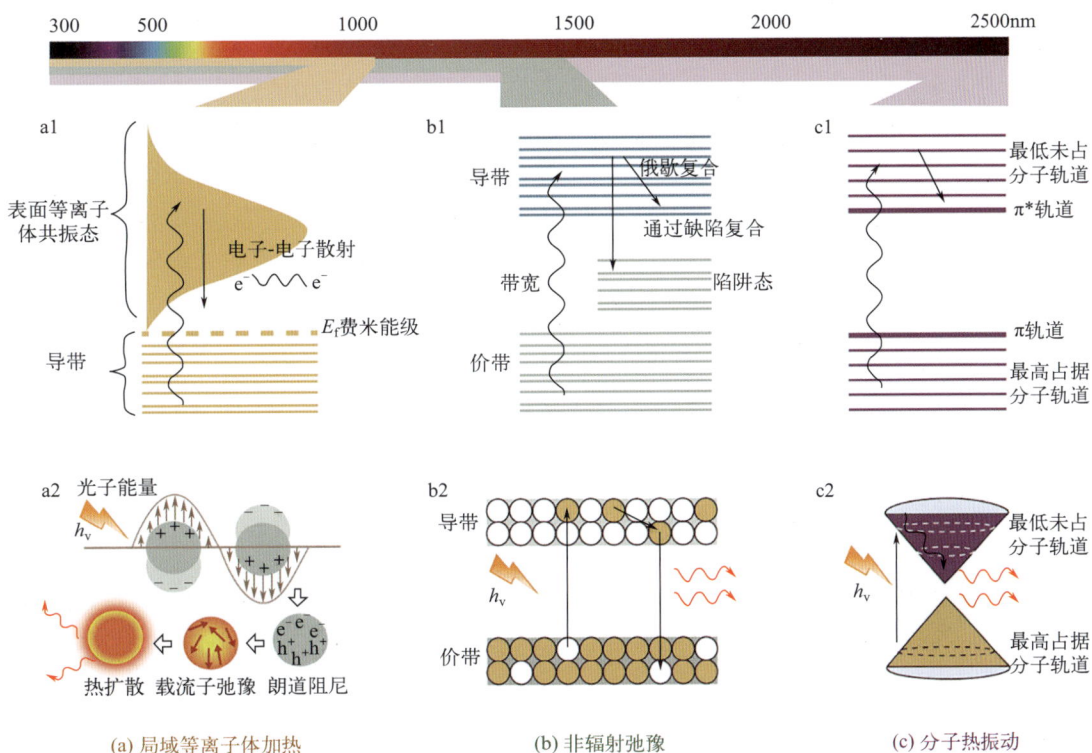

(a) 局域等离子体加热　　(b) 非辐射弛豫　　(c) 分子热振动

图5-2 三种光热机理

5.2 材料创新与性能提升

基于三种光热机制的材料选择与制备方法在文献[1]中得到了系统阐述；不同光热机制在多种太阳光强度下的光吸收率、温升效果及除冰性能的对比研究也得到了深入展开。通过对大量文献数据的系统梳理，进一步综合比较了三种光热除冰机制的光吸收性能、核心优势、潜在局限和适用场景的异同，为不同使用环境的材料选择和机制优化提供了重要参考。

此外，光热纳米材料与微纳结构的复合设计被视为提升除冰性能的关键路径，尤其是其与超疏水、超滑、磁性等特殊表面特性的结合方式，展现出了显著的协同增效效果。通过这种多功能材料的协同设计，不仅能够显著提升光捕获能力，强化能量转化效率，还能在除冰速度、能耗效率和环境适应性等方面实现显著突破。

5.3 实际应用的挑战

光热材料的实际应用仍需应对一系列挑战。光热纳米材料的稳定性、耐用性以及多功能一体化设计的可行性仍然是关键难题。此外，如何确保这些复合材料在复杂环境中的高效的性能表现，特别是在弱光照、间歇性光照甚至无光照的条件下，依旧是该领域研究的核心瓶颈之一。为此，探索与其他除冰技术（如相变储能和电加热）的集成应用，构建全天候、高效的协同除冰系统，已成为未来研究的重要方向（图5-3）。通过多技术的深度融合，将有望进一步推动光热除冰技术从实验室走向大规模实际应用，为交通、能源、建筑等领域提供更加可靠的技术支撑。如图5-4所示。

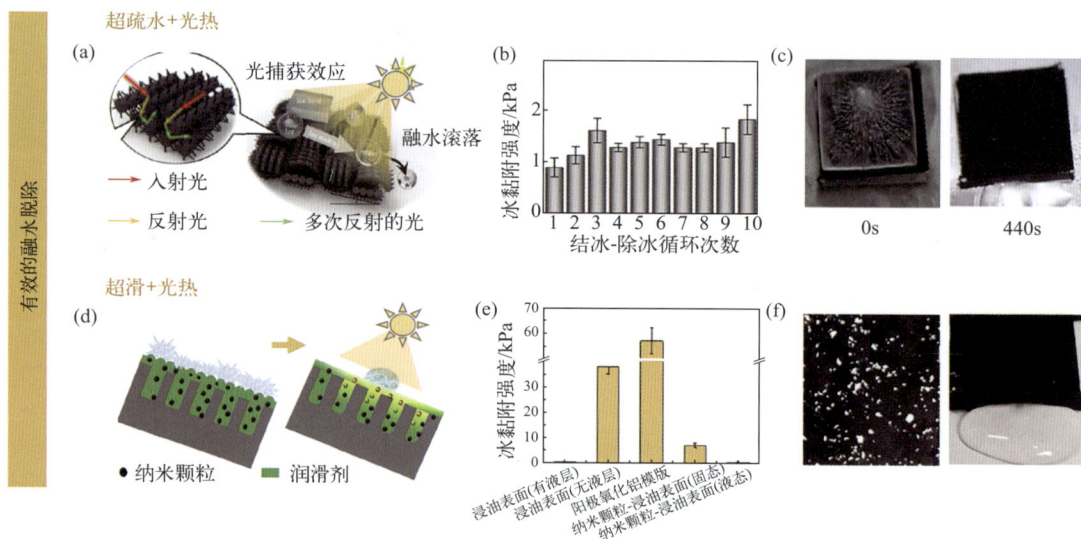

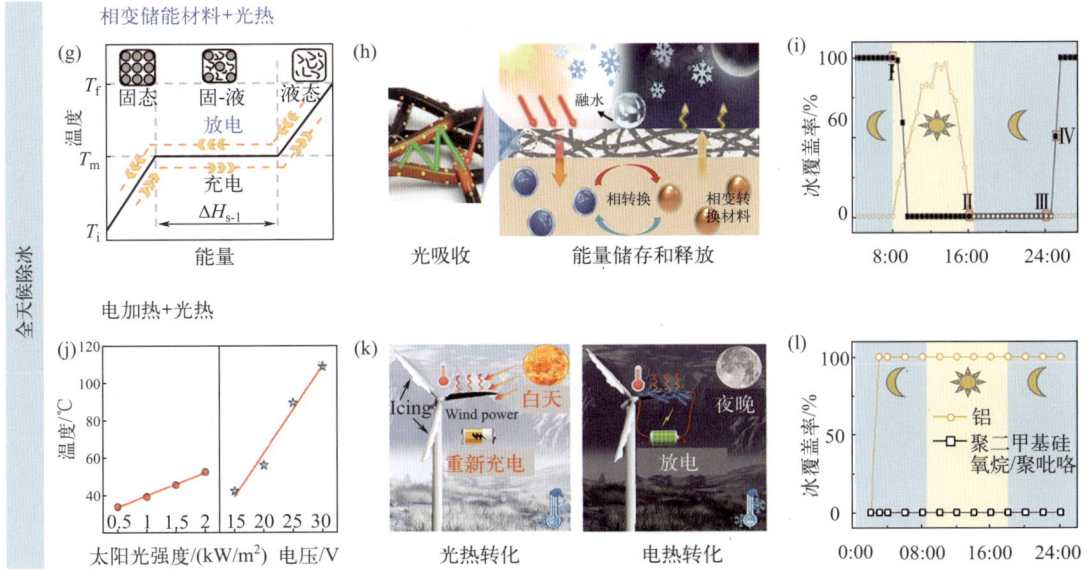

图5-3 光热材料与其他表面特性和除冰方式结合实现高效、全天候除冰（a）~（c）与超疏水表面特性相结合；（d）~（f）与超滑表面特性结合；（g）~（i）与相变材料结合；（j）~（l）与电加热方式结合

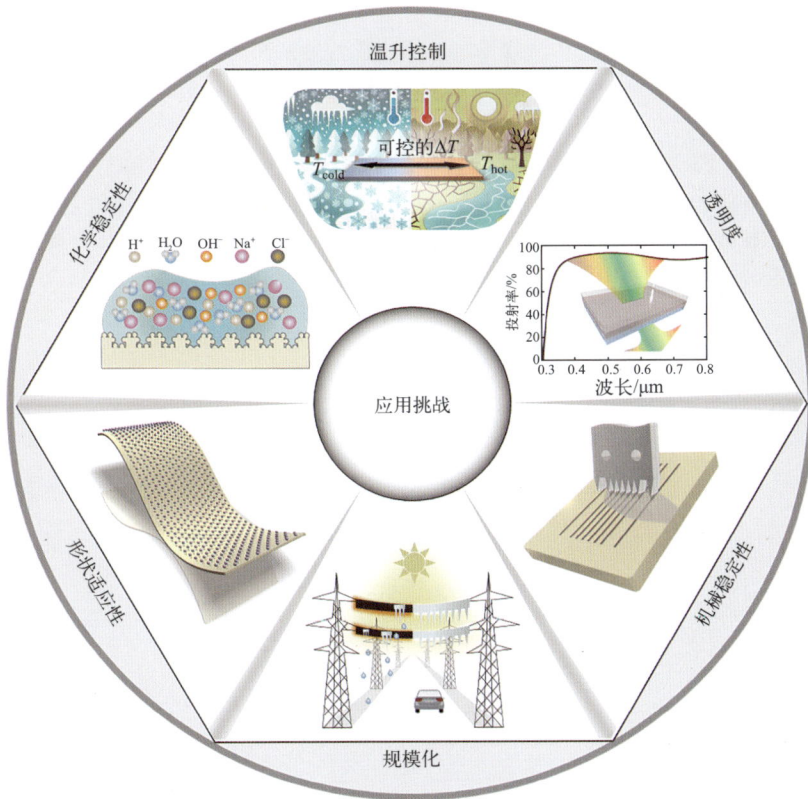

图5-4 光热除冰技术推向实际应用时面临的挑战

总结与展望

　　光热除冰技术作为应对极端天气的创新方案，展现出了广阔的应用前景。未来，应聚焦新材料的研发，提升光热转化效率，并建立统一的性能评估标准。随着材料科学的进步和多学科的进一步交叉融合，光热除冰技术从实验室走向实际应用的潜力将进一步释放。

参考文献

[1]　Yang S, Liu J, Muhammad Jahidul Hoque, et al. A critical perspective on photothermal De-Icing[J]. Adv. Mater., 2024, 37(7): 2415237.

作者简介

　　杨思艳，分别于2022年在大连理工大学和2023年香港城市大学取得博士学位，随后在香港理工大学和美国伊利诺伊大学香槟分校从事博士后研究。主要从事界面相变及传热、功能表面制备等方面的研究工作。在《Proceedings of the National Academy of Sciences of the United States of America》《Advanced Materials》《Cell Reports Physical Science》等期刊以一作身份发表论文7篇，总共发表SCI论文20余篇，研究成果被Phys.org、EurekAlert!等媒体报道。担任International Journal of Heat and Mass Transfer、Materials Chemistry and Physics等学术期刊的审稿人。在国内外学术会议上多次做报告。主持/参与香港理工大学博后配套基金、香港创新及科技基金、美国能源部和Rheem公司等国家和企业项目。

第 6 章

锗的奥秘

刘萧晗　孟郁苗　赵太平

6.1 锗的发现之旅

6.1.1 门捷列夫的神奇预言

19世纪中叶，化学巨匠门捷列夫凭借卓越的智慧在发现了元素周期律后，尝试对当时已知的63种元素进行元素周期表排列。这一过程中，他敏锐地发现元素周期表中存在一些空缺，就像一幅缺少了几块碎片的拼图。他大胆推测应该还存在11种尚未被人们发现的新元素，并赋予它们"类硼""类硅""亚矾""亚砷"等独特的名字。他还详细地推测了这些元素可能具备的各种性质，包括颜色、原子量、密度等。门捷列夫的预言就像黑暗夜空中的一盏明灯，为后来的科学家们的探寻新元素的科学之路指明了方向。

6.1.2 锗元素的"诞生"

时光流转至1885年，德国弗莱堡地区发现了一座品位极高的银矿，它吸引了众多科学家的目光，德国化学家克雷门斯·温克勒便是其中之一。他在对银矿石进行化学分析的过程中察觉到银矿石中似乎存在一种前所未见的新元素。经过数月艰苦卓绝的探索，温克勒终于在1886年2月，成功地提取出了这种新元素的单质。为了纪念自己的祖国，他将其命名为"Germanium（Ge）"，中文译为"锗"。随后，温克勒对锗的原子量、相对密度、熔点、颜色、氧化物形态等性质进行了测定。当他得到结果的那一刻，他惊叹万分，因为这些性质与门捷列夫预言的"类硅"几乎完全一致！这一重大发现犹如一枚重磅炸弹，有力地证实了门捷列夫预言的准确性，也让锗元素"诞生"到了绚烂的科学舞台。

6.2 锗元素的"身份特征"

锗（Ge）在元素周期表中的"坐标"为第4周期、第ⅣA族，原子序数是32，原子量为72.63，性质介于金属与非金属之间。从原子结构看，锗的最外层电子排布和C、Si一样，都拥有4个价电子。这些价电子通过共价键与邻近的4个原子紧密结合，形成相对稳定的晶体结构[1]。

6.2.1 锗的物理性质

锗的单质呈灰白色（粉末状呈暗黑色），具有耀眼的金属光泽。它的熔点为

937.4℃，沸点为2830℃，密度为5.35g/cm³，电势能为7.88V，电负性为2.0（图6-1）。锗的质地颇为坚硬，莫氏硬度6～6.5，但它的延展性却较差，容易"骨折"破碎，形成独特的贝壳状断口。它还具有出色的导热性以及高电子迁移率、高空穴迁移率、较大的波尔激子半径和较小的禁带宽度等特性。另外，锗还具有高折射率（为4.0）和低色散性等光学性质[2]。

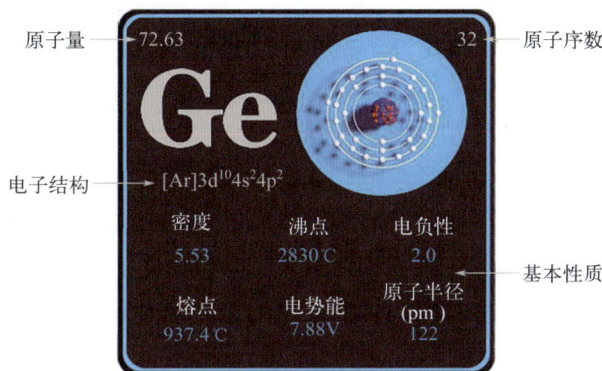

图6-1　锗的物理化学性质

6.2.2　锗的化学性质

在常温环境中，锗的化学性质比较稳定，与空气中的氧气、氮气等气体反应均较缓慢，只有在高温条件下，锗才会发生明显的氧化反应。这种稳定的化学性质使得锗天然具有良好的抗腐蚀能力。锗还能与多种金属结合，通过调整其与其他金属成分的比例，可以赋予材料全新的性能，比如显著提升材料的导电性和导热性等。此外，锗也能与氢和碳等非金属元素相互作用，形成多种化合物，从而极大地拓展材料的化学多样性，为材料科学的发展开辟了广阔的天地。

6.3　锗的超强本领

在"诞生"之初的二三十年里，由于其在地壳中的丰度较低，人们发现的锗矿床很少，再加上开采提炼技术不成熟等原因，锗如同一颗被遗落的宝珠一直未被重视和利用。只有少数科学家在实验室中对其性质进行了初步的探索研究[3]。1916年，研究人员从闪锌矿中成功提取出了锗[4]，这一突破引起了科学界的广泛关注。此后，在锗石和菱锌矿矿区的矿坑水中相继发现了可开采的锗，人们对锗的认识逐渐加深[5,6]。1953年，研究者又发现部分煤层也富含锗，并且在燃烧后的残渣中更为富集[7]。与此同时，锗的纯化技术和各种优良性质也在各种需求的推动下逐渐被人们了解和掌握，为锗的开发和利用打开了大门，锗元素逐步踏上了改变人类发展进程的新道路。

6.3.1 半导体领域显身手

锗是最早被应用到半导体领域的材料。1947年12月16日，世界上第一个晶体管在贝尔实验室诞生。这个晶体管是由锗片、电极和金属丝等组成的简易装置，能将电信号放大100倍。这一惊人的发明标志着现代半导体产业的开端。在早期，锗凭借高电子迁移率、高空穴迁移率以及较低的电阻率等优良性能，在半导体元器件制造业中占据主导地位，以锗晶体为核心的半导体元器件几乎覆盖整个半导体市场。锗半导体元器件的电流损耗低、工作效率高，还具有较高的化学稳定性和机械强度，能在各种环境中稳定工作，使用寿命长。但随着资源充足、易开采的硅（石英）的提纯技术的逐渐成熟，锗在半导体领域的主导地位逐渐被取而代之。不过，锗具有的高电子迁移率和高空穴迁移率等性能是硅无法弥补的短板（表6-1），特别是对于某些高速开关和需要密集散热的快速半导体器件，锗的作用仍不可替代[3]。目前，锗仍然被广泛用于晶体管、高速电子器件和光电器件等的制造以及作为优化其他半导体材料性能的掺杂材料。例如，采用锗制成的高电子迁移率晶体管（HEMT）可在卫星电视接收器和雷达等精密仪器设备中充当数字开关，能够大幅提高设备的工作频率[8]。此外，半导体行业长期以来通过不断缩小晶体管的尺寸来实现摩尔定律："集成电路上可容纳的晶体管数目约每隔18～24个月便会增加一倍，集成电路的性能也将提升一倍。"但这种方式即将达到物理极限，继续缩小晶体管的尺寸会产生严重的诸如短沟道效应、量子隧穿效应等问题。而具有较高电子迁移率和高空穴迁移率的锗，能够有效地抑制短沟道效应，使得电子元器件可以拥有更小的沟道长度和更高的集成度。例如，在绝缘层上添加一定量的锗（图6-2），便可以对沟道夹断进行很好的控制，从而提升电子元器件的驱动能力和抗辐照能力[9]。未来，锗在集成电路上肯定会展现出巨大的应用前景，半导体领域的主导权又将回归"正主"。

表6-1 半导体材料Ge与Si的物理性质[10]

性质	电子亲和力/eV	晶格常数/nm	介电常数	禁带宽度/eV	空穴迁移率/$(cm^2 \cdot V^{-1} \cdot s^{-1})$	电子迁移率/$(cm^2 \cdot V^{-1} \cdot s^{-1})$
硅(Si)	4.05	0.5431	11.9	1.1242	500	1350
锗(Ge)	4.13	0.5658	16.2	0.6643	1900	3900

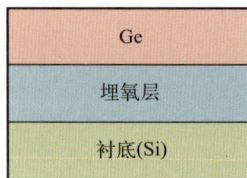

图6-2 绝缘层上锗结构示意图[9]

6.3.2　红外光学领域大作为

锗除了拥有良好的半导体性能外，还对红外光波段具有较高的透射率、折射率以及低色散率等特性[11]，使得锗在红外光学领域也有着广泛的应用。比如，利用锗对红外光波段（特别在8～14μm波段）的高透射率，可以制作热成像仪的红外光学装置的透镜、棱镜、整流罩及滤光片材料。另外，利用锗对红外光波段的高吸收率，可以制造红外光电探测器，能够高效地接收和转换红外辐射，将其转化为人类能够识别的电信号，从而实现对目标物体的探测。目前，HgCdTe（碲镉汞）是生产市场主流第三代红外光电探测器的典型代表材料（图6-3），其中锗是HgCdTe探测器的理想衬底材料，可以为源层（HgCdTe）提供一个平整、高质量的衬底，减少材料内部的缺陷，并且有利于红外光的传输和吸收。另外，随着太空探测、无人驾驶和生物识别等高新产业的兴起，众多研究者正在改进第三代红外光电探测器的性能，力求制造出具备更好的光谱、极化、相位或动态范围特征，可以从特定场景中提取更多信息的第四代红外光电探测器[12,13]。例如，一些研究者基于早期的"碳纳米材料/半导体肖特基二极管"模型，使用由碳纳米管薄膜和N型锗片组成肖特基结，提出了"碳纳米管薄膜/锗红外光电探测器"模型[13]。其中，锗片的光吸收特性和载流子产生能力与碳纳米管薄膜的载流子传输能力相结合，能够优化探测器的整体性能，使其在红外光电探测领域更具优势。

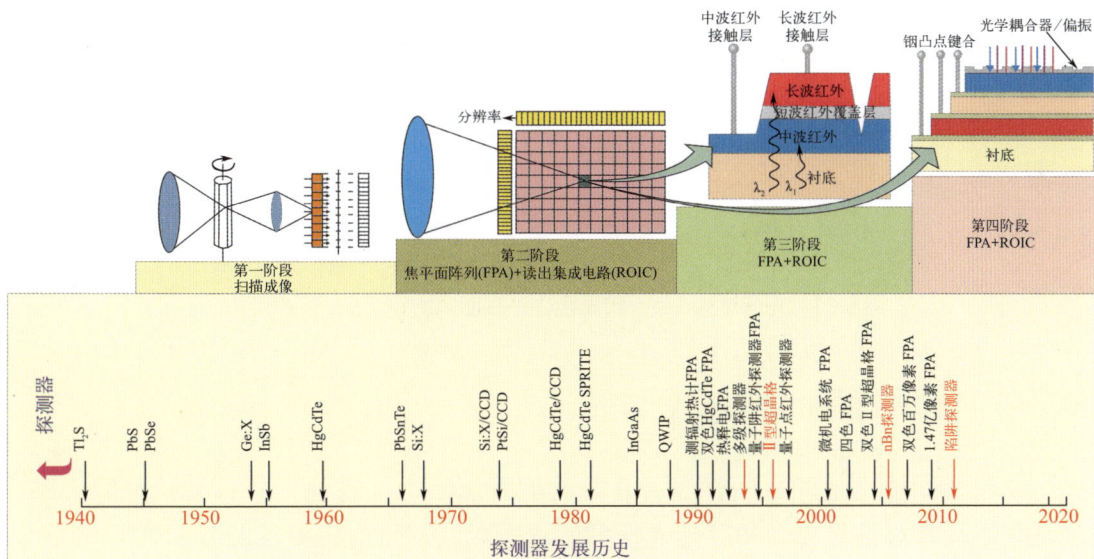

图6-3　红外光电探测器和系统的发展历史[12]

6.3.3　光纤领域铸基石

在光纤领域，锗坚如磐石，支撑着整个光纤通信技术的发展。光纤主要由纤芯和包层组成［图6-4（a）］。纤芯是光纤的核心部分，其折射率相对较高，包层围绕着纤芯，折射率比纤芯小。光纤是基于光的全反射原理来传输光信号的［图6-4（b）］。硅基光纤是目前应用最广泛的光纤，在通信领域发挥着至关重要的作用。光纤材料的瑞利散射损耗与光的波长的四次方成反比，而红外光的波长是最长的，因此光纤通信的工作波长应控制在红外光区域，尤以在红外光的长波范围内最好。而锗元素对红外光具有出色的透过性，这使得掺锗的光纤材料能够让红外光信号以较低损耗通过，极大地保障了信号传输的效率与距离。硅基光纤的掺锗是在光纤预制棒制作过程中完成的，向$SiCl_4$中掺入一定量的$GeCl_4$，然后在高温下分别氧化或水解成SiO_2和GeO_2的混合体。锗的加入，既利于将石英光纤零色散点移至损耗最低的$1.55\mu m$长波附近，又可使石英光纤内部结构更加完整[14]，从而实现了低损耗、大容量、长距离传输以及抗干扰强等性能。另外，掺锗石英光纤与普通石英光纤特性相似，二者熔接技术简单并且还具有高非线性效应、高拉曼散射系数等特点，在产生中红外光纤超连续谱的研究中应用较广[15]。

硫系光纤能够在中红外波段实现光信号的传输，并且也是唯一一种应用于$4\mu m$以上波段的红外光纤[16]。传统的硫系光纤组分是As-S和As-Se，虽然拥有着成熟的制备工艺，但也存在着传输功率较低和抗激光损伤能力较差等缺点[17]，难以满足当下对高功率激光传输以及远距离、大容量光通信应用的要求。将Ge^{4+}加入As-S和As-Se的二元体系玻璃中，可以提升该组分玻璃的抗激光损伤能力。但因Ge-As-S玻璃和Ge-As-Se玻璃的提纯工艺复杂，且光纤预制棒的制备困难，在制备过程中易引入C、H、O等杂质，会使得光纤的背景损耗增加[18]。

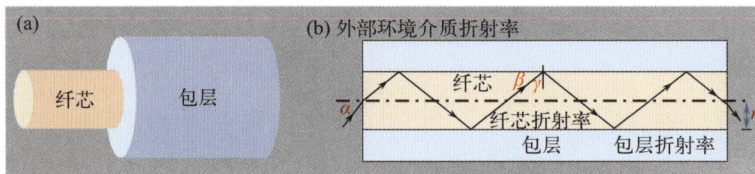

图6-4　光纤结构（a）和光线在子午面内传输（b）示意图[19]

6.3.4　太阳能电池领域蕴潜能

锗在太阳能电池领域同样蕴含着巨大的发展潜力。首先，锗具有较宽的带隙，使其可以吸收包括可见光和红外光在内的太阳光波，进而将更多的太阳能转化为电能，提高对太阳能的转化效率[20]。其次，锗还具有良好的热稳定性，使得锗衬底化合物太阳能电池在高温条件下依然能够有效地工作。再者，相较于镉、铅等重金属元素，锗是一种相对安全的元素，在使用的过程中几乎不会造成环境污染和健康风险。例如，以锗基钙钛矿材料为光吸收层的钙钛矿太阳能电池具有较强的稳定性，并且无毒，是制造太阳能电池光吸收层的热点材料。总体而言，锗衬底化合物太阳能电池具备光电转化效率高、使用寿命长、耐高温、光吸收系数大以及绿色环保等

众多优势。例如，$Cu_2ZnSn(S,Se)_4$薄膜是一种太阳能电池的活性层材料，并且已经得到了一定的应用。但是，$Cu_2ZnSn(S,Se)_4$活性层内部存在大量的非辐射复合现象，致使$Cu_2ZnSn(S,Se)_4$太阳能电池的性能受到严重限制。而通过掺杂一定量的锗，形成$Cu_2Zn(Sn,Ge)(S,Se)_4$薄膜，可以有效改善活性层的导电性能以及调整能级的状态，从而减少内部载流子复合的不利影响。对于锗如何进入$Cu_2ZnSn(S,Se)_4$薄膜，研究者们提出了许多方式。如可以通过在衬底上引入GeO_2薄层，伴随着衬底材料与硒之间化学反应的发生，锗能扩散至$Cu_2ZnSn(S,Se)_4$从而实现锗掺杂[21]；也可以利用水溶液的聚合物辅助沉积方法来生长$Cu_2Zn(Sn,Ge)(S,Se)_4$薄膜[22]（图6-5）。锗衬底化合物太阳能电池，在一些工业和航空航天业中已经得到了广泛的应用。在当今全球大力倡导绿色清洁能源的时代浪潮下，锗在太阳能电池领域的应用潜力必将得到进一步的挖掘和释放，有望成为推动能源革命的重要材料。

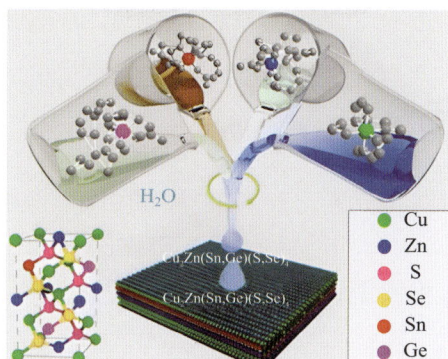

图6-5　水溶液的聚合物辅助沉积方法生长$Cu_2Zn(Sn,Ge)(S,Se)_4$薄膜[22]

6.3.5　催化剂领域施效能

锗系催化剂为环境保护和工业生产的产能提升施加着强大的能量。例如，纺织、医药、印刷等行业在生产过程中会产生大量的致癌、致畸性的污染废水，在排放前需要进行达标处理。含锗金属氧化物$Cd_2Ge_2O_6$由于其禁带宽度和特殊的层状结构[23]，能够吸附反应物分子，并利用自身表面的活性位点加快化学反应速率，促使污染物分解，帮助净化水体。燃煤发电厂、垃圾焚烧场、工业锅炉、汽车等废气的排放，会造成光化学烟雾、酸雨和温室效应等负面环境影响。较高温度的化学反应过程，容易使环保催化剂本身烧结失活，并且高浓度的烟灰会腐蚀和磨损催化剂，导致其使用寿命缩短[24]。锗的加入，可以优化环保催化剂的性能，如增强环保催化剂在低温下的脱硝活性，同时使催化剂具有较高的N_2选择性以及稳定的抗硫性[24]（图6-6）。在工业生产方面，锗系催化剂能够提高聚对苯二甲酸乙二酯（PET）和聚芳酯等聚酯材料的合成效率[25]。锗系催化剂稳定性很好，在聚酯合成过程中需要的反应条件较温和，产生的副产物较少。同时，它不会与稳定剂磷酸

（H_3PO_4）发生反应，且产品透明度较高。锗系催化剂主要有GeO_2和四正丁氧基锗烷（$C_{16}H_{36}GeO_4$）等。然而，锗系催化剂价格较为昂贵，而且在反应过程中容易挥发，使用成本较高，因此它们主要用于制备高档的聚酯产品。

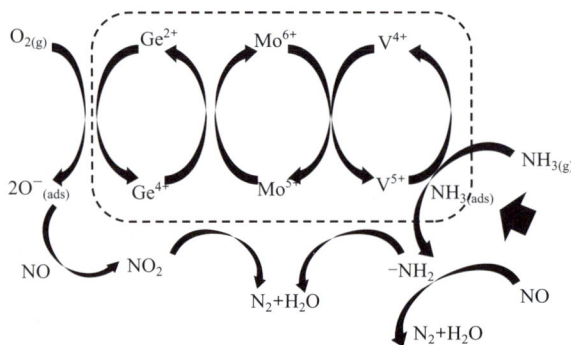

图6-6　锗的掺杂增加低温脱硝活性和抗硫性的催化作用机理[24]

6.3.6　医学领域呈利弊

锗是人体生命必需的有益元素之一，有机锗在医药领域应用的研究与开发始于20世纪60年代[26]。有机锗作为功能性食品基料在医疗和保健食品领域有很大的消费市场[27]。研究表明，有机锗能提高人体血液含氧量，增强酶活性和细胞活动，使缺氧、受损细胞恢复平衡；螺锗（一种有机锗化合物）已经被证明可以抑制和杀死癌细胞。有机锗还能减少皮肤中不溶性胶原的含量，有抗衰老和美容作用。一些研究者发现，人参、枸杞子、甘草、灵芝和蘑菇等植物中富含有机锗，适当的服用可以起到强壮滋补和抗癌的作用。不过，有机锗的抗癌功效的内在机制至今未查明[26]。如今，通过现代科技手段，可将无机锗转化为有机锗。但有机锗也具有一定毒性，不当服用会对肝、肾和造血系统产生毒害作用。临床医学实验证明，过量服用有机锗可能会引起恶心、呕吐、腹泻和心脏损伤等一系列不良反应[28]。另外，锗还是高端医学影像装备的重要材料。比如，锗酸铋是一种性能优良的闪烁晶体（图6-7），

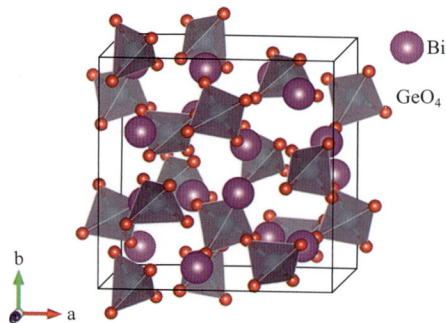

图6-7　锗酸铋（BGO）晶体的结构[30]

是国内外大型科学装置和核医学成像制造业不可或缺的光电晶体材料[29]。在医学成像方面，锗酸铋晶体占领了整个核医学成像装置市场的一半以上。虽然锗酸铋晶体的生长工艺已经很成熟，对于锗酸铋晶体的研究主要集中在晶体缺陷和稀土掺杂改性以拓展其用途。但是，由于我国的工业水平相较发达国家还存在不小的差距，闪烁晶体等高端医学成像装备的核心功能部件还是被国外"卡脖子"[29]。中国科学院上海硅酸盐研究所创造了能够批量制备锗酸铋晶体、钨酸铅晶体和掺铊碘化铯晶体等关键医学设备材料的技术，在一定程度上突破了国外对我国关键材料的封锁[29]。

6.4 锗资源的现状

6.4.1 锗资源的"藏身之所"

锗在地壳中的含量相对较低，大约为 $1.4 \times 10^{-6} \sim 1.6 \times 10^{-6}$[31]，是一种典型的分散元素。过去，地学工作者认为分散元素难以形成独立矿床，仅能以伴生方式存在于其他元素矿床之中[32]。在自然界中，锗的确是富集于铜锌等多金属硫化物矿床的闪锌矿和富锗煤矿中，这些地方就像是锗的"藏身之所"。然而，越来越多的研究表明，在一些特定的条件下，锗具有形成独立矿床或工业矿体的超常富集能力。例如，内蒙古乌兰图嘎超大型锗矿床、云南临沧超大型锗矿床等。虽然锗的超常富集机理还未被完全揭示，但这些矿床的发现为锗的大规模开发利用提供了保障。

全球已探明的锗资源量比较贫乏，总储量约为8600t，主要分布在亚洲、欧洲和北美，涉及美国、中国和加拿大等国家［图6-8（a）］。美国锗资源储量占全球的45%，位居首位；中国次之，占41%；加拿大占10%。此外，非洲和欧洲主要产出富锗的基普什型（Kipushi-type）矿床和类MVT型（或SEDEX型）Ag+Pb矿床，代表性矿床有刚果的基普什（Kipushi）矿床、赞比亚的卡布为（Kabwe）矿床、爱尔兰的利新银矿床等。我国锗资源储量颇为丰富，分布较为广泛，含锗矿床主要是"煤型"和"铅锌型"。其中，"煤型"有云南临沧锗矿、内蒙古伊敏煤田等，"铅

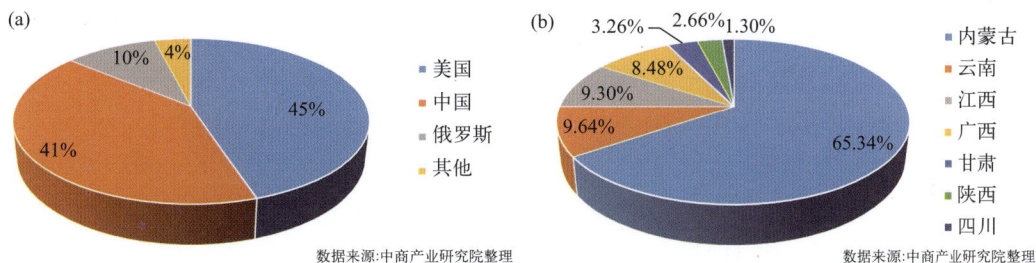

数据来源:中商产业研究院整理

图6-8　全球锗储量分布（a）和2022年中国锗储量分布（b）

锌型"有云南会泽Pb+Zn矿床、广东凡口Pb+Zn矿床等。内蒙古锗矿储量排全国第一，占65.34%，云南锗矿储量占全国的9.64%，然后为江西、广西等［图6-8（b）］。

6.4.2 锗的供需格局

2019—2023年，全球锗年产量平均为177吨，而我国锗年产量平均为124吨［图6-9（a）］。云南是我国最主要的锗生产基地，年产量约占我国的34%，占全球的24%。近十年来，我国累计供应了全球70%的锗资源量，是全球最大的锗矿产供给国。美国、德国、日本是我国的主要出口对象，每年对这三个国家的出口量超过出口总量的50%[33]。在国际贸易中，我国处于不断输出锗资源的状态。

从全球锗下游消费占比来看，光纤、红外、太阳能电池和催化剂领域对锗的需求量很大［图6-9（b）］，2023年光纤领域占全球的36%，红外领域约占全球的34%，太阳能电池占全球的17%，催化剂占全球的9%。研究者认为，至2025年、2030年和2035年，我国锗金属需求量将从2023年的706t分别增长至858t、1048t和1400t。由此可见，随着国防军工和新兴产业不断发展，全球对锗的需求量是巨大的。

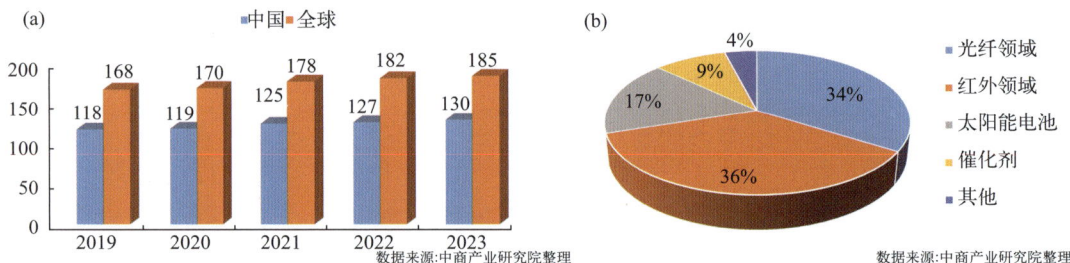

图6-9 2019—2023年全球及中国锗产量（a）和2023年全球锗下游消费占比（b）

6.5 锗在应用中需注意的问题

6.5.1 战略保护

欧美在资源保护的道路上走在了前列，对锗等关键金属资源具有极强的保护意识。例如，尽管美国坐拥全球最丰富的锗资源储量，但早在1984年，美国就将锗列为国防储备资源，使其免于过度开发。2010年，欧盟也将锗列入成员国极为关注的原材料清单，各成员国纷纷加强对锗资源的管控和保护，确保其在关键领域的稳定供应和战略价值。我国于2011年，在《有色金属工业"十二五"发展规划》中，对钨、钼、锑、镓、稀土等战略小金属的发展做出专项规划，提出"建立完整的国家储备体系"，为战略小金属资源建立起一道安全的防护网。

6.5.2　发展深加工产业

我国锗的深加工产业基础还比较薄弱，存在着明显的短板。目前，我国锗的出口产品多为初级产品，而这些初级产品往往附加值较低，利润空间有限。与之相反的是，我国在具有核心技术的深加工产品方面高度依赖进口，进口价格高昂，因此我国处在"低卖高买"的尴尬境地。如我国锗的元部件产业在技术和全球市场占有率上还远远落后于美国、日本、韩国等国家。这些国家凭借着先进的技术和丰富的经验，在锗深加工领域占据了主导地位，拥有较高的市场份额和利润空间，而我国的企业则只能在低端市场上艰难竞争，面临着巨大的压力和挑战。另外，锗的回收技术和锗原料替代品的发展日新月异，我国原生锗资源优势将不再突出。

6.5.3　重视环境风险与废料回收

在含锗废料的回收[34]以及煤的燃烧和富锗矿床开采冶炼过程中，由于受到技术限制，锗及其他元素会被不可避免地释放到环境中。锗既有生理活性又有毒性[35]，在正常浓度状况下对生物是无害的甚至是有利于健康生长的，但当其浓度过高时则会对生物产生危害。例如，有人因过度相信有机锗的功效而过量摄入，导致肾功能衰竭等问题[36]；气态锗（GeH_4）具有剧毒，浓度接近150×10^{-6}时可致人死亡[36]。科学家们通过深入的研究，已经明确地指出锗具有较高的生态风险[37]。这一结论警示我们必须高度重视环境中锗的含量、分布特征及其影响因素。这不仅关系到生态环境的平衡和稳定，还直接影响着农产品的质量安全以及人体的健康状况。

6.6　未来展望

6.6.1　锗的研究热点

（1）深化应用研究

锗凭借其众多优良的物理化学性质，在半导体、光电子、光纤通信等前沿领域展现出了广泛的应用前景，成为这些领域发展不可或缺的关键金属。在当下，加强对锗的应用研究已经成为科学界和产业界共同关注的热点。因为通过深入挖掘锗的应用潜力，实现锗的深加工制造技术的突破，能够为高新技术产业的发展注入强大的动力，推动其不断向前发展，创造出更具有创新性和实用性的产品和技术，从而在全球科技竞争的舞台上占据一席之地。

（2）探索资源分布与富集机制

锗作为一种稀有元素，资源量相对有限。随着新兴科学技术的发展，在不久的将来全球锗的总需求量是巨大的，深入研究锗的分布规律和富集机制具有至关重要的意义。通过研究地质构造等因素对锗富集的影响，能够揭示锗富集的地质过程和成矿条件，为我们寻找更多的锗资源提供科学依据和指导，确保锗资源的可持续供应，避免因资源短缺而对相关产业发展造成制约。

（3）攻克废料回收技术难题

军工产品和电子设备的制备都需要很多的含锗材料，随着时间的推移和技术的更新换代，退役的军工产品和淘汰的电子垃圾不断增加。从这些废弃物中回收锗是锗资源的一个重要来源。当前通过回收锗可以为全球贡献30%锗产量。像美国已经拥有从废弃坦克等军用车辆和武器中回收锗的能力，而我国还主要是从锌矿石渣和含锗煤烟气中回收锗，回收技术和回收效率相对较低。因此，锗废料的回收技术已经成为当前研究的热点领域之一。通过优化改进锗的提取工艺和开发锗的回收技术，以求找到更高效的锗提取方法和锗回收技术，来减少对自然资源的依赖。

（4）锗的环境地球化学与生物地球化学研究

锗的开发、回收和加工过程，会不可避免地对土壤和水体造成一定程度的影响，锗的浓度过高可能会造成生态风险和健康风险。但是，土壤中适当含量的锗浓度反而具有一定好处，适量的有机锗摄入被认为有助于人体健康的。因此，锗的环境地球化学与生物地球化学也成为研究的热点问题，该研究有助于人们了解锗在环境中的迁移转化规律，包括锗的来源、分布、迁移路径等，以及锗在生物体中的变化和最终去向，从而有效评估锗对环境与生态系统的影响，以指导人们更加重视对锗资源的合理分配与利用，通过科学的农业种植技术和土壤改良方法，从而在保障食品安全的前提下，为当地居民提供更多富含锗元素的健康农产品选择。

6.6.2 战略价值与展望

尽管中国锗资源储量位居世界前列，但对锗等关键金属的管控制度相对欧美国家来说还不完善。另外中国在锗的深加工产业领域还较为薄弱，出口的大多是附加值较低的锗初级产品，而进口的是具有核心技术的高价深加工产品。这种

"低卖高买"的现象不仅导致了我国资源优势的流失，还严重制约了我国锗产业在全球价值链上的话语权。以上问题表明，我国在锗等关键金属产业上与其他发达国家之间还存在着很大差距，内部的产业结构还存在着诸多短板。这些问题成为我国在面对新兴科技领域快速发展时所面临的最大挑战，需要我们努力克服和完善。

　　未来，锗资源在战略信息和国防军工等产业领域具有巨大的应用潜力和价值。锗是我国的优势矿产资源，我们应当充分发挥其战略价值。具体而言，①应不遗余力地推动科技创新，加大对锗深加工以及元部件制造核心技术研发的投入力度，并积极促进产学研之间的紧密合作，实现技术创新成果的高效转化，加快实现资源优势向市场优势的转化。②秉持可持续发展的理念，大力扶持和发展锗废料回收产业，通过技术革新和工艺优化，建立起完善的回收体系，实现资源价值的最大化。③国家应加强对战略金属的管控力，完善采矿制度，确保锗资源的开采能够有条不紊地进行。同时，也要有意识地对初级产业进行适度限制，引导其逐步转型升级，并给予深加工产业更多的政策倾斜与扶持，推动其蓬勃发展。随着电子信息和国防军工等产业的迅猛发展，全球锗等关键金属产业也随之驶入了发展的快车道。这对于国家来说是实现富国强军宏伟目标的宝贵机遇。

参考文献

[1]　潘平仲. 半导体与PN结 [J]. 电子制作, 2010, (05): 65-69.

[2]　Rosenberg E. Germanium: Environmental occurrence, importance and speciation[J]. Reviews in Environmental Science and Biotechnology, 2009, 8(01): 29-57.

[3]　邓耿. 元素性质与其应用之间的关系——以锗元素为例 [J]. 化学教学, 2022, (01): 89-92.

[4]　Buchanan G H. The occurrence of germanium in zinc materials[J]. Journal of Industrial & Engineering Chemistry, 1916, 8(07): 585-586.

[5]　Thomas J S ,Pugh W J. XCIX.—Germanium. Part I. The mineral germanite and the extraction of germanium and gallium therefrom[J]. Chemical Society, Transactions, 1924, 125(01): 816-826.

[6]　Müller J H. Germanium in smithsonite and mine waters[J]. Industrial & Engineering Chemistry, 1924, (06): 604-605.

[7]　Headlee A J W, Hunter R G. Elements in coal ash and their industrial significance[J]. Industrial & Engineering Chemistry, 1953, 45(3): 548-551.

[8]　许俊焯 ,蒙自明. 高电子迁移率晶体管的研究进展 [J]. 科技创新与应用, 2023, 13(13): 99-104.

[9]　罗权. 高k栅介质Ge基MOS器件电特性模拟及界面特性研究 [D]. 武汉 : 华中科技大学, 2016.

[10]　刘恩科, 朱秉升 ,罗晋生. 半导体物理学 . 7 版 [M]. 北京 : 电子工业出版社, 2011.

[11]　张小东 ,赵飞燕. 金属锗在高新技术领域中的应用 [J]. 河北化工, 2018, 41(02): 32-34+37.

[12]　Martyniuk P, Antoszewski J, Martyniuk M, et al. New concepts in infrared photodetector designs[J].

Applied Physics Reviews, 2014, 1(04).

[13] 祁涛. 碳纳米管薄膜/锗红外光电探测器的性能研究[D]. 南京: 南京理工大学, 2022.

[14] 明轩. 超长波长红外（2~5μm）光纤通信（书评）[J]. 中国激光, 1994, (06): 532.

[15] 朱磊, 王鹿鹿, 董新永等. 基于高掺锗石英光纤的中红外超连续谱产生[J]. 光学学报, 2016, 36(03): 173-177.

[16] 梁晓林. 大功率中红外硫系光纤的制备及其性能探究[D]. 宁波: 宁波大学, 2021.

[17] You C, Dai S, Zhang P, et al. Mid-infrared femtosecond laser-induced damages in As$_2$S$_3$ and As$_2$Se$_3$ chalcogenide glasses[J]. Scientific Reports, 2017, 7(01): 6497.

[18] 冯赞. 低损耗Ge基硫系光纤的制备及其超连续谱研究[D]. 宁波: 宁波大学, 2022.

[19] 王敏. Ge-Sb-Se硫系拉锥光纤制备及其传感特性研究[D]. 宁波: 宁波大学, 2022.

[20] 李苗苗, 苏小平, 冯德伸, 等. GaAs/Ge太阳能电池用锗单晶的研究新进展[J]. 金属功能材料, 2010, (06): 78-82.

[21] He M, Huang J, Li J, et al. Systematic efficiency improvement for Cu$_2$ZnSn(S,Se)$_4$ solar cells by double cation incorporation with Cd and Ge[J]. Advanced Functional Materials, 2021, 31(40): 2104528.

[22] Yi Q, Wu J, Zhao J, et al. Tuning bandgap of p-type Cu$_2$Zn(Sn, Ge)(S, Se)$_4$ semiconductor thin films via aqueous polymer-assisted Deposition[J]. ACS Applied Materials & Inter faces, 2017, 9(02): 1602-1608.

[23] 刘小欢. CdS/Cd$_2$Ge$_2$O$_6$和Bi$_7$O$_9$I$_3$/Zn$_2$SnO$_4$两种可见光催化剂的制备及降解典型有机污染物性能研究[D]. 济南: 济南大学, 2016.

[24] 李泽清, 张鑫丰, 陈红萍. Ge改性TiO$_2$对V-Mo-O/TiO$_2$催化剂低温脱硝活性的影响[J]. 现代化工, 2023, 43(08): 168-174.

[25] 李顶松, 曹睿, 赵玲. 聚酯反应催化剂的研究[J]. 聚酯工业, 2020, 33(02): 32-34.

[26] 张晓春, 周淑华, 邹利民, 等. 有机锗在医学上的作用[J]. 井冈山大学学报, 2009, 30(05): 86-88.

[27] 郑海鹏. 有机锗的生理功能及在食品中的应用[J]. 微量元素与健康研究, 2011, 28(04): 65-67.

[28] 高原. 锗对动物的作用及研究现状[J]. 哲里木畜牧学院学报, 1996, 6(01): 74-78.

[29] 吴永庆, 袁兰英. 高端医学影像用锗酸铋晶体标准体系研究[J]. 标准科学, 2022, (S1): 82-85.

[30] Akande S O, Bouhali O. First-principles studies of defect behaviour in bismuth germanate[J]. Scientific Reports, 2022, 12(01): 15728.

[31] 孟郁苗. 锗同位素在矿床学中的应用研究——以内蒙古乌兰图嘎锗矿床和云南会泽等铅锌矿床为例[D]. 北京: 中国科学院大学, 2014.

[32] 涂光炽, 高振敏, 胡瑞忠, 等. 分散元素地球化学及成矿机制[M]. 地质出版社, 2004.

[33] 陆挺. 中国钢镓锗产业链发展战略研究[D]. 北京: 中国地质大学, 2016.

[34] Jabłońska-Czapla M, Grygoyć K, Rachwał M, et al. Germanium speciation study in soil from an electronic waste processing plant area[J]. Journal of Soiland Sediments, 2023, 23(09): 3362-3375.

[35] 陈启航. 不同品种小麦中铜、锗、铬的含量及其与生长土壤的相关性研究[D]. 郑州: 河南农业大学, 2008.

[36] Anke M, Seifert M. Elements and their compounds in the environment[J]. Environmental Science and Pollution Research, 2004, 11: 200.

[37] Akarsu C, Sönmez V Z, Sivri N. Potential ecological risk assessment of critical raw materials: Gallium, gadolinium, and germanium[J]. Archives of Environmental Contamination and Toxicology, 2023, 84(03): 368-376.

作者简介

孟郁苗，中国科学院地球化学研究所副研究员。于 2009 和 2014 年获得学士学位（成都理工大学）和博士学位（中国科学院地球化学研究所）。加拿大魁北克大学蒙特利尔分校进行博士后工作。入选中国科学院"西部之光"青年学者。获得中国第二十届青年女科学家提名奖。长期从事稀散元素矿床成因研究，在锗同位素以及锗的赋存状态研究方面取得了重要成果，发现并命名了"瑞忠锗矿"。主持国家自然科学基金项目 4 项，重点研发青年项目等 5 项，发表学术论文 30 余篇。

6

第 7 章

钠离子电池

陈人杰　刘琦

Approaching Frontier
of
New Materials

随着大规模储能系统（ESS）的发展，为长寿命、高容量、低成本且环保的可充电电池带来了新的机遇。目前，最先进的二次电池主要包括铅酸电池、高温钠硫电池和锂离子电池（LIB）。锂离子电池具有能量密度高、使用寿命长的优点，在便携式设备和电动汽车领域占据了主要市场。然而，锂资源的昂贵和稀缺性限制了锂离子电池在大型固定储能领域的进一步扩展应用[1]。考虑到循环寿命、运行条件、安全性、成本和资源可用性，上述电池均不适用于大规模储能系统[2]。在一些新型二次电池中，钠离子电池（SIB）因成本低、钠资源丰富、能量密度高，成为应对大规模储能系统巨大挑战的有前途的候选者[3]（图7-1）。例如，钠资源广泛存在于海盐和地壳中，储量几乎是锂的上千倍，这使得钠离子电池成为一种低成本、可持续的能源解决方案，尤其在大规模储能应用中具有不可忽视的潜力。此外，鉴于锂离子和钠离子电池在性质上的相似性，钠离子电池的研究可以借鉴锂离子电池商业化的成功经验[4]。

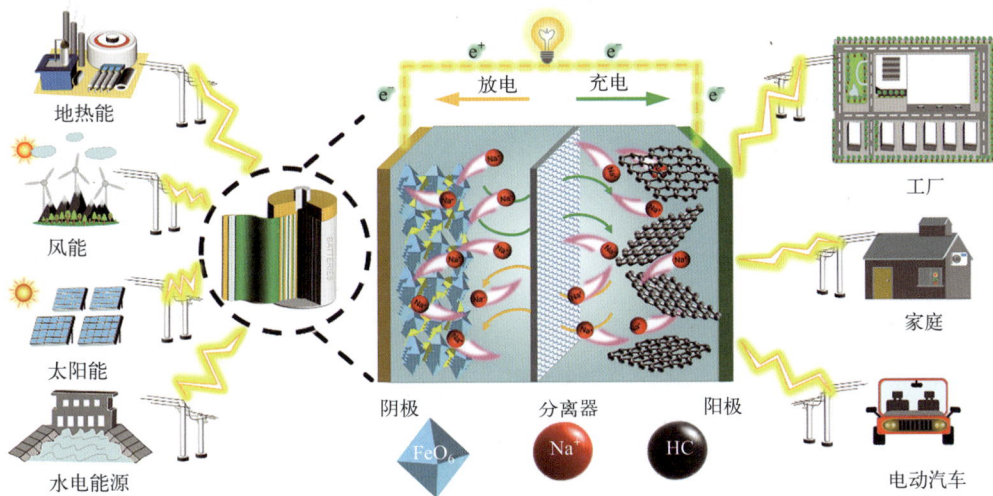

图7-1　钠离子电池在间歇性可再生能源存储和大型电网储能中的应用

钠离子电池的研究始于20世纪80年代，与锂离子电池的研究同步进行[5]。当时，一些层状过渡金属氧化物已被大量报道为钠离子电池的正极材料。Na_xCoO_2首先被用作钠离子电池中的嵌入型正极材料。不久后，其他层状钠离子氧化物，如$NaFeO_2$、$NaMnO_2$和$NaCrO_2$，也被探索和评估为嵌入型材料[6]。然而，在钠离子迁移过程中，复杂的相变导致的结构不稳定问题一直无法得到解决。事实上，由于钠离子具有较大的离子半径（1.02Å，1Å=0.1nm）和较重的摩尔质量（23g·mol^{-1}），与锂离子（离子半径为0.76Å，摩尔质量为7g·mol^{-1}）相比，难以开发出合适的钠离子正极材料来实现长循环寿命和高能量密度。此外，20世纪90年代，锂离子电池的商业成功阻碍了接下来30多年里钠离子电池的研究进展。近年来，由于锂资源短缺和价格上涨，室温钠离子电池再次受到关注并取得了一些进展，包括负极、正极材料和电解质方面的进展。除了广泛的科学研究外，一些企业如海纳电池技术公司、Novasis公司、Faradion公司和宁德时代新能源科技股份有限公司（CATL）等也开展了钠离子电池的商业探索[7]。

钠离子电池的研究主要围绕三个核心组成部分展开：正极材料、负极材料、电解液及其界面行为。正极材料决定了电池的能量密度和工作电压；负极材料影响电池的循环稳定性和可逆容量；电解液则是整个电池体系的"血液"，维持离子的高效传输，而界面的稳定性直接关系到电池的寿命和安全性。

在钠离子电池中，正极材料一直是研究的重点领域。从自然界的矿物到实验室合成的复杂晶体结构，科学家们通过模仿和创新，开发出了一系列适用于钠离子电池的正极材料。氧化物正极材料是最早也是最具潜力的体系之一。这类材料通常基于过渡金属氧化物（如$NaCoO_2$、$NaFeO_2$），具有高比容量和较好的电化学性能。然而，钠离子的尺寸较大，容易导致氧化物正极材料结构的不稳定性，从而引发容量衰减和循环性能下降。相比之下，聚阴离子正极材料以其独特的化学键强度和结构稳定性脱颖而出。这些材料通常包含PO_4^{3-}、SO_4^{2-}等阴离子基团，能够提供更高的工作电压和热稳定性；它们不仅在性能上表现优异，还因其资源可得性和环境友好性，成为能源材料领域的重要研究方向。

硬碳（hard carbon）是一种无序碳材料，最早从木材、果壳等天然材料中提取。硬碳的内部结构具有层间嵌钠和纳米孔隙储钠特性，这使得它可以提供较高的可逆容量。然而，硬碳的首次库伦效率较低，且制造成本较高，这是其实际应用的主要障碍。为解决这些问题，科学家们通过优化碳源、调控微观结构和修饰表面等策略，不断推动这一领域的进步。

如果说正极和负极是钠离子电池的"骨架"，那么电解液便是电池的"血液"。传统钠离子电池的电解液以碳酸酯类溶剂和钠盐为主要成分。然而，由于钠离子较大的半径和较高的反应活性，电解液体系在稳定性、导电性和界面兼容性方面仍需优化。近年来，功能性电解液添加剂的引入为这一问题的解决提供了全新的思路。例如，氟代碳酸乙烯酯（FEC）等添加剂能够在负极表面形成稳定的固态电解质界面膜（SEI），从而显著提高电池的循环寿命。同时，界面问题也是钠离子电池研究的难点之一。在充放电过程中，钠离子反复嵌入和脱嵌于电极材料，容易导致界面膜的劣化和钠金属的析出。为应对这一挑战，新型电解液体系（如离子液体、电解质凝胶）以及电极材料表面涂层技术正逐步成为研究热点。

从家庭储能到大型电网调峰，钠离子电池的应用领域正在不断扩展。特别是在追求低成本和高安全性的储能市场中，钠离子电池凭借资源优势和独特的性能，展现出了与锂离子电池互补甚至替代其的潜力。从阿尔韦德松发现锂到钠离子电池的问世，人类的科学探索从未停止。今天，这项技术的崛起，不仅是化学和材料科学的胜利，更是可持续能源未来发展的方向。

7.1　钠离子电池层状氧化物材料

鉴于锂离子电池研究的成熟，以现有锂离子电池正极体系开发钠离子电池正极材料的典型设计技术。聚阴离子化合物、普鲁士蓝类似物、过渡金属离子氧化物和有机化合物都已被确定为潜在的钠离子电池候选材料[8-10]。最有前途的锂离子电池商用正极材料是层状过渡金属锂氧化物 Li_xTMO_2（$x \leqslant 1$,TM 代表过渡金属）[11,12]。同样，层状 Na_xTMO_2（$x \leqslant 1$）电极也引起了广泛关注，因为其具有基于过渡金属元素氧化还原中心的可调电化学特性，而且可逆容量大、合成工艺简单。作为可充电电池，钠离子电池具有可接受的氧化还原电位（相对于 H^+/H 为 2.71V，相对于 Li^+/Li 为 0.33V）[11]。此外，由于钠不与铝箔合金化，钠离子电池可采用铝箔作为正负极的集流体，从而通过去除昂贵而沉重的铜集流体来降低电池成本并提高钠离子电池的能量密度[12]。

7.1.1　钠离子电池氧化物正极材料的结构分类

7.1.1.1　钠离子电池氧化物正极材料常见的结构分类

大约在 20 世纪 80 年代，Delmas 等人[13]研究了 Na_xTMO_2 的电化学特性，并根据钠离子的多面体配位环境提出了将层状过渡金属氧化物分为 O 型和 P 型。其中 O 型指八面体配位环境中的钠离子，P 型指棱柱三面体配位环境中的钠离子。再结合氧离子周期性重复的堆积序列，层状过渡金属结构被定义为 O3、P2、O2 和 P3 等相。如图 7-2 所示，在 Na_xTMO_2 中，最常见的晶体结构类型是 O3 相和 P2 相。

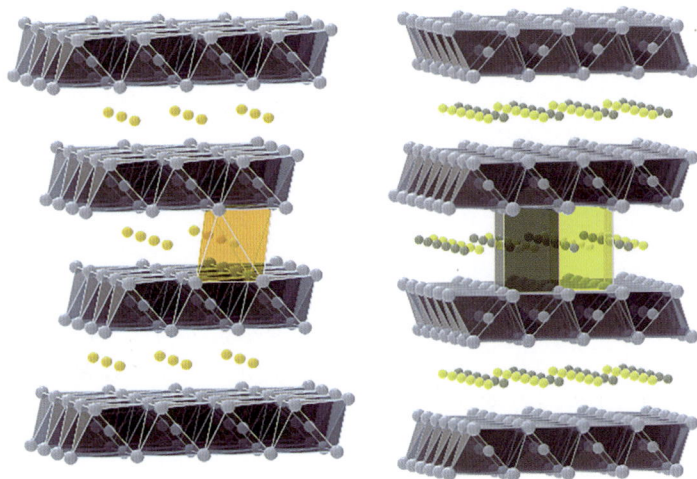

图7-2　常见的晶体结构O3相（左）、P2相（右）

7.1.1.2 钠离子电池氧化物正极材料层状结构的弊端

然而，正是由于存在多层过渡金属堆叠序列和钠配位环境，Na_xTMO_2的结构并不像预期的那样稳定[14-16]。一方面，由于Na_xTMO_2正极材料表面具有较高的极性，水分子会以物理和化学方式吸附在物体表面，并有可能插入到晶格中，从而改变材料的结构，导致其在空气中失效[17]。例如，Na_xTMO_2正极材料往往因浆料凝胶化而无法突破电池制备的必要工艺路线[18,19]。另一方面，对于层状过渡金属氧化物而言，在充电和放电过程中，只有对钠离子的平衡稳定点进行适度扰动，才能维持层状结构。一旦钠离子过度脱嵌，过渡金属层相对滑移，或过氧或超氧离子（O_2^{n-}）形成，就会引起结构变化，最终导致电池性能下降[20-22]。

7.1.2 钠离子电池氧化物正极材料的典型结构变化

7.1.2.1 钠离子电池氧化物正极材料在空气中的典型结构变化

当O3型Na_xTMO_2与水接触时，钠离子和氢离子交换（Na^+/H^+），会在接触表面产生氢氧化钠（NaOH）[23]。将O3型$NaFeO_2$样品浸泡在去离子水中后，Bissessur等人[24]发现水溶液的pH值高于12。更糟糕的是，由于接触表面产生的NaOH具有很强的亲水性，可以吸收大量的水，进一步促进Na^+/H^+交换，形成NaOH、Na_2CO_3等。除了Na^+离子能从与空气接触的O3型Na_xTMO_2晶格中萃取出来生成各种碱性物质外，Manthiram等人[25]的研究表明，镍离子（Ni^{2+}）也会逐渐从富镍体系$NaNi_{0.7}Mn_{0.15}Co_{0.15}O_2$中溶解出来，形成NiO并积聚在颗粒表面。

对于P2型Na_xTMO_2，水分子可能更容易嵌入层中而不是交换质子。早在2001年，Dahn等人[26]就研究了水分子（H_2O）嵌入$P2-Na_{2/3}[Co_xNi_{1/3-x}Mn_{2/3}]O_2$化合物（x = 0,1/6,1/3）的情况。如图2.2（a）～（f）所示，与$Na_{2/3}[Ni_{1/3}Mn_{2/3}]O_2$相比，$Na_{2/3}[Co_{1/6}Ni_{1/6}Mn_{2/3}]O_2$和$Na_{2/3}[Co_{1/3}Mn_{2/3}]O_2$正极在潮湿空气中暴露后，在14°和28°处观察到两个微弱的峰，对水合物$Na_{2/3}[Co_{1/3}Mn_{2/3}]O_{2-y}H_2O$的进一步里特维尔德细化表明，$H_2O$的O原子占据了晶体结构的2c位置。杨等人[27]进一步阐明了水合相的结构和特征，如图7-3（g）所示，以具有代表性的P2相层间距为5.5Å的$Na_{0.67}MnO_2$为例，其通常被报道的水合桦辉石相的层间距更宽，为7.1Å；由于Na层中存在额外的H_2O，确定了母线石（相比于水合桦辉石相进一步插入H_2O），层间距为9.1Å。此外，在桦辉石相中，插入的水分子的O原子占据Na^+的同一位置；但对于高水合的母线石，Na^+则被插入的水分子夹在中间。

7.1.2.2 钠离子电池氧化物正极材料电化学过程中的典型结构变化

钠离子O3型Na_xTMO_2经常出现相变行为，在充电过程中由O3相变为P3相，再由P3相变为新的O3相或OP_n相或O1相，在放电过程中由O3相变为晶格扭曲的

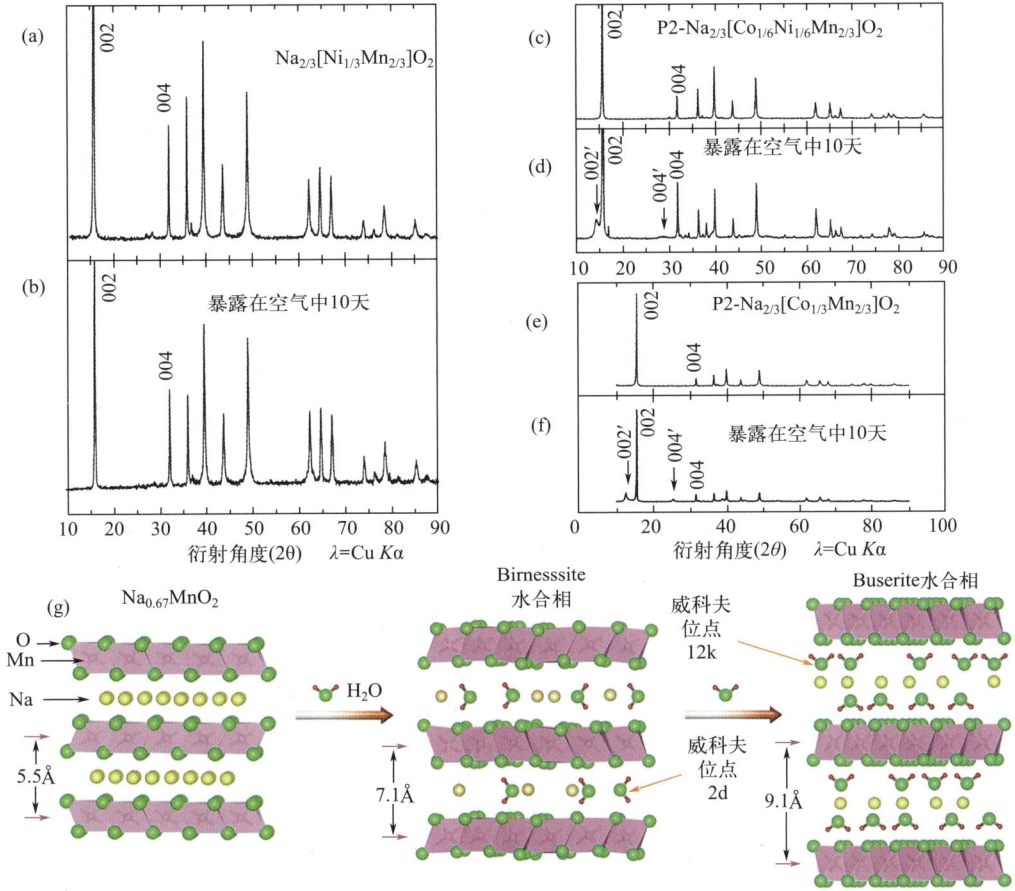

图7-3　（a）P2-Na$_{2/3}$[Ni$_{1/3}$Mn$_{2/3}$]O$_2$；（b）在湿空气中暴露10天的P2-Na$_{2/3}$[Ni$_{1/3}$Mn$_{2/3}$]O$_2$；（c）P2-Na$_{2/3}$[Co$_{1/6}$Ni$_{1/6}$Mn$_{2/3}$]O$_2$；（d）在湿空气中暴露10天的P2-Na$_{2/3}$[Co$_{1/6}$Ni$_{1/6}$Mn$_{2/3}$]O$_2$；（e）P2-Na$_{2/3}$[Co$_{1/3}$Mn$_{2/3}$]O$_2$；（f）在湿空气中暴露1天的P2-Na$_{2/3}$[Co$_{1/3}$Mn$_{2/3}$]O$_2$；（g）P2-Na$_{0.67}$MnO$_2$、桦辉石相和母线石的示意图

O'3相。除了O3相晶体结构的相变外，在脱钠过程中，过渡金属的迁移也会阻塞钠的扩散通道，这种行为在较高价态的过渡金属离子（如Fe^{4+}）中最为常见[28]。钠离子O3相层状氧化物正极常见的结构转变行为可分为两步：在4V电压下从O3相转变为P3相；在充电过程中，在更高电压下从P3相转变为O1相。此外，在这两个步骤中还可能分别存在一个中间阶段O'3相和P'3相。

钠离子P2-Na$_x$TMO$_2$在充放电过程中经常出现的相变行为包括P2相固溶体的保持、P2相分裂和P2相结构转变（充电时P2相转变为O2相或OP$_4$/"Z"相，放电时P2相转变为P'2相）。在循环过程中，保留固溶体将显著提高材料的循环稳定性。近年来，P2-Na$_{0.72}$Li$_{0.24}$Mn$_{0.76}$O$_2$[29]和P2-Na$_{0.6}$Li$_{0.11}$Fe$_{0.27}$Mn$_{0.62}$O$_2$[30]相继被提出，如图7-4（a）～（d）所示，它们在充电至4.5V时仍能保持P2相的结构。在相分裂方面，Zhou等人[31]设计了一种新型钠离子电池P2型正极材料，成功地将镁离子置于

$Na_{0.7}Mg_{0.05}Mn_{0.6}Ni_{0.2}Mg_{0.15}O_2$中过渡金属位相邻的Na位上。根据原位XRD技术，如图7-4（e）所示，在充电初期，在7.25°处从原来的（002）峰中分裂出一个新的（002）峰，表明发生了两相反应，生成了新的P"2相。与第一个P2相相比，P"2相具有更高的"c"和更低的"a"/"b"晶格参数，如图7-4（f）所示。

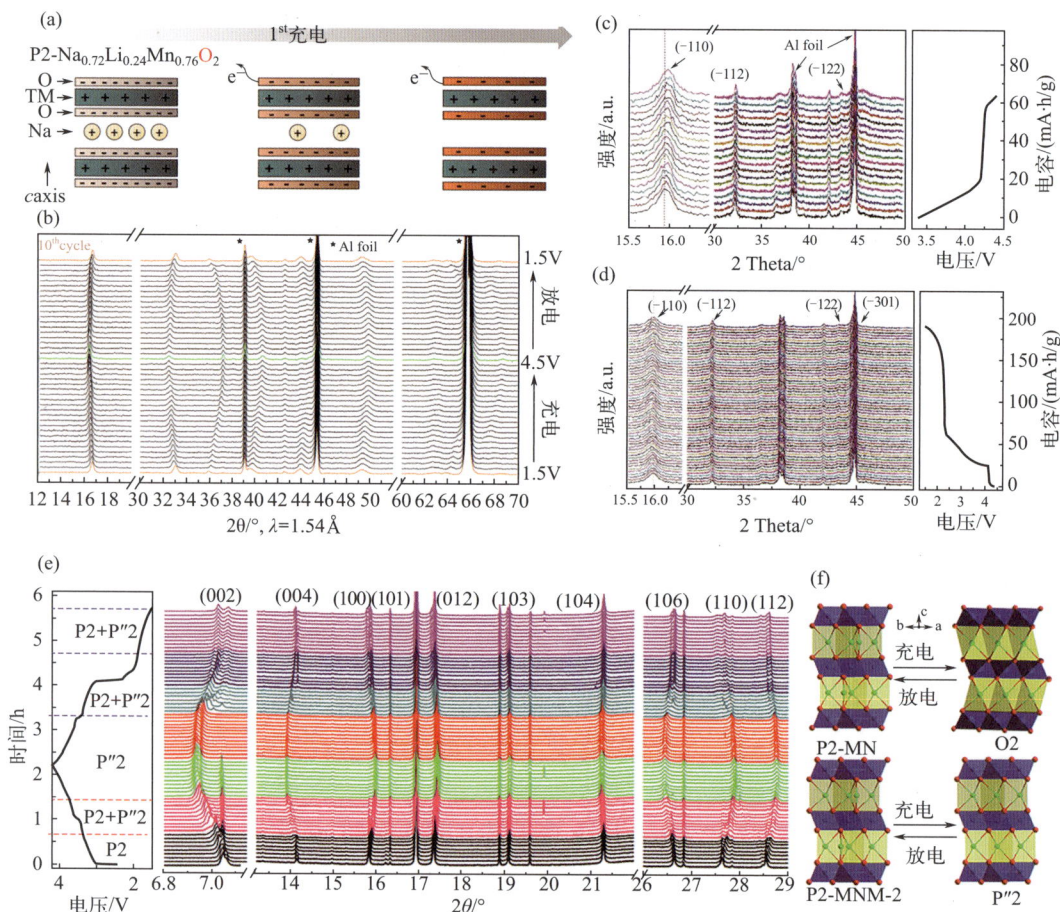

图7-4 （a）P2-$Na_{0.72}[Li_{0.24}Mn_{0.76}]O_2$的演化示意图和（b）原位XRD图。Na离子萃取（c）和插入（d）时$Na_{4/7}[Mn_{6/7}(V_{Mn})_{1/7}]O$的原位XRD图。$Na_{0.7}Mn_{0.6}Ni_{0.4}O_2$在充放电过程中的晶体结构演变：（e）第一次充放电过程中的原位XRD图样；（f）$Na_{0.7}Mn_{0.6}Ni_{0.4}O_2$和$Na_{0.7}Mg_{0.05}Mn_{0.6}Ni_{0.2}Mg_{0.15}O_2$的相演化示意图

7.1.3　钠离子电池氧化物正极材料结构稳定性的提升策略

7.1.3.1　钠离子电池氧化物正极材料空气中结构稳定性的提升策略

鉴于暴露在空气中的材料的结构和性能会劣化，研究人员进一步探讨了暴露样品能否恢复其原始结构。马等人[32]阐明O3-$NaNi_{1/3}Mn_{1/3}Co_{1/3}O_2$材料在常温储存后

会失去钠离子，并在表面生成 Na_2CO_3。由于 Na_2CO_3 是合成 $NaNi_{1/3}Mn_{1/3}Co_{1/3}O_2$ 的前体，因此通过简单的高温烧结，可以使得 $O3\text{-}NaNi_{1/3}Mn_{1/3}Co_{1/3}O_2$ 原位再生。

当 Na_xTMO_2 暴露在空气中时，表面的物理吸附是化学降解和结构进一步演变的基础。因此，在 Na_xTMO_2 表面涂覆一层保护层是一种防止 Na_xTMO_2 与空气接触的简单而有效的方法。

掺杂是避免 Na_xTMO_2 发生不可逆相变并保持其结构的典型方法。在一些研究中，Na 层变窄与空气中稳定性增强有关。郭等人[33]通过在 $O3\text{-}NaNi_{0.5}Mn_{0.5}O_2$ 化合物中的 Ti^{4+} 和 Cu^{2+} 取代，合成了一种空气中稳定的 $O3\text{-}NaNi_{0.45}Cu_{0.05}Mn_{0.4}Ti_{0.1}O_2$ 正极，它可以减小 Na 层间距离，抑制钠离子对空气中水分子的敏感性。

7.1.3.2 钠离子电池氧化物正极材料电化学过程中结构稳定性的提升策略

由于钠离子的脱嵌与层状 Na_xTMO_2 的结构演化直接相关，因此钠离子是结构演化的最重要影响因素。该因素可分为两部分：钠离子的数量和钠空位的有序性。晶格中的每个钠离子都是维持结构的"支柱"，这些"支柱"的数量是结构稳定性的重要因素，"支柱"越多，结构就越稳定。

钠离子的脱嵌与氧化还原中心的电荷补偿机制密切相关。对于过渡金属阳离子氧化还原中心的确定，过渡金属元素的组成和分布是至关重要的因素，其决定了固体材料的电子结构并影响电子的费米能级位置，最终影响在电化学循环过程中形成截然不同的热力学稳定相。与 Li_xTMO_2 相比，Na_xTMO_2 中过渡金属的位置可以被更多元素替代，如 3d 过渡金属元素 Ti、Mn、Fe、Co、Ni 和 Cu，以及其他替代元素，如 Li、Mg、Al、Ru，甚至空位。不同元素的相互作用为设计和合成更多的钠离子层状氧化物材料提供了更广阔的机会。

阴离子氧化还原被认为是设计高容量 Na_xTMO_2 正极材料的新范例，就阴离子氧化还原中心而言，当 TM^{4d} 或 TM^{5d} 与非成键的 O^{2p} 发生强重叠时，Na_xTMO_2 中的阴离子氧化还原活性就会被释放，从而发生未被人们完全认识到的结构演化。

了解 P2 型和 O3 型钠离子层状结构的合成过程有助于合成具有理想原始结晶结构的先进电极材料，以用于高性能钠离子电池。[34]烧结过程的控制和优化对于确保制备具有稳定结构的阴极材料的高质量和一致性至关重要，因此采用了原位高能X射线衍射（HEXRD）来研究 $NaNi_{1/3}Fe_{1/3}Mn_{1/3}O_2$ 的相演化[35]。考虑到 P3 相在整个电化学过程中能保证较低的钠离子扩散障碍，从而比 O3 相具有更高的速率，因此用于合成稳定的 P 相是非常理想的。基于对烧结过程的理解，Lu 等人[36]通过在较低温度（700℃）下退火 15h 合成了纯 $P3\text{-}Na_{0.75}Mg_{0.08}Co_{0.10}Ni_{0.2}Mn_{0.60}O_2$（P3-MNCM）层状氧化物。这里从外部和内部影响因素的角度对调节结构稳定性的策略进行了梳理和总结，如图 7-5 所示。

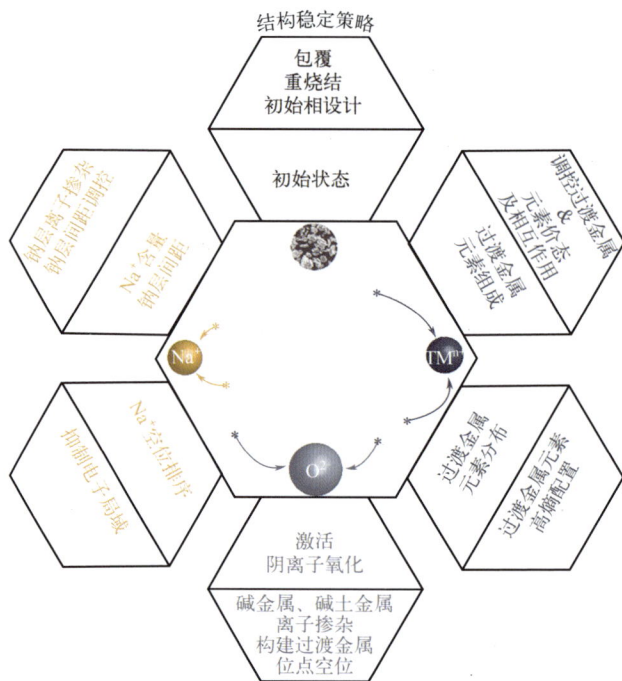

图7-5 根据外部和内部影响因素调节结构稳定性的策略

7.2 钠离子电池聚阴离子和普鲁士蓝及类似物正极材料

聚阴离子化合物正极材料具有坚固的框架结构、适中的体积变化和可调的电压，从而展现出优异的热稳定性和循环稳定性[37,38]。聚阴离子化合物的通式为$Na_xM_y[(XO_m)^{n-}]_z$，其中M代表铁、钴或镍等过渡金属元素，X代表磷、硫或硅等非金属元素[39]。根据聚阴离子基团的数量，可以将其分为单一聚阴离子和混合聚阴离子正极材料[40,41]。受到商业化锂离子电池中$LiFePO_4$应用的启发，低成本、环保且超长循环寿命的聚阴离子型钠离子电池成为未来电网规模能量存储的优选方案。本节综述了Fe基聚阴离子化合物正极材料，重点讨论了具有Fe^{2+}/Fe^{3+}或Fe^{3+}/Fe^{4+}氧化还原对的材料，这些材料在未来电网规模能量存储中有望实现商业化应用。

7.2.1 单一聚阴离子体系

7.2.1.1 钠铁磷酸盐

受到橄榄石型$LiFePO_4$在电动汽车动力电池领域的成功应用的启发[42]，具有

Fe^{2+}/Fe^{3+}氧化还原对的$Na_xFe_y(PO_4)_z$在过去几十年里受到了广泛的关注和研究。与$LiFePO_4$仅展现橄榄石结构不同，$NaFePO_4$展现出了橄榄石和Maricite两种结构（图7-6）[43]。橄榄石型$NaFePO_4$通常被认为是电化学活跃的，其FeO_6八面体通过共享顶点形成层状结构，并与PO_4四面体连接，沿c轴形成一维钠离子扩散通道。然而，由于其热稳定性较差，橄榄石型$NaFePO_4$无法直接通过传统的固相反应法合成，目前只能通过化学或电化学Li-Na交换用$LiFePO_4$制得，过程复杂且昂贵[44]。另一方面，Maricite型$NaFePO_4$早期被认为是电化学不活跃的[45]，但近年来的研究

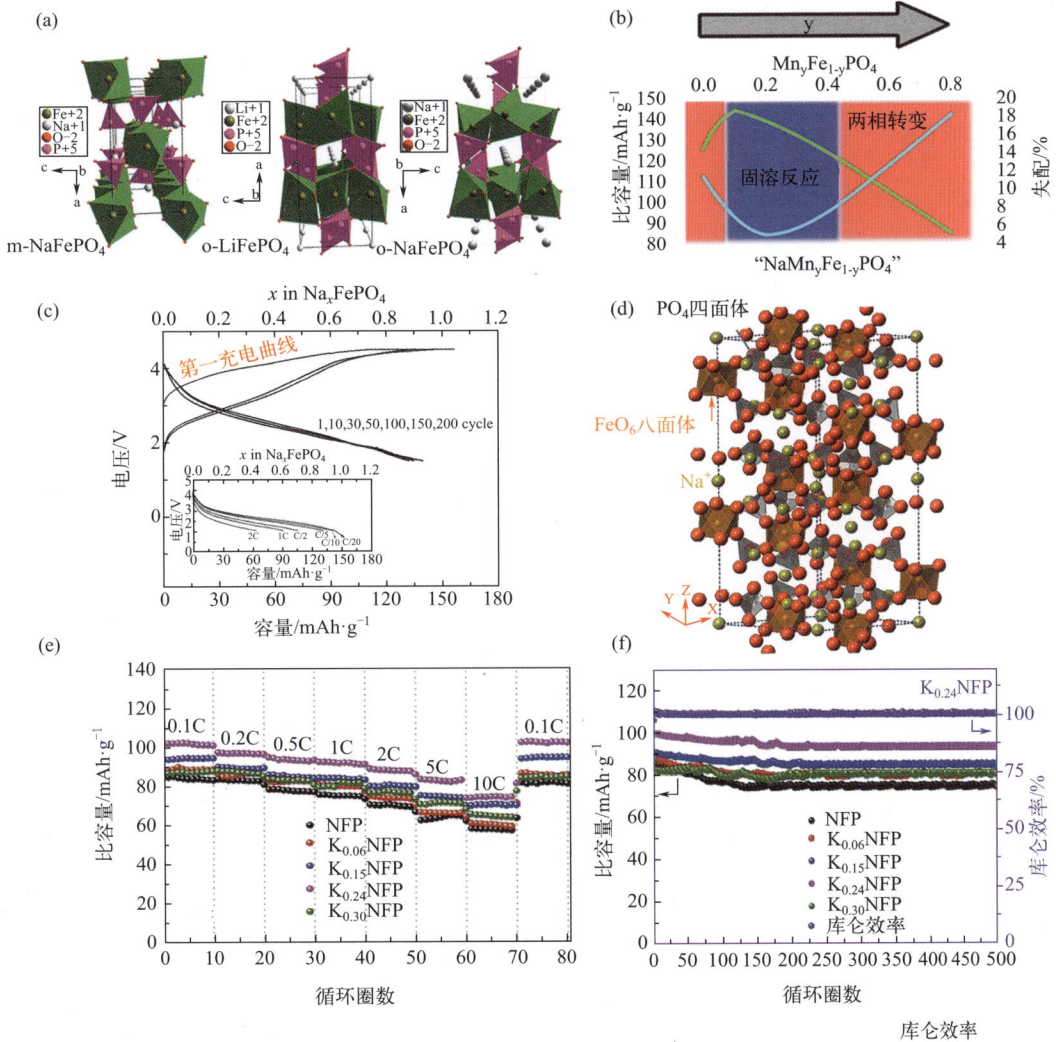

图7-6 （a）Maricite型$NaFePO_4$、橄榄石型$LiFePO_4$和橄榄石型$NaFePO_4$的晶体结构；（b）$NaMn_yFe_{1-y}PO_4$与$Mn_yFe_{1-y}PO_4$之间的充放电曲线比较；（c）Maricite型$NaFePO_4$在0.05C下的恒电流充放电曲线，插图展示了从0.05C到3C的倍率性能；（d）NASICON型$Na_3Fe_2(PO_4)_3$的晶体结构；（e）$K_{3x}Na_{3(1-x)}Fe_2(PO_4)_3$的倍率性能；（f）$K_{3x}Na_{3(1-x)}Fe_2(PO_4)_3$在1C下的长循环曲线

表明，当颗粒尺寸缩小到纳米尺度并逐渐转变为无定形$FePO_4$时，它能表现出优秀的电化学活性[46,47]。

NASICON型$Na_3Fe_2(PO_4)_3$通过固相反应法合成，具有开放的三维骨架结构和快速的钠离子扩散通道，但原始材料的可逆放电容量较低[48]。为了提高其性能，研究人员进行了碳修饰[49]和K掺杂[50]等改性研究，显著提高了其可逆容量和循环稳定性。Alluaudite型$Na_xFe_3(PO_4)_3$作为钠离子电池的正极材料也具有一定的电化学活性，然而该材料存在初始不可逆容量和快速容量衰减问题，这限制了其实际应用的潜力。为了解决这个问题，研究人员探索了各种改性方法，如碳包覆等[51,52]，以期提高其电化学性能。此外，层状$Na_3Fe_3(PO_4)_4$虽然作为正极材料时平均电位较低且可逆容量不高[53]，但其作为负极材料时表现出了优异的Na^+插入特性，因此可作为$NaTi_2(PO_4)_3$负极的替代材料[54]。

7.2.1.2　钠铁焦磷酸盐

受$Li_2FeP_2O_7$在锂离子电池中优异表现的启发，钠铁焦磷酸盐（$NaFeP_2O_7$）及其相关化合物在钠离子电池领域引起了广泛关注。$NaFeP_2O_7$存在低温相Ⅰ-$NaFeP_2O_7$和高温相Ⅱ-$NaFeP_2O_7$两类，其中，Ⅰ-$NaFeP_2O_7$在高温下会不可逆地转变为Ⅱ-$NaFeP_2O_7$[55,56]。然而，由于钠离子电池性能不佳，大部分研究集中在了钠铁焦磷酸盐的磁性上[57,58]。

$Na_2FeP_2O_7$由Barpanda等人[59]于2012年首次合成，具有比$NaFePO_4$更强的电负性，工作电压高达2.98V，但容量较低，约为$90mA \cdot h \cdot g^{-1}$[60]，其结构由$FeO_6$八面体和$PO_4$四面体组成，形成了快速钠离子扩散通道［图7-7（a）］。与橄榄石型$NaFePO_4$不同，$NaFeP_2O_7$在充电状态下，直至600℃也不会发生分解或氧气演化，只有在560℃左右时发生从三斜（P'1）到单斜（P2$_1$/c）的相变［图7-7（b）］[61]。通过碳包覆和构建导电网络，Chen等人[62]将$Na_2FeP_2O_7$固定在三维还原氧化石墨烯框架上，显著提高了其电化学性能。

非化学计量的$Na_{4-\alpha}Fe_{2+\alpha/2}(P_2O_7)_2$是另一种有竞争力的钠离子电池正极候选材料。其中，$Na_{3.12}Fe_{2.44}(P_2O_7)_2$显示出了较低的可逆容量和$Fe^{2+}/Fe^{3+}$氧化还原电位[63]。为解决其固有导电性差的问题，研究人员采用了多种纳米化和碳包覆方法，如MWCNT、PG、rGO等，以提高其容量和循环稳定性[64-68]。然而，由于对湿气和CO_2的敏感，$Na_{3.12}Fe_{2.44}(P_2O_7)_2$在高倍率充放电和长时间循环中出现了容量衰退和循环不稳定。因此，减少表面敏感性并提高导电性成为研究重点。

$Na_{3.32}Fe_{2.34}(P_2O_7)_2$比$Na_{3.12}Fe_{2.44}(P_2O_7)_2$更耐湿气和$CO_2$氧化，但存在结构不稳定和充电过程中电位下降的问题。研究人员通过碳包覆和离子掺杂等方法，如向Na^+位点和Fe^{2+}位点掺入K^+和Mg^{2+}，提高了其电化学性能[69,70]。此外，$Na_7Fe_{4.5}(P_2O_7)_4$@C和$Na_{3.64}Fe_{2.18}(P_2O_7)_2$@C也在半电池和全电池中展现出了优异的倍率性能和循环稳定性[71-73]。

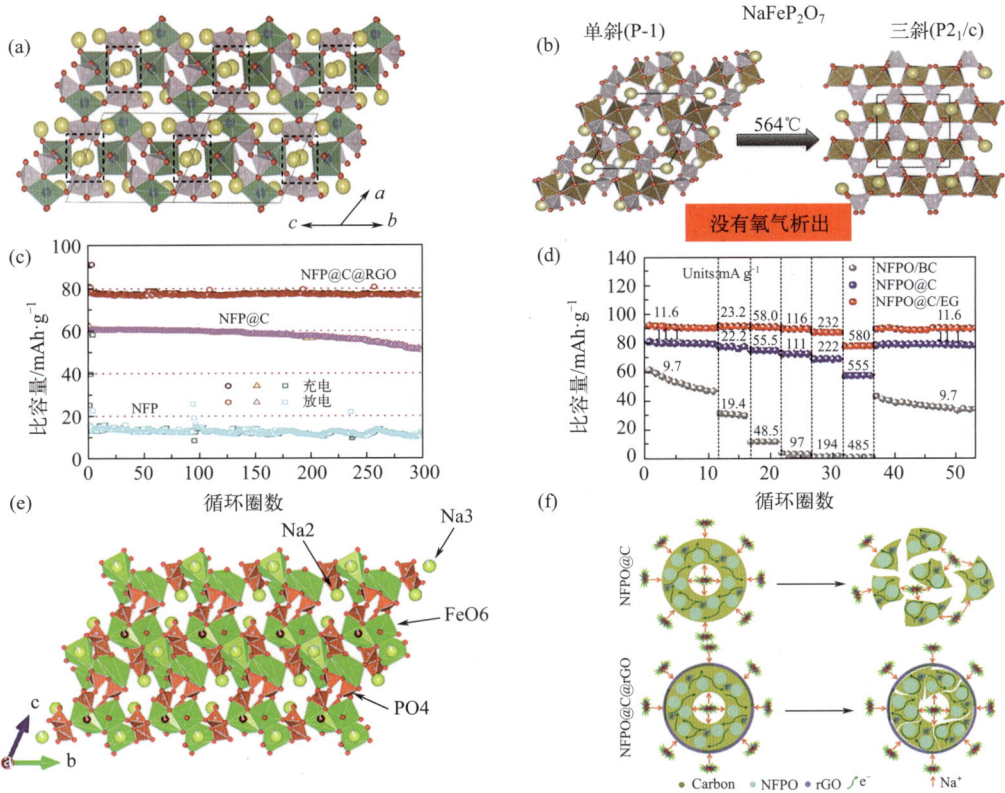

图7-7 （a）$Na_2FeP_2O_7$的结构示意图，展示了其三维钠离子扩散通道；（b）α-$NaFeP_2O_7$（单斜$P2_1/c$）和β-$NaFeP_2O_7$（三斜$P'1$）在564℃以上的相变；（c）$Na_2FeP_2O_7$、$Na_2FeP_2O_7$@C和$Na_2FeP_2O_7$@C@rGO在1C下的循环性能；（d）$Na_2FeP_2O_7$@C/EG、$Na_2FeP_2O_7$@C和$Na_2FeP_2O_7$/BC的倍率性能；（e）$Na_{3.12}Fe_{2.44}(P_2O_7)_2$的晶体结构；（f）$Na_{3.12}Fe_{2.44}(P_2O_7)_2$@C@rGO和$Na_{3.12}Fe_{2.44}(P_2O_7)_2$@C复合材料的充电转移和离子扩散路径示意图

7.2.1.3 钠铁硫酸盐

Prabeer等人[74]首次宣布在氩气保护气氛中通过低温固态法合成了Alluaudite型$Na_{2+2x}Fe_{2-x}(SO_4)_3$（$x$=0.25～0.3），该材料可逆容量虽有限，但具有最高的Fe^{2+}/Fe^{3+}氧化还原电位和优异的倍率动力学。其晶体结构中的FeO_6八面体构成Fe_2O_{10}二聚体，SO_4四面体连接成三维框架，为钠离子扩散提供通道［图7-8（a）］。与$LiFePO_4$相比，$Na_{2.56}Fe_{1.72}(SO_4)_3$的离子和电子导电性更高。虽然Na3位点的$Na^+$迁移性较高，但通道易受结构缺陷影响，倍率性能归因于高维迁移网络的交联效应[75]［图7-8（b）］。Oyama等人[76]研究了Na_2SO_4-$FeSO_4$体系的相平衡，发现$Na_6Fe(SO_4)_4$和Alluaudite型$Na_{2+2x}Fe_{2-x}(SO_4)_3$为稳定相。非化学计量的$Na_{2-2x}Fe_{2-x}(SO_4)_3$化合物具有相同结构，但氧化还原电位不同。Dwibedi等人[77]通过溶剂热法合成了可调大小的$Na_{2.14}Fe_{1.8}(SO_4)_3$正极。Oyama等人[78]通过多种技术研究了$Na^+$插层机制，发现初始充电过程中钠离子迁移导致结构重新排列，但随后的循环中Fe^{3+}/Fe^{2+}的氧化还原可

逆性保持稳定。Watcharatharapong等人[79]采用第一性原理计算揭示了N_xF_yS（y=2、1.75、1.5）的结构演变和电化学行为，发现非化学计量程度的增加提高了比容量和结构可逆性，但高迁移能导致结构重排，成为初始充放电不可逆峰值的根本原因。

为了提高该材料的实用性，需要通过一定的改性手段来提升$Na_2Fe_2(SO_4)_3$材料较差的电导率和不足的空气稳定性。借鉴锂离子电池（LIB）正极材料的研究，常规的改性方法主要包括以下几种。一种是元素掺杂，可以在原子层面调整电极材料的组成，改变材料的带隙，并提高电极的内在导电性。Araujo等人[80]研究了$Na_2M_2(SO_4)_3$（M=Fe,Ni,Mn）体系，根据DFT研究，当Ni和Mn离子引入到$Na_2M_2(SO_4)_3$的晶格中时，氧的p轨道会更接近费米能级［图7-8（c）～（e）］。研究假设，接近费米能级的氧原子能够通过阴离子氧化还原有效参与电极反应，从而使容量略有提升。另一种改性手段是碳包覆，通过在材料外部引入一层或多层

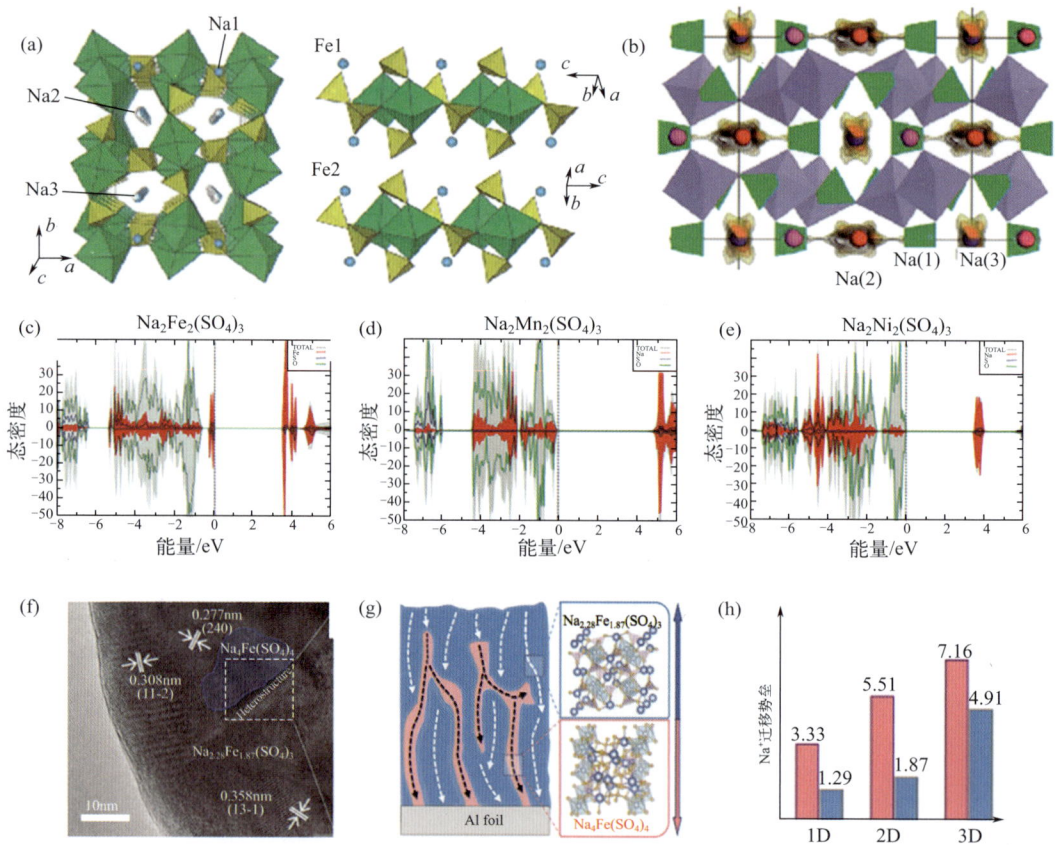

图7-8 （a）$Na_2Fe_2(SO_4)_3$沿c轴的结构及两个独立Fe位点的局部环境，蓝色球体、黄色四面体和绿色八面体分别代表Na、SO4和FeO6；（b）钠离子传输路径的键价位点能量模型，叠加在$Na_{2+d}Fe_{2-d/2}(SO_4)_3$的结构模型上，投影在$a$-$b$平面；（c）～（e）$Na_2Fe_2(SO_4)_3$、$Na_2Mn_2(SO_4)_3$和$Na_2Ni_2(SO_4)_3$的态密度图；（f）原始状态的HAADF-STEM图像；（g）异质结构示意图；（h）钠离子沿不同方向的迁移势垒

碳，不仅可以有效增强活性颗粒表面的电子导电性，还能抑制颗粒的团聚、减小颗粒尺寸以及缩短离子传输距离，从而提升电极材料的倍率性能。Chen 等人[81]采用冷冻干燥法合成了氧化石墨烯包覆的 $Na_2Fe_2(SO_4)_3$@C@GO 材料，在 0.1C 时提供了 107.9mA·h·g^{-1} 的放电容量，并且在 0.2C 下循环 300 次后容量保持率仍超过 90%。Hou 等人[82]通过固态法合成了碳包覆的 $Na_{2.4}Fe_{1.8}(SO_4)_3$@C 复合材料，其纳米颗粒直径约为 100nm，材料的电导率成功提升至 $7.91×10^{-2}$S·cm^{-1}，在 1C 下的放电容量为 100.2mA·h·g^{-1}，并在 100 次循环后保持大于 95% 的容量保持率。最后一种，介观结构调控也是改善材料电化学性能的重要手段。最近，Zhang 等人[83]通过调控材料的异质结构和暴露晶面提高了钠离子储存性能。通过高角环形暗场扫描透射电子显微镜（HAADF-STEM）观察到颗粒内部存在晶界［图 7-8（f）］。晶界两侧钠离子的扩散过程可以分为两种：蓝色区域代表的 $Na_{2.26}Fe_{1.87}(SO_4)_3$ 相中的扩散和红色区域代表的 $Na_6Fe(SO_4)_4$ 相中的扩散。前者具有更高的工作电压，而后者则具备更快的离子扩散速率［图 7-8（g）］。通过物化表征与理论计算表明，在 $Na_{2.26}Fe_{1.87}(SO_4)_3$ 中引入 $Na_6Fe(SO_4)_4$ 相的异质结构能够密化钠离子迁移通道并降低能垒［图 7-8（h）］，从而促进离子动力学性能。用于 SIB 的铁基单一聚阴离子电极材料的电化学性能概述见表 7-1。

表 7-1　用于 SIB 的铁基单一聚阴离子电极材料的电化学性能概述

材料	制备方法	结构	比容量/mA·h·g^{-1}	循环性能
NaFePO$_4$	Li-Na 交换	Olivine Orthorhombic (pnma)	125(0.05C)	约 100%(50 次,0.05C)
NaFePO$_4$@C	Li-Na 交换	Olivine Orthorhombic (pnma)	100(0.1C)	90%(100 次,0.1C)
	Li-Na 交换	Olivine Orthorhombic (pnma)	111(0.1C)	90%(240 次,0.1C)
	固相反应	Maricite	142(0.05C)	95%(200 次,0.05C)
	静电纺丝	Maricite	145(0.2C)	89%(6300 次,5C)
Na$_{0.67}$FePO$_4$@CNT	溶剂热法	Alluaudite	143(5mA·g^{-1})	约 100%(50 次,5mA·g^{-1})
Na$_{0.6}$Fe$_{1.2}$PO$_4$	固相反应	Orthorhombic	85(0.05C)	82.4%(50 次,0.05C)
	固相反应	Orthorhombic	110(0.05C)	97.3%(1000 次,1C)
Na$_{0.71}$Fe$_{1.07}$PO$_4$	溶剂热法	Orthorhombic	140(0.1C)	约 100%(5000 次,20C)
Na$_3$Fe$_2$(PO$_4$)$_3$	固相反应	NASICON	61(0.2C)	93.4%(500 次,1C)
	溶胶-凝胶法	NASICON	92.5	93%(200 次,20mA·g^{-1})
	喷雾干燥法	NASICON	100.8(0.1C)	60m·Ah·g^{-1}（1100 次,10C）
Na$_3$Fe$_2$(PO$_4$)$_3$@C	固相反应	NASICON	109(0.1C)	96%(200 次,1C)
Na$_3$Fe$_2$(PO$_4$)$_3$@MCNT	固相反应	NASICON	101(0.1C)	95% (500 次,10C)
K$_{0.24}$Na$_{2.76}$Fe$_2$(PO$_4$)$_3$	固相反应	NASICON	101.3(10mA·g^{-1})	96%(500 次,100mA·g^{-1})

续表

材料	制备方法	结构	比容量/ $mA \cdot h \cdot g^{-1}$	循环性能
$Na_{1.86}Fe_3(PO_4)_3$	水热合成	Alluaudite	$109(5mA \cdot g^{-1})$	$95mA \cdot h \cdot g^{-1}$(100 次,$5mA \cdot g^{-1}$)
$Na_{1.702}Fe_3(PO_4)_3$	水热合成		140(0.05C)	93%(50次,0.05C)
$Na_{1.47}Fe_3(PO_4)_3$	固相反应		108(0.1C)	—
$Na_3Fe_3(PO_4)_4$	液相燃烧法	Layered	50(0.02C)	—
$Na_4Fe_7(PO_4)_6@C$	喷雾干燥法	Xenophyllite	$66.5(5mA \cdot g^{-1})$	约100%(1000次,$200mA \cdot g^{-1}$)
$Na_2FeP_2O_7@C@EG$	溶胶-凝胶法	Triclinic(P′1)	$82(232mA \cdot g^{-1})$	$82mA \cdot h \cdot g^{-1}$ (400次,$232mA \cdot g^{-1}$)
$Na_2FeP_2O_7$	飞溅燃烧		90(0.05C)	—
	液相合成		92(0.1C)	$81mA \cdot h \cdot g^{-1}$(500次,1C)
	固相反应	Monoclinic	81(0.1C)	93.3%(140次,0.5C)
$Na_2FeP_{1.95}B_{0.05}O_7@C$	液相/高温固相反应	Monoclinic	74.8(1C)	91.8%(100次,1C)
$Na_2Fe_{0.95}Mg_{0.05}P_2O_7@C$	固相反应	Triclinic(P′1)	90(0.1C)	100%(100次,1C)
$Na_{3.12}Fe_{2.44}(P_2O_7)_2$	固相反应	Triclinic(P′1)	85	—
	溶胶-凝胶法		104(0.5C)	93.1%(500次,10C)
	—		80(6C)	93.6%(200次,6C)
	溶胶-凝胶法		130(0.1C)	70%(6000次,50C)
$Na_{3.12}Fe_{2.44}(P_2O_7)_2/MWCNTs$	固相反应		104.6(0.04C)	$62.3mA \cdot h \cdot g^{-1}$(26次,0.5C)
$Na_{3.12}Fe_{2.44}(P_2O_7)_2/PG$	水热辅助溶胶-凝胶法		120(0.2C)	$114mA \cdot h \cdot g^{-1}$(50次,0.2C)
$Na_{3.12}Fe_{2.44}(P_2O_7)_2/C/rGO$	静电纺丝		$99(40mA \cdot g^{-1})$	—
	溶胶-凝胶法		92(2C)	70%(5000次,10C)
$Na_{3.12}Fe_{2.44}(P_2O_7)_2@C$	快速燃烧合成		107(0.05C)	95%(200次,2C)
$Na_{3.12}Fe_{2.44}(P_2O_7)_2@rGO$	海藻衍生合成		116.1(0.1C)	88.82%(5000次,20C)
$Na_{3.12}Fe_{2.44}(P_2O_7)_2$-5%Mg	乙二醇辅助溶胶凝胶法		110.5(0.1C)	79.1%(3000次,20C)
$Na_{3.32}Fe_{2.34}(P_2O_7)_2@C$	—		100(0.1C)	92.3%(300次,0.5C)
$Na_{3.32}Fe_{2.34}(P_2O_7)_2@SC$	溶胶-凝胶法		112.2(0.5C)	93.9%(1000次,5C)
$Na_{3.32}Fe_{2.11}Mg_{0.23}(P_2O_7)_2$	球磨法		95(0.1C)	98%(1000次,1C)
$Na_{2.99}K_{0.33}Fe_{2.34}(P_2O_7)_2$	球磨法		86(0.1C)	83%(1000次,1C)
$Na_{3.32}Fe_{2.11}Ca_{0.23}(P_2O_7)_2$	固相反应		100(0.1C)	81.7%(1000次,1C)
$Na_7Fe_{4.5}(P_2O_7)_4$	固相反应		104.8(1.5C)	93.8%(650次,1.5C)
$Na_7Fe_{4.5}(P_2O_7)_4@C$	溶胶-凝胶法		105(0.1C)	93.1%(1000次,1C)
$Na_{3.64}Fe_{2.18}(P_2O_7)_2@C$	溶胶-凝胶法		99(0.2C)	96%(1000次,10C)

续表

材料	制备方法	结构	比容量/ $mA \cdot h \cdot g^{-1}$	循环性能
$Na_2Fe(SO_4)_2 \cdot 4H_2O$	—	Bloedite	100(0.02C)	—
$Na_2Fe(SO_4)_2 \cdot 2H_2O$	—	Monoclinic (P2$_1$/c)	70(0.05C)	—
$NaFe(SO_4)_2$	—	Monoclinic (C12/m1)	—	$78mA \cdot h \cdot g^{-1}$(80次,0.1C)
$Na_2Fe_2(SO_4)_3$	固相反应	Alluaudite	102(0.05C)	—
$Na_{2.4}Fe_{1.8}(SO_4)_3$	离子热法		80(0.05C)	85%(50次,0.05C)
$Na_2Fe_2(SO_4)_3$@C@GO	冷冻干燥法		107.9(0.1C)	90%(300次,0.2C)
$Na_{2+2x}Fe_{2-x}(SO_4)_3$@N-rGO	共沉淀	Monoclinic	93.2(0.1C)	83%(400次,10C)
$Na_{2-2x}Fe_{2-x}(SO_4)_3$-G2	固相反应		106(0.1C)	98%(700次,1C)
$Na_{2.5}Fe_{1.75}(SO_4)_3$			80(0.1C)	$75mA \cdot h \cdot g^{-1}$(250次,0.1C)
$Na_2Fe_2(SO_4)_3$@C	水相合成	Monoclinic(C2/c)	80(0.1C)	90%(50次,0.1C)
$Na_6Fe_5(SO4)_8$@5%CNT	球磨法	Alluaudite	110.2(0.1C)	$87.4mA \cdot h \cdot g^{-1}$(1000次,2C)

7.2.2　混合聚阴离子体系

7.2.2.1　钠铁磷酸盐－焦磷酸盐

　　Kim 等人在 2012 年首次通过简单的固态法合成了 $Na_4Fe_3(PO_4)_2P_2O_7$，以研究混合磷酸盐是否具有优越的电化学性能。尽管与 $Na_2FeP_2O_7$ 和 $NaFePO_4$ 相比，$Na_4Fe_3(PO_4)_2P_2O_7$ 的相对分子质量较高，但由于其可逆的三钠离子去插层，仍然具有 $105mA \cdot h \cdot g^{-1}$ 的比容量和 3.2V 的平均电压。其晶体结构被确定为是 NASICON 结构的一部分，其中 $[Fe_3P_2O_{13}]$ 形成与 b-c 平面平行的层状结构，随后 P_2O_7 沿 a 轴连接这些层，形成三维网络，最终在 b 轴方向上形成一维钠离子扩散通道 [图7-9（a）][84]。Fernandez 等人研究了 $Na_4Fe_{2.91}(PO_4)_2P_2O_7$ 在水系电解液中的电化学性能，以进一步了解混合磷酸盐的实际表现。尽管钠离子电池中的水系电解液的电化学窗口较窄，但其容量与使用有机电解液时几乎相同 [图7-9（b）]。该结果与水系电解液中的较小过电位（仅为 0.07V）有关，这源于电解液的较低黏度和没有固体渗透相[85]。碳装饰和离子掺杂可能显著促进 NASICON 型 $Na_4Fe_3(PO_4)_2P_2O_7$ 在钠离子电池中的应用。在 Cao 等人[86] 的研究中，通过简单的喷雾干燥法制备了 NFPP，并采用多层碳纳米管包覆技术对其进行改性，在 $0.05mV \cdot s^{-1}$ 的扫描速率下，其循环伏安（CV）曲线显示出 6 对氧化还原峰，分别位于 2.47/2.51V、2.84/2.97V、3.02/3.09V、3.08/3.15V、3.14/3.21V 和 3.20/3.26V [图7-9（d）]。这些电位值非常接近 NFPP 中 Fe^{3+}/Fe^{2+} 氧化还原对的平衡电位。初始充电容量高达 $115.7mA \cdot h \cdot g^{-1}$，达到理论容量的89.6%，且库伦效率为99.7%［图7-9（e）］。在2C下循环1200次后容量保持为92.8mA·h·g^{-1}，整个循环过程中的库伦效率均超过99%［图7-9（f）］。此外，多阳离子组合的高熵掺杂在晶体结构调控中引起了广泛关注。Li等人[87]提出了一种熵增强的Na$_4$Fe$_{2.95}$(NiCoMnMgZn)$_{0.01}$(PO$_4$)$_2$P$_2$O$_7$（HE-NFPP）正极材料，其表现出优异的倍率性能（在50C倍率下容量为67.1mA·h·g^{-1}）和循环性能（在1C下循环1000次后容量保持率为92.0%）。通过原位XRD研究显示，HE-NFPP的钠存储机制为由Fe^{2+}/Fe^{3+}氧化还原对驱动的不完全固溶反应，体积变化仅为4.0%。高熵掺杂有效抑制了结构畸变和突然的重排现象。最近，Xin等人[88]通过固态反应掺杂钴（Co）和锰（Mn）元素，制备了高电压的Na$_4$Co$_{0.5}$Mn$_{0.5}$Fe$_2$(PO$_4$)$_2$P$_2$O$_7$（NCMFPP）。研究发现，NCMFPP在0.1C（1C=129mA·g^{-1}）时的初始放电容量高达139mA·h·g^{-1}，

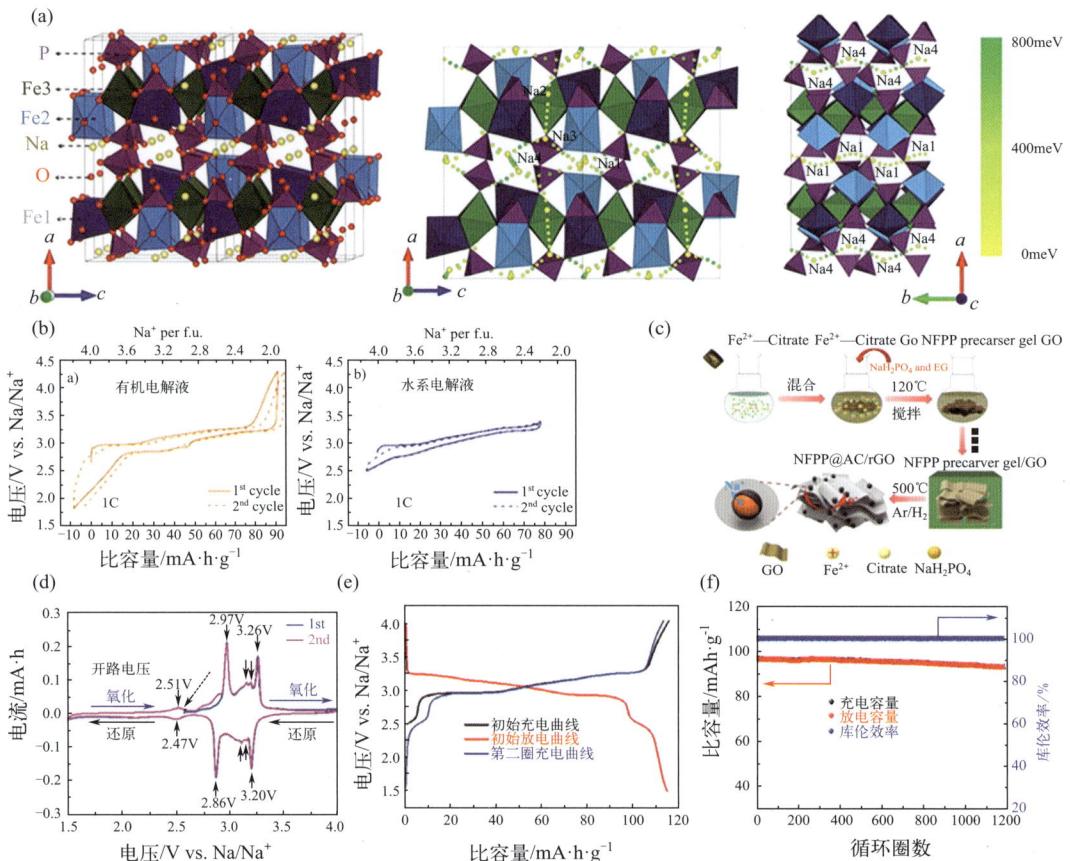

图7-9 （a）Na$_4$Fe$_3$(PO$_4$)$_2$P$_2$O$_7$的晶体结构和钠离子扩散路径；（b）在1C倍率下，Na$_{4-\delta}$Fe$_3$(PO$_4$)$_2$P$_2$O$_7$在水性电解液电池和有机电解液电池中循环的恒电流曲线比较，水性电解液电池在3.4～2.5V之间循环（相对于Na$^+$/Na），有机电解液电池在1.8～4.3V之间循环（相对于Na$^+$/Na）；（c）通过溶胶-凝胶法合成NFPP@AC/rGO的过程；（d）改性NFPP的循环伏安（CV）曲线；（e）改性NFPP的前两次充放电曲线；（f）改性NFPP的2C长循环性能

表现出优异的倍率性能（在10C时容量高达75mA·h·g⁻¹），并且在10C下循环2000次后容量保持率达到65.2%。

7.2.2.2　钠铁磷酸盐－硫酸盐

混合磷酸盐的成功引起了对磷酸盐-硫酸盐混合聚阴离子材料的关注。Shiva等人首次报道了通过低温工艺合成$NaFe_2PO_4(SO_4)_2$，其属于NASICON结构，在0.1C下的容量约为100mA·h·g⁻¹，电压范围为2～4V，并且在50次循环后库仑效率约为100%，且随着循环次数的增加，容量有所提高。这一现象可能是电极形貌未优化导致的老化现象[89]。Yahia等人进一步通过固态反应法制备了纯$NaFe_2PO_4(SO_4)_2$，并通过SAED和HRTEM验证了其晶体结构为NASICON[图7-10（a）]。电化学测试表明，其电压为3V，放电容量为89mA·h·g⁻¹，相当于在C/20的速率下插入约1.4个Na^+离子[图7-10（b）][90]。Li等人通过向Na^+位点掺入Ca^{2+}，制备了$Na_{1-2x}Ca_xFe_2PO_4(SO_4)_2$（$x$=0, 0.06, 0.08, 0.10），该材料的电化学性能优于$NaFe_2PO_4(SO_4)_2$，在25mA·g⁻¹电流密度下，$Na_{0.84}Ca_{0.08}Fe_2PO_4(SO_4)_2$的首次充电容量达到121.6mA·h·g⁻¹，远高于$NaFe_2PO_4(SO_4)_2$的104.3mA·h·g⁻¹[图7-10（c）]。

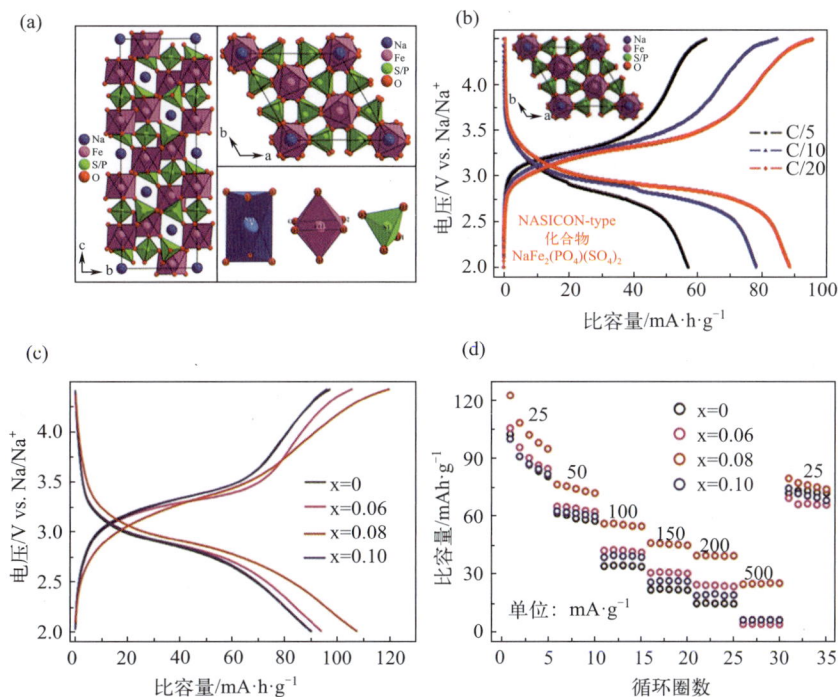

图7-10 （a）$NaFe_2PO_4(SO_4)_2$晶体结构沿a轴、c轴的投影视图，以及Na、Fe和S原子的配位情况；（b）在不同倍率下，$NaFe_2PO_4(SO_4)_2$的充放电曲线，电压范围为2～4.5V（相对于Na^+/Na）；（c）在25mA·g⁻¹电流密度下的GCD曲线；（d）$Na_{1-2x}Ca_xFe_2PO_4(SO_4)_2$（$x$=0，0.06，0.08，0.10）的倍率性能

即使在500mA·g^{-1}电流密度下，Na$_{0.84}$Ca$_{0.08}$Fe$_2$PO$_4$(SO$_4$)$_2$的放电比容量仍为24mA·h·g^{-1}［图7-10（d）］[91]。Salame等人通过超声波和间接微波加热技术制备了纯相NaFe$_2$PO$_4$(SO$_4$)$_2$化合物，粒径小于250nm。与传统固态反应法中12～18h的较长反应时间和550℃的中等反应温度不同，该方法将反应时间缩短至6h，反应温度降至450℃，且有效提高了合成效率[92]。然而，NaFe$_2$PO$_4$(SO$_4$)$_2$在30～250℃的温度范围内的导电性较低。总的来说，仍需在纳米结构、离子掺杂、碳涂层和创新合成方法等方面进一步努力，以实现高倍率和长循环所需的充分容量。

表7-2　用于SIB铁基混合聚阴离子电极材料的电化学性能概述

材料	制备方法	结构	比容量/mA·h·g^{-1}	循环性能
Na$_4$Fe$_3$(PO$_4$)$_2$P$_2$O$_7$	固相反应	Orthorhombic(Pn2$_1$a)	129	86%(100次,0.2C)
			84(1C)	74%(50次,1C)
	液相燃烧法		118(0.1C)	118mA·h·g^{-1}(500次,1C)
Na$_4$Fe$_3$(PO$_4$)$_2$P$_2$O$_7$@rGO	喷雾干燥法		128(0.1C)	62.3%(6000次,10C)
Na$_4$Fe$_3$(PO$_4$)$_2$P$_2$O$_7$@NaFePO$_4$@C	溶胶-凝胶法	Orthorhombic(Pn2$_1$a)/Orthorhombic(Pmnb)	136(0.1C)	96mA·h·g^{-1}(6000次,10C)
Na$_4$Fe$_3$(PO$_4$)$_2$P$_2$O$_7$@C	模板法	Orthorhombic(Pn2$_1$a)	128.5(0.2C)	63.5%(4000次,10C)
Na$_4$Fe$_{2.91}$(PO$_4$)$_2$P$_2$O$_7$	喷雾干燥法		110.9(0.2C)	65mA·h·g^{-1}(1000次,50C)
Na$_3$Fe$_2$PO$_4$P$_2$O$_7$/r-GO	喷雾干燥法	NASICON	110.2(0.1C)	89.7%(6400次,20C)
	砂磨和喷雾干燥		105.5(0.2C)	72.4%(8000次,20C)
NaFe$_2$PO$_4$(SO$_4$)$_2$	低温反应	NASICON(R-3c)	90(0.1C)	100mA·h·g^{-1}(50次,0.1C)
Na$_{0.84}$Ca$_{0.08}$Fe$_2$PO$_4$(SO$_4$)$_2$	固相反应		121.6(25mA·g^{-1})	55%(100次,50mA·g^{-1})

7.2.3　钠离子电池普鲁士蓝及其类似物正极材料

普鲁士蓝（PB）及普鲁士蓝类似物（PBA）属于氰基桥联配位聚合物，其典型化学式为Na$_x$M[Fe(CN)$_6$]$_y$·□$_{1-y}$·nH$_2$O，其中M代表过渡金属（如Fe、Mn、Ni、Co、Cu等），□代表Fe(CN)$_6$空位。特别是当M位为Fe元素时，称为典型的普鲁士蓝。通过过渡金属离子掺杂技术，可以调整其化学成分和结构。三维框架中的两个氧化还原位点和大内部空间保证了高容量、快速钠离子传输和稳定的晶体结构的理论可行性[93,94]。因此，在过去的几年里，普鲁士蓝及普鲁士蓝类似物作为正极材料在钠离子电池甚至更大尺寸的钾离子电池中得到了广泛研究。

7.2.3.1　普鲁士蓝存在的挑战

由于原子配位的特性，具有完美框架的普鲁士蓝和普鲁士蓝类似物在钠离子电池中可以表现出优异的电化学性能。然而，实际的PB和PBA材料很难达到高容量、高倍率性能、长循环寿命和低极化电压的理想性能。框架中Fe(CN)$_6$空位的晶体缺陷是SIB中电化学性能下降的主要原因[95-97]，解决晶体缺陷问题的根本途径是在材料合成过程中减少甚至消除Fe(CN)$_6$空位的出现。另一种抑制现有Fe(CN)$_6$空位影响的策略是构建保护界面，以减缓正极材料与电解质接触带来的负面影响。

PB和PBA框架中结晶水的存在也是SIB研究中一个棘手的问题。PB和PBA中的结晶水包括三种类型：吸附水、间隙（沸石）水和配位水。PB和PBA表面的吸附水可以通过加热过程轻松去除[98]，然后，在组装电池之前，将无吸附水的PB和PBA保存在惰性气氛中，就很容易地消除了吸附水的负面影响。然而，由于与PB和PBA框架存在更强的物理和化学键合，间隙水和配位水在材料合成过程中通过低于120℃的常规干燥程序难以去除。对于间隙水，提高干燥温度至120℃以上可以降低其含量，但随着温度的升高，PB和PBA材料的损坏风险也越来越大。抑制间隙水的另一种方法是提高前驱体溶液中的钠离子浓度，以促进钠离子优先填充间隙位点。对于配位水，它不可避免地会在PB和PBA框架中产生，占据Fe(CN)$_6$空位，并通过强化学键与金属离子相连，因此配位水不能通过简单的干燥方法去除，因为相应的高温会在去除配位水时破坏稳定的框架。明智的策略是抑制Fe(CN)$_6$空位的出现，从而减少伴随的配位水。

7.2.3.2 普鲁士蓝制备及改性方法

普鲁士蓝（PB）及普鲁士蓝类似物（PBA）原料广泛且成本低，主要基于过渡金属离子与$[Fe(CN)_6]^{4-}$反应。常见化学试剂包括$Na_4Fe(CN)_6 \cdot 10H_2O$、过渡金属盐及辅助试剂。$K_4Fe(CN)_6 \cdot 3H_2O$或$K_3Fe(CN)_6$也用于提供离子，但$K^+$残留可能影响钠离子电池的性能。

制备PB和PBA主要有沉淀法和水热法[99]。沉淀法（直接、共沉淀和酸/光辅助）商业潜力大，但产物结晶度低、热稳定性不足。共沉淀法通过加入NaCl等提高Na^+浓度、降低空位含量，通过改性提升产物质量。水热法通常使用$Na_4Fe(CN)_6$溶液并需要添加盐酸，反应慢但可制得高质量PB，产率低且存在HCN挥发危险。水热法适用于实验室研究PB的结构、形态和钠存储机制，不适用于大规模生产。

作为SIB中的正极材料，高质量的PB和PBA需要满足实际应用对高容量、高倍率性能、长寿命和低电压极化的要求。为了提高普鲁士蓝及其类似物的电化学性能，研究者们开发了多种改性方法。这些方法包括螯合剂辅助溶液共沉淀法[100]、提高Na^+浓度[101]、元素掺杂[102]、表面修饰[103]等。通过改性，可以优化PBA的晶体结构，增加Na^+的存储位点，改善电子导电性，从而提高其循环稳定性和电化学性能。

普鲁士蓝作为钠离子电池的正极材料，具有广阔的应用前景。钠离子电池可应用于对能量密度要求较低的领域，如低速二轮车、储能系统和A00级车等。钠离子电池凭借其低成本和资源优势，有望渗透储能市场。例如，宁德时代发布的第一代钠离子电池，其正极材料采用了克容量较高的普鲁士白材料，电芯单体能量密度高达160Wh/kg，常温下充电15min，电量可达80%以上，在-20℃低温环境中，拥有90%以上的放电保持率。

7.3 钠离子电池负极材料

负极是钠离子电池的重要功能部件，提供低电位的氧化还原对。目前可用的钠离子电池负极材料主要包括碳基材料、合金类材料、基于转化反应的金属氧化物/硫化物、钛基化合物和有机化合物（图7-11）。

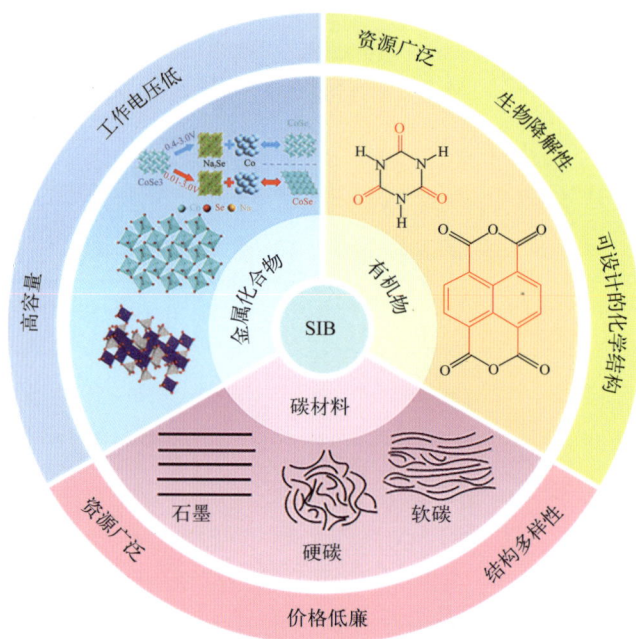

图7-11　钠离子电池负极分类[104]

7.3.1　碳基材料

碳基材料因其天然丰富性、可再生性和环境友好性成为钠离子电池最受欢迎的负极材料。石墨在20世纪80年代曾被研究用于钠离子电池电极，但钠离子插入反应不显著，并且石墨比容量很低。软碳如石油焦、炭黑和沥青在钠离子电池中的容量有限。2011年下半年，随着对硬碳的研究，重新燃起钠离子电池的研究，多系列的硬碳，如蔗糖、纤维素、木材和花生壳，都被研究用作钠离子电池的负极材料，其性能超过 $300mA \cdot h \cdot g^{-1}$。近年来，碳基材料成为钠离子负极研究的热点[105,106]。

7.3.1.1　石墨

石墨是锂离子电池主要的负极材料，具有高质量容量和体积容量。在放电过程中，Li^+ 嵌入石墨层之间，形成具有不同转变阶段的锂-石墨层间化合物（Li-GIC）；当石墨层完全被 Li^+ 填充，也就是在电化学还原过程结束时，形成 LiC_6。当石墨作为钠离子电池负极材料时，石墨层与 Na^+ 之间的晶格失配为 Na^+ 进入石墨造成了很大的阻碍，许多离子可以插入石墨中形成石墨嵌入化合物（GIC）。碱金属 GIC 的形成能如图 7-12（a）所示，Na-GIC 形成能为正值时，这些化合物会自发分解成钠和石墨，即钠插入石墨的电压低于 0V。虽然从实验和理论上均表明钠不能进入石墨中形成 NaC_6 或 NaC_8，但研究人员仍为石墨作为钠离子电池的负极材料而努力，碱金属离子的大小绝对不是关键问题，石墨夹层间距不足是钠离子不可插入石墨的一个原因。石墨的层间间距约为 3.4Å，当锂或钠以 LiC_6 或 NaC_6 沉淀在层间时，理论上的间距分别为 3.6Å 和 4.5Å [图 7-12（b）]。对于 LiC_6，间距从 3.6Å 减小到 3.4Å 只会增加 0.03eV 能量。而对于假设的 NaC_6，当间距从 4.5Å 减小到 3.4Å 时，能量增加估计为 0.12eV。

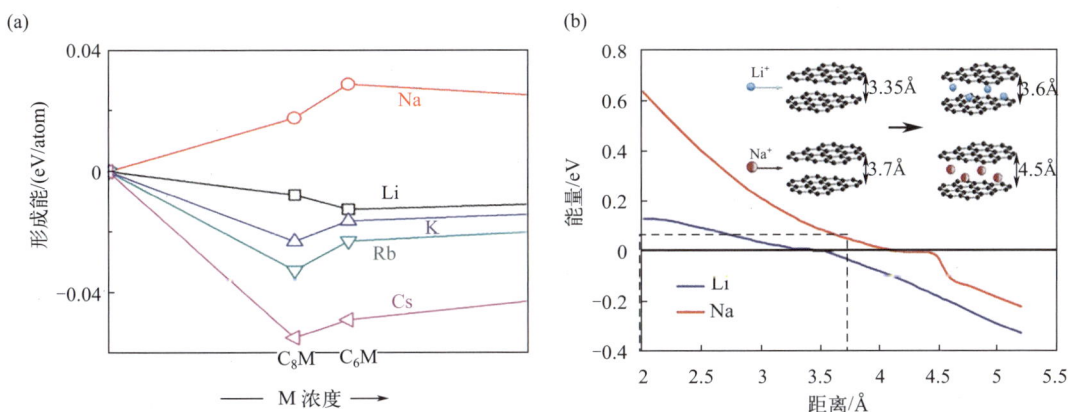

图 7-12　（a）碱金属-GIC 的计算形成能；[107]（b）Na^+ 和 Li^+ 插入碳中的理论能量与碳层间距的函数关系[108]

虽然 Na^+ 插入石墨需要更高的能量，从理论来说不太可能实现，但 Adelhelm 等人[109]首次报道了石墨作为钠离子电池负极在二甘醇二甲醚基电解质中存在电化学活性。Na^+ 和二甘醇二甲醚分子可以共同嵌入进石墨，放电时的平均电压约为 0.8V vs.Na^+/Na，容量约为 $100mA \cdot h \cdot g^{-1}$。由于 Na^+ 和二甘醇二甲醚的共嵌入，石墨的层间距离增加到 3.9Å，但在层间距超过 3.7Å 时，没有检测到钠的进一步嵌入。钠和溶剂共插层有两个关键条件：钠-溶剂复合物应具有大的溶剂化能，并且其最低未占据分子轨道（LUMO）应高于石墨，否则溶剂会从钠中脱离出来，或者石墨会脱落。溶剂化能的界限值还未有报道，但是通过与常规碳酸酯和醚类溶剂的溶剂化能，可以初步判断某些溶剂是否可以共插层。在实际应用中，如果应用场景的需求在100mA·h·g^{-1}的容量和0.8V的平均电压下，可以使用石墨作为钠离子电池的负极。作为锂离子电池的负极，石墨具有372mA·h·g^{-1}的容量和0.2V的平均电压（基于LiC$_6$的最终产物计算），钠离子电池的竞争力显然是不足的。此外，对二甘醇二甲醚溶剂的严重依赖、对过量电解质的要求以及剧烈的体积变化(约350%)都不利于实际应用[110]。

7.3.1.2　软碳和硬碳

"软碳"是指可石墨化的碳，而"硬碳"是指不可石墨化的碳。从硬度的角度来看，软碳和硬碳没有明确的定义，因此无法从高分辨率透射电子显微镜（HRTEM）图像和X射线衍射（XRD）照片区分。根据经验法，可以使用残留氢与碳的原子比来估计某种碳质材料是软的还是硬的。如果大部分氢原子在初始加热阶段被释放（通常发生在1000℃以下），释放形成的孔和缺陷在高温煅烧后能留下来，即不可石墨化。研究人员通常以前驱体材料预测高温煅烧后碳的类型，源自化石燃料的碳质材料（焦炭、沥青等）通常被认为是软碳（可石墨化），而来自主要由碳水化合物和木质素组成的生物质通常被认为是硬碳（不可石墨化）[111]。

作为碳家族的重要成员，硬碳（非石墨碳）由于其高度无序的结构（例如缺陷和空位）和大的晶格间距而有利于钠的储存[112]。2000年，Dahn等人[113]通过热分解葡萄糖获得了硬碳，创新性地在钠离子电池中实现了300mA·h·g^{-1}的可逆比容量，使硬碳负极在钠离子电池的研究中得到了新的发展。硬碳是最有希望商业化的碳，因为它的容量通常在300mA·h·g^{-1}以上，首次循环库伦效率（ICE）在80%以上，接近于锂离子电池中石墨的性能。此外，硬碳可以由各种各样的前驱体碳合成，例如碳水化合物、木质素和多种聚合物。生物质含有大量的碳水化合物和木质素，经常被用作制造硬碳的前驱体。为了达到足够高的ICE，软碳通常要设计成高孔隙率和多缺陷，而硬碳则要求低孔隙率和少缺陷。因此，硬碳的制备一般需要高温处理（>1000℃），在此期间可能发生脱氢、缩合、氢转移和异构化等反应，并减少缺陷和减小表面积[114]。

研究人员对硬碳负极的储钠机理进行了大量的研究，已经提出了不同的反应模型[115,116]。Dahn[113]首次报道了Na$^+$插入无序硬碳的机制，即钠离子储存的"卡片屋"，由无序的硬碳结构中的两个域组成，没有阶段转变。事实上，当增加层间空间时，Na$^+$会插入平行的石墨烯片之间（在倾斜电压区），且Na$^+$填充了无序碳结构的纳米孔（在平台区）。Komaba等人[117]通过XRD和小角度X射线散射测量证实了硬碳钠化后的结构变化，表明Na$^+$可逆地嵌入无序堆积的石墨烯中。Bommier等人[118]提出了一种不同于硬碳中"卡片屋"模型的储钠机理，表明Na$^+$主要储存在缺陷位点

和用于孔隙填充。Stratford 等人[119]通过使用固态 NMR 光谱和 PDF 分析直接表明了 Na^+ 的插入机理，而且发现在合成过程中，控制孔的设计可以决定所形成的钠簇的大小，从而提高相对容量。

与非石墨化的硬碳相反，软碳具有较高的电子电导率，其石墨化程度和层间距可以通过热处理来调节。硬碳中的石墨烯层非常弯曲且不规整，而软碳中的石墨烯层曲率更小且规整性更好。软碳通常具有斜坡电压特性，最大容量约为 $200mA \cdot h \cdot g^{-1}$。热解形成的大部分软碳的充电容量高于 0.2V。与在 1600℃ 下获得的准石墨样品相比，在 900℃ 下获得的样品表现出更大的曲率，排列更不整齐。

7.3.2　合金类材料

7.3.2.1　钛基负极材料

尖晶石 $Li_4Ti_5O_{12}$ 在锂离子电池的锂嵌入/脱出过程中有微小的体积变化，从而具有优异的循环性能。赵等人[120]首次将 $Li_4Ti_5O_{12}$ 应用在钠离子电池负极中，其表现出 $145mA \cdot h \cdot g^{-1}$ 的可逆比容量，平均工作电压约为 1V。$Li_4Ti_5O_{12}$ 的储钠机制与储锂不同，不是形成单相 $Li_4Na_3Ti_5O_{12}$，而是 $LiNa_6Ti_5O_{12}$ 和 $Li_7Ti_5O_{12}$ 的混合物。虽然 $Li_4Ti_5O_{12}$ 是一种有前途的负极材料，但其低离子电导率和低电导率限制了其电化学性能。

TiO_2 因具有成本低、毒性低、稳定性好和资源丰富等优点而成为锂离子电池的插层材料。除了碱金属钛氧化物外，一些研究集中在金属氧化物如锐钛矿和金红石（TiO_2）上。Xiong 等人[121]首次将 TiO_2 基材料作为钠离子电池的负极，采用的是在 Ti 衬底上生长的 TiO_2 纳米管，在 $50mA \cdot g^{-1}$ 下表现出约 $150mA \cdot h \cdot g^{-1}$ 的可逆比容量。这项工作对于促进以无定形、锐钛矿、金红石、板钛矿等多种形态的 TiO_2 作为钠离子电池负极材料来说至关重要。然而，关于 TiO_2 基负极材料详细的钠嵌入/脱出机理的研究结果并不一致，阻碍了其电化学性能的进一步发展。

7.3.2.2　磷基负极材料

由于磷具有成本低、化学性质稳定、原材料丰富等优点，并可以与 Li 和 Na 分别发生电化学反应生成高理论容量的 Li_3P 和 Na_3P，因而作为一种有应用前景的锂离子电池和钠离子电池的负极材料而受到广泛关注。磷有三种主要的同素异形体，即白磷、红磷和黑磷，每一种都有其独特的性质。白磷有毒，在室温下化学性质不稳定会造成安全隐患，因此不适合应用于电池。无定形红磷与钠可形成可逆化合物，但是其较差的电子电导率（约 $10^{-14}S \cdot cm^{-1}$）、对电解质的不稳定性以及嵌入/脱出钠的过程中的巨大体积变化（约 400%）严重影响了循环和倍率性能。在所有三种同素异形体中，黑磷最为稳定，不仅属于层状晶体结构，还具有高电导率（约

300S·m^{-1}），且外观与石墨相似，因此适合应用于电池。然而，这些合金基负极材料在重复充电/放电过程中会有巨大的体积膨胀，会导致颗粒粉化、电解质连续分解、活性材料分离以及电极分层，从而使电池的性能变差。

为了解决材料的巨大的体积膨胀和较差导电性，研究人员已经探索了一些方法，主要集中于开发碳磷复合材料，如无定形红磷/活性炭、红磷/Super-P、红磷/石墨烯和无定形P/N掺杂石墨烯等。

7.3.3 有机负极

有机负极也可以作为钠离子电池未来的商业负极。随着全球对可再生和环境友好资源需求的增加，对无毒和经济的可生物降解材料的需求越来越大，许多研究人员认为羧酸盐化合物是良好的有机负极材料，反应电位低（低于1.0V），且在自然界中的多样性和丰富性有助于调控材料结构以获得所需的结果。此外，有机材料相比于无机材料具有以下优点：

① 与无机材料相比，有机材料的反应性较差，因此其危险性相对较小。

② 有机材料在自然界中丰富，容易从生物质资源中获取，且具有可生物降解或可以较低成本回收优势，对环境的负面影响较小。由于其分子量较小，有机材料通常展现出更高的质量分析能力。

③ 有机材料的性质多样，能够在多种结构配置中存在，这为调控有机负极的性能提供了可能。研究人员可以通过操控官能团来改变钠化和去钠化的机制。

④ 由于键角之间的阻碍较小，研究人员可以在有机负极中实现不同数量的Na$^+$的嵌入，加快钠化和脱钠反应速率。

此外，有机材料还具有良好的电活性。这些特性使得研究者们对有机负极材料在钠离子电池中的潜在应用充满期待，预示着未来商业负极材料的发展方向。

7.4 钠离子电池电解液及负极界面

电解质通过与负极和正极的电化学反应，分别在负极和正极表面形成固体电解质界面（SEI）和正极电解质界面（CEI）。因此，电解质对SEI和CEI的特性有重要影响，进而影响钠离子电池的性能和安全性。电解质在理想条件下应使负极和正极绝缘，同时充当离子电荷转移的介质，允许电子通过外部电路流动。由于电解质位于高还原和氧化活性材料（电极）之间，其稳定性或亚稳定性至关重要[122]。所选电解质必须满足两个电极的需求，并在与电极相互作用时提供形成界面所需的化学物质，从而控制电池系统的整体性能（图7-13）。参照锂离子电池电解质的特性，

钠离子电池电解质的特性如下：

① 化学惰性：在电池组装过程中，电解质应对所有非活性和活性电池组件（如隔膜、黏合剂、集流体、包装材料等）保持惰性。

② 更宽的液相线范围和热稳定性：具有低熔点和高沸点，可扩展钠离子电池的工作范围。

③ 宽的电化学稳定性窗口。

④ 高离子电导率和无电子电导率：确保 Na^+ 的便捷传输。

⑤ 环境友好且无毒：减少对环境的危害，提升电池的安全性。

⑥ 降低成本：包括材料和生产等方面，降低总体成本。

⑦ 可调界面性质：在两个电极上形成稳定、电子绝缘、离子导电的界面层。

原则上，电解质组分在电池中应保持惰性，仅作为离子转移的介质。界面层的化学性质和形态是影响电池性能的关键因素。优化电解质的组成以改善其本身的性质（如离子迁移率和稳定性）。电解质的组成还决定了相间层的成分和质量，从而显著影响电池性能。

在钠离子电池中，电解质通常可分为四种类型：有机电解质、离子液体、固体电解质和水系电解质。其中，有机电解质尤以基于酯和醚类的电解质最为常用，因为它们具有相对高的离子电导率以及对多孔隔膜和电极优异的润湿性。电解质作为离子移动的载体在电化学反应中不可或缺，对电池性能起着关键作用。

有机电解质通常是溶质（包括钠盐和添加剂）溶解在两种或多种有机溶剂中形成的混合物。为满足钠离子电池的需求，有机电解质应具备以下特性：

① 高离子电导率：理想的电解质溶剂应能溶解足够的盐，降低 Na^+ 迁移的阻力，以确保高离子电导率。

② 高电化学和化学稳定性：在宽电位范围内具有高电化学稳定性是开发高能量密度电池的关键，而高化学稳定性可避免电解质与电池系统其他部分发生不良化学反应。

③ 热稳定性好：电解质的熔点和沸点应远高于工作温度范围，并在较宽的温度范围内保持稳定形态。

④ 成本低、制备简单、毒性低且环境友好。

电解质是电池的重要组成部分，其与电极的兼容性是钠离子电池发展的关键。钠离子电池中对液体电解质的要求与锂离子电池相似，但也面临一些挑战：

① 在 $0 \sim 5.5V$ 范围内的稳定性问题，最低未占据分子轨道和最高占据分子轨道能级之间存在显著差异；

② 低黏度、高离子电导率（$>5mS \cdot cm^{-1}$）；

③ 负极和正极材料之间的兼容性问题；

④ 热稳定性和循环稳定性问题；

⑤ 高成本问题。

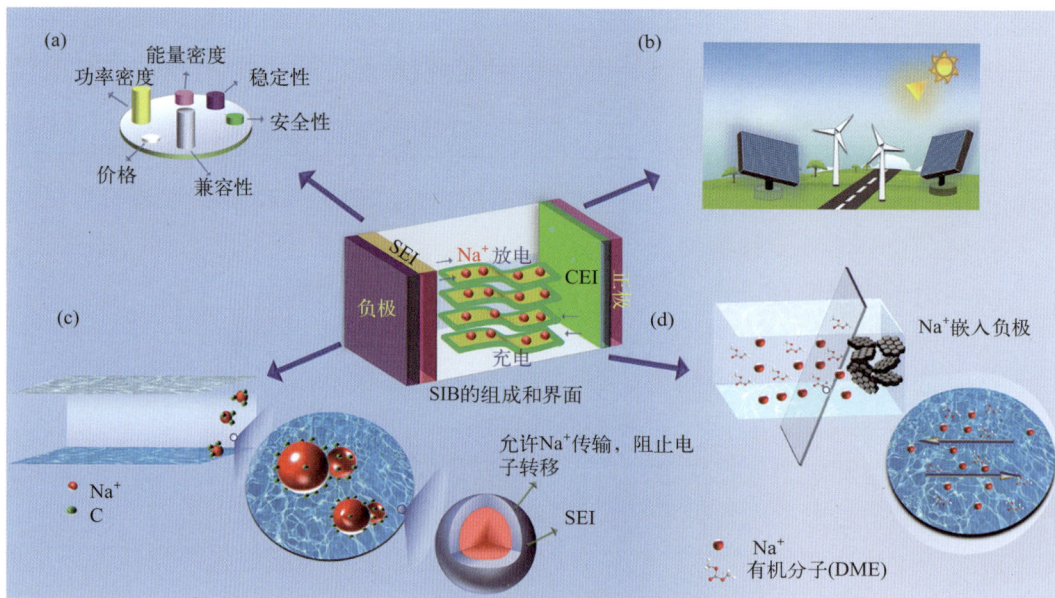

图7-13 钠离子电池电解质与界面关系图[123]

7.4.1 钠盐

钠盐是电解质不可或缺的组成部分，对电池的最终性能具有深远的影响。钠盐由钠离子和阴离子组成，直接决定了电解质的电化学性能。理想的钠盐应具有在电解质中完全溶解和解离的能力，以确保溶剂化的钠离子能够在没有能量和动力学障碍的情况下自由运动。此外，电化学稳定性也是评估钠盐的重要标准，尤其是在电极上建立稳定和保护界面时。钠盐对电池其他部件（如电极、隔膜和集流体）应在化学上保持惰性，这一要求排除了许多钠盐。

$NaClO_4$因其快速的离子传输速率、良好的相容性及低成本，被广泛用于正负极性能测试，然而高含水量、爆炸风险和高毒性阻碍了其实际应用。另一种常见的钠盐是$NaPF_6$，它在PC基电解质中表现出了较高的电导率，但也有诸多缺点，包括价格昂贵、毒性较大及较低的分解温度。此外，$NaPF_6$在许多单一溶剂中的溶解度较低，需要添加乙烯碳酸酯（EC）等溶剂制备$NaPF_6$所需的多组分溶剂（图7-14）。

尽管某些钠盐具有高毒性，但含卤素的化合物（如F和Cl）由于其强电负性和诱导效应，依然广泛应用于电解质中。研究者们开发了一系列含氟钠盐，以追求更高的电导率和更好的安全性。例如，新型二氟草酸钠（NaDFOB）具备离域电荷多、阴离子与Na+之间相互作用弱等特点，展现出了良好的导电性。与$NaPF_6$和$NaClO_4$对特定溶剂的依赖不同，NaDFOB与不同溶剂都表现出优越的相容性，具有增强的电化学性能。此外，4，5-二氰基-2-(三氟甲基)咪唑酸钠（NaTDI）和4，5-二氰基-2-(五氟乙基)咪唑酸钠（NaPDI）等新型钠盐也已被报道[124]。

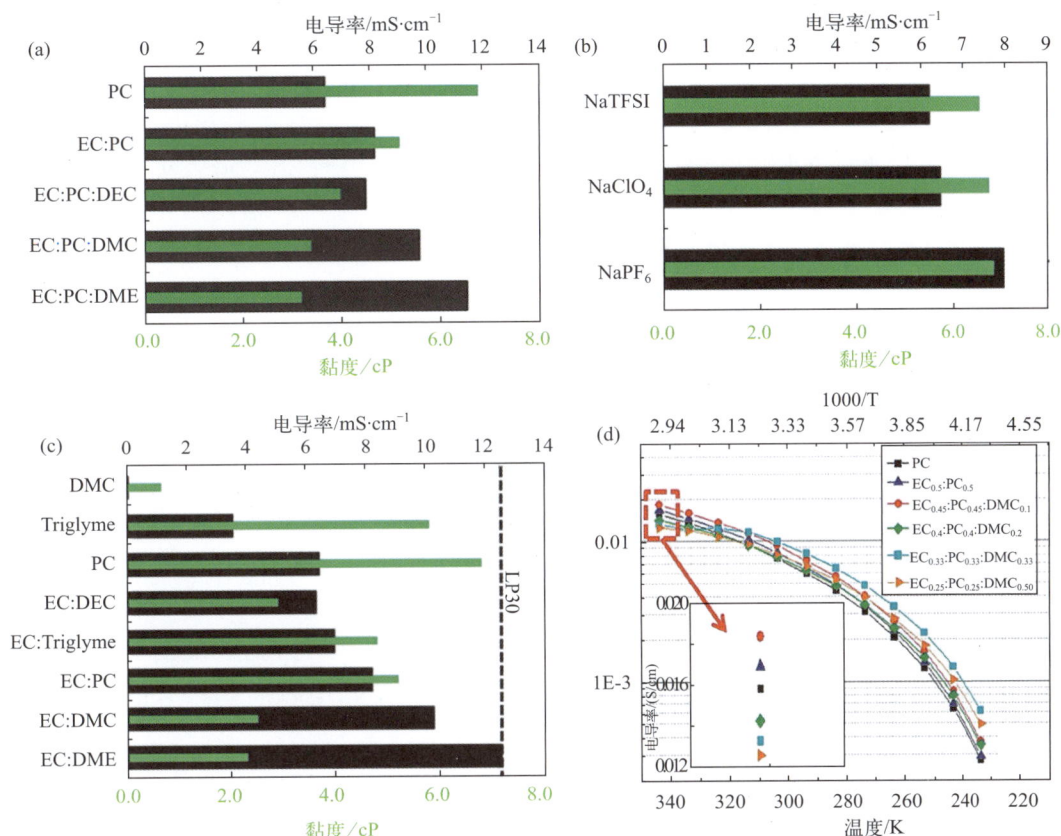

图 7-14 （a）~（c）钠离子电池电解质的黏度和电导率图；（d）不同电解质电导率的 Arrhenius 图[123]

7.4.2　有机电解质

　　有机电解质被广泛认为是钠离子电池实际应用的最具前景的电解质类型。这类电解质在评估钠离子电池电极材料性能方面尤为重要，这主要得益于其稳定的电化学性能、较高的离子电导率以及与多种电极材料的良好相容性。具体而言，有机电解质的优势如下[125]：

　　① 较高的介电常数（$\varepsilon > 15$）；

　　② 低黏度，有助于 Na$^+$ 的快速迁移；

　　③ 在一定的电压范围内，能保持电极材料良好的化学和电化学稳定性；

　　④ 能在电极表面形成稳定的钝化膜。

　　高性能的有机溶剂通常是二元或三元溶剂混合物，以满足不同正极和负极材料的特定需求[126]。

　　钠离子电池电解质的研究始于有机电解质系统的研究。常见的有机溶剂包括碳酸乙烯酯（EC）、碳酸丙烯酯（PC）、碳酸二乙酯（DEC）、碳酸二甲酯（DMC）、直链乙基甲基碳酸酯（EMC）和二甲醚（DME）这些溶剂都展现出了良好的电化学稳定性和离子迁移能力。这些有机溶剂大致可分为两类：酯基溶剂和醚基溶剂[127]。

7.4.2.1 碳酸酯类电解质

与锂离子电池类似，碳酸酯因其高电化学稳定性和优良的碱金属离子（如 Li^+、Na^+）溶解能力，成为钠离子电池电解质溶剂的主要选择。最常用的碳酸酯包括环状碳酸丙烯酯（PC）、碳酸乙烯酯（EC）、直链乙基甲基碳酸酯（EMC）、碳酸二甲酯（DMC）和碳酸二乙酯（DEC）。大多数钠离子电解质是一种或多种钠盐溶解在两种或多种溶剂中组成的混合物，几乎不存在单一溶剂配方。这种对多种溶剂的需求源于电池电解质的多样化需求，而单一化合物或分子往往难以满足这些需求。在碳酸盐电解质的应用中，除了高离子电导率和电化学稳定性外，还需考虑其他多个因素，如成膜添加剂和阻燃添加剂已被广泛开发，以提升钠离子电池的性能。氟化乙烯碳酸酯（FEC）作为成膜添加剂，在钠离子电池的各种正极和负极材料中得到广泛应用，尤其是在硬碳和转化材料中。然而，FEC 的使用可能导致库伦效率的显著降低，以及充放电过程中过电位的增加，这表明在含 FEC 的电解质中形成的固体电解质界面（SEI）膜的导电性较差。因此，合理选择碳酸盐添加剂对于提高钠离子电池的性能至关重要。关于阻燃添加剂，磷酸酯基电解质是未来的主要研究方向。

在锂离子电池中，醚类电解质因在负极上的钝化性能较差而被认为用途有限。近年来，醚类电解质在钠离子电池领域成为了研究热点，因为它们对还原反应的耐受性更强，与基于酯类的电解质相比，能够在负极上形成更薄的 SEI 膜，并具有更高的初始库伦效率。这一特性使醚类电解质在钠离子电池的应用中展现出新的潜力[128]。

7.4.2.2 醚类电解质

醚类电解质在钠离子电池中的一个显著优势是它们与石墨的良好配合。尽管钠离子由于热力学参数的限制，无法有效嵌入传统的石墨负极，但醚类电解质能够通过共嵌入的方式克服这一问题，也就是在使用醚类电解质时，钠离子可以与醚溶剂共同嵌入石墨中，而无需完全去溶剂化，这一特性与酯类电解质有所不同。酯类电解质主要作用是将 Na^+ 从电解质转移到储存点，并不直接参与储存过程。

在使用醚类电解质，如二甘醇二甲醚（DEGDME）时，醚溶剂化的 Na^+ 能够顺利嵌入石墨，形成三元石墨层间化合物，二甘醇二甲醚与石墨之间的范德瓦尔斯力增强了层间耦合的强度，从而确保了石墨结构的稳定性。此外，醚类电解质相对不易分解，在石墨表面形成的薄固体电解质界面（SEI）膜，有助于提高嵌入石墨晶格中的溶剂化 Na^+ 的化学稳定性。因此，在经过1000次充放电循环后，石墨的容量保持率超过90%，库伦效率达到99.87%，这一表现明显优于使用常规电解质的电池。受到石墨在钠离子电池中成功应用的启发，研究人员近年来在提升电池性能方面进行了大量研究，探讨其背后的机理。例如，Kim等人[108]将不同钠盐（如 $NaPF_6$、$NaClO_4$ 和 $NaCF_3SO_3$）与多种醚类溶剂（如 DME、DEGDME 和 TEGDME）组成的不同电解质应用于石墨负极。Park等人[129]则研究了天然石墨中钠的储存机制，并评估了微尺寸石墨在各种醚类电解质（包括二甘醇二甲醚、四甘醇二甲醚和 DME）中的表现。研究结果表明，石墨在不同的电解质条件下均能够展现出良好的性能，而且正极材料中的聚阴离子化合物也显示出与高浓度醚类电解质良好相容。

7.4.3　水系电解质

水系电解质钠离子电池因其低成本和高安全性，非常适合未来的能量存储应用，且从钠的储存机理和界面稳定性来看，开发水系电解质对于钠离子电池至关重要。通常，这类电池使用 Na_2SO_4 或 $NaNO_3$ 作为钠盐，并采用去离子水作为溶剂。这种组合具有高离子电导率和不燃的优点。

由于金属钠与去离子水之间的剧烈反应，评估活性电极电化学性能的半电池难以组装。因此，在水系电解质全电池中，通常采用铂、活性炭和 $NaTi_2(PO_4)_3$（NTP）作为负极或反电极材料，隧道结构的锰基氧化物（如 $Na_{0.44}MnO_2$）、普鲁士蓝、普鲁士蓝相似物以及聚阴离子化合物作为正极材料。其中，在水系电解质中具有高化学稳定性的有机电极材料可以部分替代上述材料。由于动力学因素，水系电解质的实际稳定性窗口比热力学极限更宽，可以应用于更多种类的电极材料。

使用水作为溶剂的优势显而易见，如成本低、安全性高和环境友好。此外，丰富且廉价的钠资源使得水系电解质钠离子电池更具吸引力和前景。然而，由于 H_2O 的电化学分解，选择合适的电极材料成为水系电解质钠离子电池应用的一大挑战。水系电解质的问题如下：

① 消除电解质中的残留氧气（O_2）；
② 保证水系电解质中电极的稳定性；
③ 抑制 H_3O^+ 共掺入电极；
④ 在过度充电/放电后，正极和负极侧产生的 O_2 和 H_2 消耗电解质。

相比于其他电解质，关于水系电解质的研究相对较少，尤其是在固-液界面方面。事实上，在水中，电极表面涂覆钝化层不仅可以提高循环稳定性，还可以拓宽电化学储能的范围。钝化层的离子传输和力学性能受电解质中阴离子种类、电极材料和溶剂环境的影响。因此，为了改善钠离子电池的水系电解质，有几个方面需要关注：

① 严格控制溶剂性质，包括调节 pH 值和去除溶解氧；
② 选择合适的钠盐，以在电极表面形成稳定且低电阻的保护层；
③ 增加添加剂以改善界面稳定性并抑制高浓度电解质中的副反应。

总结与展望

随着全球对可再生能源需求的持续增加，传统的锂离子电池在资源限制和环境影响方面的挑战促使研究者们探索更加可持续的替代方案。钠离子电池作为一种新兴的二次电池，近年来受到了广泛的关注和研究。其工作原理与锂离子电池相似，通过钠离子在正负极之间的移动来实现充放电。钠作为一种丰富的元素，广泛存在于自然界中，具有成本低和环境友好优势，因此钠离子电池成为了极具潜力的候选者。

在电极材料方面，钠离子电池的正极材料主要包括层状过渡金属氧化物、聚阴离子型化合物和普鲁士蓝及类似物等，这些材料各有特点，适用于不同的应用场景。负极材料则主要包括碳基材料、合金材料和金属氧化物材料等，其中碳基材料是目前的研究热点。从性能特点来看，钠离子电池具有快充性能好、高低温性能优异、安全性能好等优点。然而，其循环寿命相对较短，能量密度也不如锂离子电池高，这在一定程度上限制了它的应用范围。但目前的研究已显示出，其在实际应用中能够达到较为理想的能量密度和循环稳定性。许多实验室研究和小规模电池测试相继表明，钠离子电池可以在合理的成本和较长的使用寿命条件下，满足电动汽车、储能设备和消费电子产品等领域的需求。而且，钠离子电池在充电速率和高低温性能方面的优势，进一步拓宽了其应用的范围。

然而，钠离子电池的发展仍面临一些挑战，包括能量密度提升的瓶颈、材料的成本和稳定性问题，以及大规模生产技术的成熟度等。为了克服这些挑战，未来的研究将更加注重电极材料的优化设计、界面工程的改进以及新型电解质的开发。此外，借助先进的纳米技术和计算机模拟技术等，有望进一步提升钠离子电池的综合性能。展望未来，钠离子电池不仅将为可持续发展贡献力量，也将在电动交通、电网储能等多个领域发挥重要作用，成为全球能源转型的重要推动者之一。

参考文献

[1] Usiskin R, Lu Y, Popovic J, et al. Fundamentals, status and promise of sodium-based batteries[J]. Nature Reviews Materials, 2021, 6(11): 1020-1035.

[2] Chu S, Guo S, Zhou H. Advanced cobalt-free cathode materials for sodium-ion batteries[J]. Chemical Society Reviews, 2021, 50(23): 13189-13235.

[3] Zhang W, Zhang F, Ming F, et al. Sodium-ion battery anodes: Status and future trends[J]. EnergyChem, 2019, 1(02): 100012.

[4] Kim S W, Seo D H, Ma X, et al. Electrode materials for rechargeable sodium-ion batteries: potential

alternatives to current lithium-ion batteries[J]. Advanced Energy Materials, 2012, 2(07): 710-721.

[5]　Kundu D, Talaie E, Duffort V, et al. The emerging chemistry of sodium ion batteries for electrochemical energy storage[J]. Angewandte Chemie, 2015, 54(11): 3431-3448.

[6]　Slater M D, Kim D, Lee E, et al. Sodium-ion batteries[J]. Advanced Functional Materials, 2013, 23(08): 947-958.

[7]　Bauer A, Song J, Vail S, et al. The scale-up and commercialization of nonaqueous Na-ion battery technologies[J]. Advanced Energy Materials, 2018, 8(17): 1702869.

[8]　Liu Y, Li J, Shen Q, et al. Advanced characterizations and measurements for sodium-ion batteries with NASICON-type cathode materials[J]. eScience, 2022, 2(01): 10-31.

[9]　Fang Y, Luan D, Lou X. Recent advances on mixed metal sulfides for advanced sodium-ion batteries[J]. Adv. Mater., 2020, 32(42): 2002976.

[10]　Peng C, Xu X, Li F, et al. Recent progress of promising cathode candidates for sodium-ion batteries: Current issues, strategy, challenge, and prospects[J]. Small Structures, 2023, 4(10): 2300150.

[11]　You Y, Manthiram A. Progress in high-voltage cathode materials for rechargeable sodium-ion batteries[J]. Adv. Energy. Mater., 2017, 8(02): 1701785.

[12]　Tarascon J. Na-ion versus Li-ion batteries: Complementarity rather than competitiveness[J]. Joule, 2020, 4(08): 1616-1620.

[13]　Delmas C, Fouassier C, Hagenmuller P. Structural classification and properties of the layered oxides[J]. Physica B+C, 1980, 99(1-4): 81-85.

[14]　Alvira D, Antorán D, Manyà J J. Plant-derived hard carbon as anode for sodium-ion batteries: A comprehensive review to guide interdisciplinary research[J]. Chemical Engineering Journal, 2022, 447: 137468.

[15]　Yang Y, Wang Z, Du C, et al. Decoupling the air sensitivity of Na-layered oxides[J]. Science, 2024, 385(6710): 744-752.

[16]　Fang K, Yin J, Zeng G, et al. Elucidating the structural evolution of O3-type $NaNi_{1/3}Fe_{1/3}Mn_{1/3}O_2$: A prototype cathode for Na-ion battery[J]. Journal of the American Chemical Society, 2024, 146(46): 31860-31872.

[17]　Zhang R, Yang S, Li H, et al. Air sensitivity of electrode materials in Li/Na ion batteries: Issues and strategies[J]. InfoMat, 2022, 4(06): e12305.

[18]　Kubota K, Komaba S. Review-practical issues and future perspective for Na-ion batteries[J]. J. Electrochem. Soc., 2015, 162(14): A2538-A2550.

[19]　Roberts S, Chen L, Kishore B, et al. Mechanism of gelation in high nickel content cathode slurries for sodium-ion batteries[J]. J. Colloid Interface Sci., 2022, 627: 427-437.

[20]　Tapia-Ruiz N, Dose W M, Sharma N, et al. High voltage structural evolution and enhanced Na-ion diffusion in P2-$Na_{2/3}Ni_{1/3-x}Mg_xMn_{2/3}O_2$ ($0 \leqslant x \leqslant 0.2$) cathodes from diffraction, electrochemical and ab initio studies[J]. Energy Environ. Sci., 2018, 11(06): 1470-1479.

[21]　Xu G, Amine R, Xu Y, et al. Insights into the structural effects of layered cathode materials for high voltage sodium-ion batteries[J]. Energy Environ. Sci., 2017, 10(07): 1677-1693.

[22]　Wang K, Zhang Z, Cheng S, et al. Precipitate-stabilized surface enabling high-performance $Na_{0.67}Ni_{0.33-x}Mn_{0.67}Zn_xO_2$ for sodium-ion battery[J]. eScience, 2022, 2(05): 529-536.

7

[23] Blesa M C, Morán E, Menéndez N, et al. Hydrolysis of sodium orthoferrite [α-NaFeO₂][J]. Mater. Res. Bull., 1993, 28(08): 837-847.

[24] Monyoncho E, Bissessur R. Unique properties of α-NaFeO₂: De-intercalation of sodium via hydrolysis and the intercalation of guest molecules into the extract solution[J]. Mater. Res. Bull., 2013, 48(07): 2678-2686.

[25] You Y, Dolocan A, Li W, et al. Understanding the air-exposure degradation chemistry at a nanoscale of layered oxide cathodes for sodium-ion batteries[J]. Nano Lett., 2019, 19(01): 182-188.

[26] Lu Z, Dahn J R. Intercalation of water in P2, T2 and O2 structure $Az[Co_xNi_{1/3-x}Mn_{2/3}]O_2$[J]. Chem. Mater., 2001, 13(04): 1252-1257.

[27] Zuo W, Qiu J, Liu X, et al. The stability of P2-layered sodium transition metal oxides in ambient atmospheres[J]. Nat. Commun., 2020, 11(01): 3544.

[28] Lee E, Brown D E, Alp E E, et al. New insights into the performance degradation of Fe-based layered oxides in sodium-ion batteries: Instability of Fe^{3+}/Fe^{4+} redox in α-NaFeO₂[J]. Chem. Mater., 2015, 27(19): 6755-6764.

[29] Rong X, Hu E, Lu Y, et al. Anionic redox reaction-induced high-capacity and low-strain Cathode with suppressed phase transition[J]. Joule, 2019, 3(02): 503-517.

[30] Li Y, Wang X, Gao Y, et al. Native vacancy enhanced oxygen redox reversibility and structural robustness[J]. Adv. Energy. Mater., 2019, 9(04): 1803087.

[31] Wang Q, Meng J, Yue X, et al. Tuning P2-structured cathode material by Na-site Mg substitution for Na-ion batteries[J]. J. Am. Chem. Soc., 2019, 141(02): 840-848.

[32] Sun Y, Wang H, Meng D, et al. Degradation mechanism of O3-type $NaNi_{1/3}Fe_{1/3}Mn_{1/3}O_2$ cathode materials during ambient storage and their In situ regeneration[J]. ACS Appl. Energy Mater., 2021, 4(03): 2061-2067.

[33] Yao H, Wang P, Gong Y, et al. Designing air-stable O3-type cathode materials by combined structure modulation for Na-ion batteries[J]. J. Am. Chem. Soc., 2017, 139(25): 8440-8443.

[34] Hua W, Yang X, Casati N P M, et al. Probing thermally-induced structural evolution during the synthesis of layered Li-, Na-, or K-containing 3d transition-metal oxides[J]. eScience, 2022, 2(02): 183-191.

[35] Xie Y, Gao H, Harder R, et al. Revealing the structural evolution and phase transformation of O3-type $NaNi_{1/3}Fe_{1/3}Mn_{1/3}O_2$ cathode material on sintering and cycling processes[J]. ACS Appl. Energy Mater., 2020, 3(07): 6107-6114.

[36] Shi Y, Zhang Z, Jiang P, et al. Unlocking the potential of P3 structure for practical sodium-ion batteries by fabricating zero strain framework for Na^+ intercalation[J]. Energy Storage Mater., 2021, 37: 354-362.

[37] Sapra S K, Pati J, Dwivedi P K, et al. A comprehensive review on recent advances of polyanionic cathode materials in Na-ion batteries for cost effective energy storage applications[J]. Wiley Interdisciplinary Reviews: Energy and Environment, 2021, 10(05): e400.

[38] Lander L, Tarascon J, Yamada A, et al. Sulfate-based cathode materials for Li-and Na-ion batteries[J]. The Chemical Record, 2018, 18(10): 1394-1408.

[39] Fang Y, Chen Z, Ai X, et al. Research progress in cathode materials for sodium ion batteries[J]. Acta Physico-Chimica Sinica, 2017, 33(01): 211-241.

[40] Senthilkumar B, Murugesan C, Sharma L, et al. An overview of mixed polyanionic cathode materials for

sodium-ion batteries[J]. Small Methods, 2019, 3(04): 1800253.

[41] Fang Y, Chen Z, Xiao L, et al. Recent progress in iron-based electrode materials for grid-scale sodium-ion batteries[J]. Small, 2018, 14(09): 1703116.

[42] Tian J, Rui X, Shen W, et al. State-of-charge estimation of $LiFePO_4$ batteries in electric vehicles: A deep-learning enabled approach[J]. Applied Energy, 2021, 291: 116812.

[43] Moreau P, Guyomard D, Gaubicher J, et al. Structure and stability of sodium intercalated phases in olivine $FePO_4$[J]. Chemistry of Materials, 2010, 22(14): 4126-4128.

[44] Oh S, Myung S, Hassoun J, et al. Reversible $NaFePO_4$ electrode for sodium secondary batteries[J]. Electrochemistry Communications, 2012, 22: 149-152.

[45] Zaghib K, Trottier J, Hovington P, et al. Characterization of Na-based phosphate as electrode materials for electrochemical cells[J]. Journal of Power Sources, 2011, 196(22): 9612-9617.

[46] Kim J, Seo D, Kim H, et al. Unexpected discovery of low-cost maricite $NaFePO_4$ as a high-performance electrode for Na-ion batteries[J]. Energy & Environmental Science, 2015, 8(02): 540-545.

[47] Liu Y, Zhang N, Wang F, et al. Approaching the downsizing limit of maricite $NaFePO_4$ toward high-performance cathode for sodium-ion batteries[J]. Advanced Functional Materials, 2018, 28(30): 1801917.

[48] Liu Y, Zhou Y, Zhang J, et al. Monoclinic phase $Na_3Fe_2(PO_4)_3$: Synthesis, structure, and electrochemical performance as cathode material in sodium-ion batteries[J]. ACS Sustainable Chemistry & Engineering, 2017, 5(02): 1306-1314.

[49] Rajagopalan R, Chen B, Zhang Z, et al. Improved reversibility of Fe^{3+}/Fe^{4+} redox couple in sodium super ion conductor type $Na_3Fe_2(PO_4)_3$ for sodium-ion batteries[J]. Advanced Materials, 2017, 29(12):1605694.

[50] Cao Y, Liu Y, Zhao D, et al. K-doped $Na_3Fe_2(PO_4)_3$ cathode materials with high-stable structure for sodium-ion stored energy battery[J]. Journal of Alloys and Compounds, 2019, 784: 939-946.

[51] Liu D, Palmore G T R. Synthesis, crystal structure, and electrochemical properties of alluaudite $Na_{1.702}Fe_3(PO_4)_3$ as a sodium-ion battery cathode[J]. ACS Sustainable Chemistry & Engineering, 2017, 5(07): 5766-5771.

[52] Walczak K, Kulka A, Molenda J. Alluaudite-$Na_{1.47}Fe_3(PO_4)_3$: Structural and electrochemical properties of potential cathode material for Na-ion batteries[J]. Solid State Sciences, 2019, 87: 21-26.

[53] Shinde G S, Gond R, Avdeev M, et al. Revisiting the layered $Na_3Fe_3(PO_4)_4$ phosphate sodium insertion compound: Structure, magnetic and electrochemical study[J]. Materials Research Express, 2020, 7(01): 014001.

[54] Qiu S, Lucero M, Wu X, et al. Revealing the fast and durable Na^+ insertion reactions in a layered $Na_3Fe_3(PO_4)_4$ anode for aqueous Na-ion batteries[J]. ACS Materials Au, 2022, 2(01): 63-71.

[55] Parajón-Costa B S, Mercader R C, Baran E J. Spectroscopic characterization of mixed cation diphosphates of the type $M^I Fe^{III} P_2O_7$ (with M^I = Li, Na, K, Rb, Cs, Ag)[J]. Journal of Physics and Chemistry of Solids, 2013, 74(02): 354-359.

[56] Gabelica-Robert M, Goreaud M, Labbe P, et al. The pyrophosphate $NaFeP_2O_7$: A cage structure[J]. Journal of Solid State Chemistry, 1982, 45(03): 389-395.

[57] Soubeyroux J L, Salmon R, Fournes L, et al. Magnetic properties of $NaFeP_2O_7$ studied by neutron diffraction and Mössbauer resonance techniques[J]. Physica B+C, 1986, 136(1-3): 447-450.

7

[58] Mercader R C, Terminiello L, Long G J, et al. Mössbauer-effect, magnetic, and neutron-diffraction study of NaFeP$_2$O$_7$[J]. Physical Review B, 1990, 42(01): 25.

[59] Barpanda P, Ye T, Nishimura S, et al. Sodium iron pyrophosphate: A novel 3.0V iron-based cathode for sodium-ion batteries[J]. Electrochemistry Communications, 2012, 24: 116-119.

[60] Kim H, Shakoor R A, Park C, et al. Na$_2$FeP$_2$O$_7$ as a promising iron-based pyrophosphate cathode for sodium rechargeable batteries: A combined experimental and theoretical study[J]. Advanced Functional Materials, 2013, 23(09): 1147-1155.

[61] Barpanda P, Liu G, Ling C D, et al. Na$_2$FeP$_2$O$_7$: A safe cathode for rechargeable sodium-ion batteries[J]. Chemistry of Materials, 2013, 25(17): 3480-3487.

[62] Chen X, Du K, Lai Y, et al. In-situ carbon-coated Na$_2$FeP$_2$O$_7$ anchored in three-dimensional reduced graphene oxide framework as a durable and high-rate sodium-ion battery cathode[J]. Journal of Power Sources, 2017, 357: 164-172.

[63] Ha K, Woo S H, Mok D, et al. Na$_{4-a}$M$_{2+a/2}$ (P$_2$O$_7$)$_2$ (2/3 $\leqslant \alpha \leqslant$ 7/8, M= Fe, Fe$_{0.5}$Mn$_{0.5}$, Mn): A promising sodium ion cathode for Na-ion batteries[J]. Advanced Energy Materials, 2013, 3(06): 689.

[64] Niu Y, Xu M, Cheng C, et al. Na$_{3.12}$Fe$_{2.44}$ (P$_2$O$_7$)$_2$/multi-walled carbon nanotube composite as a cathode material for sodium-ion batteries[J]. Journal of Materials Chemistry: A, 2015, 3(33): 17224-17229.

[65] Niu Y, Xu M, Bao S, et al. Porous graphene to encapsulate Na$_{6.24}$Fe$_{4.88}$ (P$_2$O$_7$)$_4$ as composite cathode materials for Na-ion batteries[J]. Chemical Communications, 2015, 51(66): 13120-13122.

[66] Niu Y, Xu M, Dai C, et al. Electrospun graphene-wrapped Na$_{6.24}$Fe$_{4.88}$(P$_2$O$_7$)$_4$ nanofibers as a high-performance cathode for sodium-ion batteries[J]. Physical Chemistry Chemical Physics: PCCP, 2017, 19(26): 17270-17277.

[67] Lin B, Li Q, Liu B, et al. Biochemistry-directed hollow porous microspheres: Bottom-up self-assembled polyanion-based cathodes for sodium ion batteries[J]. Nanoscale, 2016, 8(15): 8178-8188.

[68] Song H J, Kim K, Kim J, et al. Superior sodium storage performance of reduced graphene oxide-supported Na$_{3.12}$Fe$_{2.44}$(P$_2$O$_7$)$_2$/C nanocomposites[J]. Chemical Communications, 2017, 53(67): 9316-9319.

[69] Zhan R, Zhang Y, Chen H, et al. High-rate and long-life sodium-ion batteries based on sponge-like three-dimensional porous Na-rich ferric pyrophosphate cathode material[J]. ACS Applied Materials & Interfaces, 2019, 11(05): 5107-5113.

[70] Liu Y, Li S, Shi X, et al. Enhance cycle life of Na$_{3.32}$Fe$_{2.34}$ (P$_2$O$_7$)$_2$ cathode by pillar cations[J]. Journal of Alloys and Compounds, 2021, 856: 158206.

[71] Niu Y, Xu M, Shen B, et al. Exploration of Na$_7$Fe$_{4.5}$(P$_2$O$_7$)$_4$ as a cathode material for sodium-ion batteries[J]. Journal of Materials Chemistry: A, 2016, 4(42): 16531-16535.

[72] Du G, Tao M, Qi Y, et al. High-rate and non-toxic Na$_7$Fe$_{4.5}$(P$_2$O$_7$)$_4$@C for quasi-solid-state sodium-ion batteries[J]. Materials Chemistry Frontiers, 2021, 5(06): 2783-2790.

[73] Shen B, Xu M, Niu Y, et al. Sodium-rich ferric pyrophosphate cathode for stationary room-temperature sodium-ion batteries[J]. ACS Applied Materials & interfaces, 2018, 10(01): 502-508.

[74] Barpanda P, Oyama G, Nishimura S, et al. A 3.8-V earth-abundant sodium battery electrode[J]. Nature Communications, 2014, 5(01): 4358.

[75] Wong L L, Chen H M, Adams S. Sodium-ion diffusion mechanisms in the low cost high voltage cathode material Na$_{2+\delta}$Fe$_{2-\delta/2}$(SO$_4$)$_3$[J]. Physical Chemistry Chemical Physics: PCCP, 2015, 17(14): 9186-9193.

[76] Oyama G, Nishimura S, Suzuki Y, et al. Off-stoichiometry in alluaudite-type sodium iron sulfate $Na_{2+2x}Fe_{2-x}(SO_4)_3$ as an advanced sodium battery cathode material[J]. ChemElectroChem, 2015, 2(07): 1019-1023.

[77] Dwibedi D, Ling C D, Araujo R B, et al. Ionothermal synthesis of high-voltage alluaudite $Na_{2+2x}Fe_{2-x}(SO_4)_3$ sodium insertion compound: Structural, electronic, and magnetic insights[J]. ACS Applied Materials & Interfaces, 2016, 8(11): 6982-6991.

[78] Oyama G, Pecher O, Griffith K J, et al. Sodium intercalation mechanism of 3.8V class alluaudite sodium iron sulfate[J]. Chemistry of Materials: A, 2016, 28(15): 5321-5328.

[79] Watcharatharapong T, Chakraborty S, Ahuja R. Mapping the sodium intercalation mechanism, electrochemical properties and structural evolution in non-stoichiometric alluaudite $Na_{2+2\delta}Fe_{2-\delta}(SO_4)_3$ cathode materials[J]. Journal of Materials Chemistry: A, 2019, 7(29): 17446-17455.

[80] Araujo R B, Chakraborty S, Barpanda P, et al. $Na_2M_2(SO_4)_3$ (M= Fe, Mn, Co and Ni): Towards high-voltage sodium battery applications[J]. Physical Chemistry Chemical Physics: PCCP, 2016, 18(14): 9658-9665.

[81] Chen M, Cortie D, Hu Z, et al. A novel graphene oxide wrapped $Na_2Fe_2(SO_4)_3$/C cathode composite for long life and high energy density sodium-ion batteries[J]. Advanced Energy Materials, 2018, 8(27): 1800944.

[82] Hou J, Wang W, Feng P, et al. A surface chemistry assistant strategy to high power/energy density and cost-effective cathode for sodium ion battery[J]. Journal of Power Sources, 2020, 453: 227879.

[83] Zhang J, Yan Y, Wang X, et al. Bridging multiscale interfaces for developing ionically conductive high-voltage iron sulfate-containing sodium-based battery positive electrodes[J]. Nature Communications, 2023, 14(01): 3701.

[84] Kim H, Park I, Seo D, et al. New iron-based mixed-polyanion cathodes for lithium and sodium rechargeable batteries: Combined first principles calculations and experimental study[J]. Journal of the American Chemical Society, 2012, 134(25): 10369-10372.

[85] Fernandez-Ropero A J, Zarrabeitia M, Reynaud M, et al. Toward safe and sustainable batteries: $Na_4Fe_3(PO_4)_2P_2O_7$ as a low-cost cathode for rechargeable aqueous Na-ion batteries[J]. The Journal of Physical Chemistry: C, 2018, 122(01): 133-142.

[86] Cao Y, Xia X, Liu Y, et al. Scalable synthesizing nanospherical $Na_4Fe_3(PO_4)_2P_2O_7$ growing on MCNTs as a high-performance cathode material for sodium-ion batteries[J]. Journal of Power Sources, 2020, 461: 228130.

[87] Li G, Cao Y, Chen J, et al. Entropy-enhanced multi-doping strategy to promote the electrochemical performance of $Na_4Fe_3(PO_4)_2P_2O_7$[J]. Small Methods, 2024, 8(10): 2301745.

[88] Xin Y, Wang Q, Wang Y, et al. Experimental and theoretical investigation of cobalt and manganese substitution in $Na_4Fe_3(PO_4)_2P_2O_7$ as a high energy density cathode material for sodium-ion batteries[J]. Chemical Engineering Journal, 2024, 483: 149438.

[89] Shiva K, Singh P, Zhou W, et al. $NaFe_2PO_4(SO_4)_2$: A potential cathode for a Na-ion battery[J]. Energy & Environmental Science, 2016, 9(10): 3103-3106.

[90] Yahia H B, Essehli R, Amin R, et al. Sodium intercalation in the phosphosulfate cathode $NaFe_2PO_4(SO_4)_2$[J]. Journal of Power Sources, 2018, 382: 144-151.

7

[91] Li S, Gu Z, Guo J, et al. Enhanced electrode kinetics and electrochemical properties of low-cost NaFe$_2$PO$_4$(SO$_4$)$_2$ via Ca^{2+} doping as cathode material for sodium-ion batteries[J]. Journal of Materials Science & Technology, 2021, 78(19): 176-182.

[92] Salame P, Kotalgi K, Devakar M, et al. Electronic transport properties of NASICON structured NaFe$_2$PO$_4$(SO$_4$)$_2$: A potential cathode material for Na-ion batteries, synthesized using ultrasound-assisted, indirect microwave heating technique[J]. Materials Letters, 2022, 313: 131763.

[93] Wu X, Ru Y, Bai Y, et al. PBA composites and their derivatives in energy and environmental applications[J]. Coordination Chemistry Reviews, 2022, 451: 214260.

[94] Ma F, Li Q, Wang T, et al. Energy storage materials derived from Prussian blue analogues[J]. Science Bulletin, 2017, 62(05): 358-368.

[95] Peng J, Wang J, Yi H, et al. A dual-insertion type sodium-ion full cell based on high-quality ternary-metal Prussian blue analogs[J]. Advanced Energy Materials, 2018, 8(11): 1702856.

[96] You Y, Wu X, Yin Y, et al. High-quality Prussian blue crystals as superior cathode materials for room-temperature sodium-ion batteries[J]. Energy & Environmental Science: EES, 2014, 7(05): 1643-1647.

[97] Jiang Y, Yu S, Wang B, et al. Prussian blue@C composite as an ultrahigh-rate and long-life sodium-ion battery cathode[J]. Advanced Functional Materials, 2016, 26(29): 5315-5321.

[98] Huang Y, Ma X, Zhang J, et al. A novel border-rich Prussian blue synthetized by inhibitor control as cathode for sodium ion batteries[J]. Nano Energy, 2017, 39: 273-283.

[99] Zakaria M B, Chikyow T. Recent advances in Prussian blue and Prussian blue analogues: synthesis and thermal treatments[J]. Coordination Chemistry Reviews, 2017, 352: 328-345.

[100] Liu Y, Qiao Y, Zhang W, et al. Sodium storage in Na-rich Na$_x$FeFe(CN)$_6$ nanocubes[J]. Nano Energy, 2015, 12: 386-393.

[101] Yan X, Yang Y, Liu E, et al. Improved cycling performance of Prussian blue cathode for sodium ion batteries by controlling operation voltage range[J]. Electrochimica Acta, 2017, 225: 235-242.

[102] Ma Y, Ma Y, Dreyer S L, et al. High-entropy metal-organic frameworks for highly reversible sodium storage[J]. Advanced Materials, 2021, 33(34): 2101342.

[103] Qiao Y, Wei G, Cui J, et al. Prussian blue coupling with zinc oxide as a protective layer: An efficient cathode for high-rate sodium-ion batteries[J]. Chemical Communications, 2019, 55(04): 549-552.

[104] Riza S A, Xu R, Liu Q, et al. A review of anode materials for sodium ion batteries[J]. New Carbon Materials, 2024, 39(05): 743-769.

[105] Liu X, Zhang M, Wang X, et al. Evidence of quasi-Na metallic clusters in sodium ion batteries through In Situ X-ray diffraction[J]. Advanced Materials, 2025, 37(01): 2410673.

[106] Wang B, Fitzpatrick J R, Brookfield A, et al. Electron paramagnetic resonance as a tool to determine the sodium charge storage mechanism of hard carbon[J]. Nature Communications, 2024, 15(01): 3013.

[107] Liu Y, Merinov B V, Goddard W A Ⅲ. Origin of low sodium capacity in graphite and generally weak substrate binding of Na and Mg among alkali and alkaline earth metals[J]. Proceedings of the National Academy of Sciences of the United States of America, 2016, 113(14): 3735-3739.

[108] Cao Y, Xiao L, Sushko M L, et al. Sodium ion insertion in hollow carbon nanowires for battery applications[J]. Nano Letters, 2012, 12(07): 3783-3787.

[109] Jache B, Adelhelm P. Use of graphite as a highly reversible electrode with superior cycle life for

sodium-ion batteries by making use of co-intercalation phenomena[J]. Angewandte Chemie, 2014, 53(38): 10169-10173.

[110] Subramanyan K, Aravindan V. Towards commercialization of graphite as an anode for Na-ion batteries: Evolution, virtues, and snags of solvent cointercalation[J]. ACS Energy Letters, 2022, 8(01): 436-446.

[111] He H, He J, Yu H, et al. Dual-interfering chemistry for soft-hard carbon translation toward fast and durable sodium storage[J]. Advanced Energy Materials, 2023, 13(16): 2300357.

[112] Li Y, Vasileiadis A, Zhou Q, et al. Origin of fast charging in hard carbon anodes[J]. Nature Energy, 2024, 9(02): 134-142.

[113] Stevens D A, Dahn J R. High capacity anode materials for rechargeable sodium-ion batteries[J]. Journal of The Electrochemical Society, 2000, 147(04): 1271-1273.

[114] He X, Lai W, Liang Y, et al. Achieving all-plateau and high-capacity sodium insertion in topological graphitized carbon[J]. Advanced Materials, 2023, 35(40): 2302613.

[115] Hyun J C, Jin H M, Kwak J H, et al. Design guidelines for a high-performance hard carbon anode in sodium ion batteries[J]. Energy & Environmental Science: EES, 2024, 17(08): 2856-2863.

[116] Chen X, Liu C, Fang Y, et al. Understanding of the sodium storage mechanism in hard carbon anodes[J]. Carbon Energy, 2022, 4(06): 1133-1150.

[117] Komaba S, Murata W, Ishikawa T, et al. Electrochemical Na insertion and solid electrolyte interphase for hard-carbon electrodes and application to Na-ion batteries[J]. Advanced Functional Materials, 2011, 21(20): 3859-3867.

[118] Bommier C, Surta T W, Dolgos M, et al. New mechanistic insights on Na-ion storage in nongraphitizable carbon[J]. Nano Letters, 2015, 15(09): 5888-5892.

[119] Stratford J M, Allan P K, Pecher O, et al. Mechanistic insights into sodium storage in hard carbon anodes using local structure probes[J]. Chemical Communications, 2016, 52(84): 12430-12433.

[120] Zhao L, Pan H, Hu Y, et al. Spinel lithium titanate ($Li_4Ti_5O_{12}$) as novel anode material for room-temperature sodium-ion battery[J]. Chinese Physics B, 2012, 21(02): 32-35.

[121] Xiong H, Slater M D, Balasubramanian M, et al. Amorphous TiO_2 nanotube anode for rechargeable sodium ion batteries[J]. The Journal of Physical Chemistry Letters, 2011, 2(20): 2560-2565.

[122] Hankins K, Putra M H, Wagner-Henke J, et al. Insights on SEI growth and properties in Na-ion batteries via physically driven kinetic monte carlo model[J]. Advanced Energy Materials, 2024: 2401153.

[123] Liu Q, Xu R, Mu D, et al. Progress in electrolyte and interface of hard carbon and graphite anode for sodium-ion battery[J]. Carbon Energy, 2022, 4(03): 458-479.

[124] Cui K, Hou R, Zhou H, et al. Electrolyte engineering of hard carbon for sodium-ion batteries: From mechanism analysis to design strategies[J]. Advanced Functional Materials, 2024: 2419275.

[125] Xu K. Electrolytes and interphases in Li-ion batteries and beyond[J]. Chemical Reviews, 2014, 114(23): 11503-11618.

[126] Li C, Xu H, Ni L, et al. Nonaqueous liquid electrolytes for sodium-ion batteries: Fundamentals, progress and perspectives[J]. Advanced Energy Materials, 2023, 13(40): 2301758.

[127] Tian Z, Zou Y, Liu G, et al. Electrolyte solvation structure design for sodium ion batteries[J]. Advanced Science, 2022, 9(22): 2201207.

7

[128] Yi X, Li X, Zhong J, et al. Unraveling the mechanism of different kinetics performance between ether and carbonate ester electrolytes in hard carbon electrode[J]. Advanced Functional Materials, 2022, 32(48): 2209523.

[129] Kim H, Hong J, Park Y, et al. Sodium storage behavior in natural graphite using ether-based electrolyte systems [J]. Advanced Functional Materials, 2015, 25(04): 534-541.

作者简介

陈人杰，北京理工大学教授、博士生导师，前沿技术研究院首席专家（先进能源材料及智能电池创新中心主任），材料科学与工程学科责任教授，理学与材料学部副主任委员。现任国家部委能源专业组委员，中国材料研究学会副秘书长（能源转换及存储材料分会秘书长）等。主要从事新型电池及关键能源材料的研究，面向高能量密度电池新体系的构筑、电池安全性能的改善、功能器件的设计开发开展多电子高比能电池新体系及关键材料、新型离子液体及功能复合电解质材料、特种电源与结构器件、绿色电池资源化再生、智能电池及信息能源融合交叉技术等方面的教学和科研工作。主持承担了国家自然科学基金委项目、科技部重点研发计划项目、科技部863计划项目、科技部国际科技合作项目、中央在京高校重大成果转化项目、北京市重大科技项目等课题，研制出能量密度从300Wh/kg到600Wh/kg不同规格和性能特征的锂二次电池样品，先后在高容量通信装备、无人机、机器人、新能源汽车等方面开展应用。获得国家技术发明二等奖1项、部级科学技术一等奖6项。入选教育部长江学者特聘教授、北京高等学校卓越青年科学家、中国工程前沿杰出青年学者和英国皇家化学学会会士、科睿唯安"全球高被引科学家"、爱思唯尔"中国高被引学者"。

刘琦，北京理工大学材料学院特别研究员，博士生导师。主要从事新型绿色二次电池及先进能源储存材料的研究；主要包括锂离子电池、钠离子电池和金属锂电池及其关键材料研究开发；重点研究二次电池容量衰减机制，电极/电解质界面电化学机制及其复合改性。作为项目负责人承担国家自然科学基金面上项目、国家博士后创新人才支持计划、中国博士后科学基金面上一等资助项目。

第 8 章

超分子机器

张琦

人工分子机器的未来是什么？一种公认的发展趋势是面向未来智能应用的仿生可做功型软物质材料。近年来，对于该领域的基础探索已初见端倪，尤其是利用超分子化学的策略在人工分子机器的基元骨架上引入非共价组装位点，进而促进人工分子机器从离散式的运作模式集成、组装、放大至更高尺度的宏观层面，以此实现分子尺度微观运动的动态性集群式放大至宏观层面，引起超分子组装软材料的刺激响应性行为甚至是对外做功。本章将聚焦"超分子机器"，综述、总结、讨论其的国内外发展现状，并展望其未来发展面临的机遇和挑战。

8.1 源起

2016年，诺贝尔化学奖颁给了J. P. Sauvage、J. F. Stoddart、B. L. Feringa三位化学家[1-3]，以肯定他们在人工分子机器合成方面取得的开拓性贡献。这是一次非常少见的将奖项颁发给了一个仍然处于概念验证阶段的基础化学研究领域的科学家，截至目前，该领域仍然处于基础研究阶段，没有任何真正意义上的人工分子机器的应用或者商品化产品被开发出来。但不可否认的是，2016年之后，世界各国对人工分子机器的关注度和科研投入大幅增加[4-10]。人们意识到，这一由有机合成化学产生的新概念可能在未来引起纳米科学的革命[11]。

目前的人工分子机器的代表性原型主要分为两类：以Stoddart和Sauvage为代表研发的机械互锁型分子机器[12]，以及以Feringa为代表研发的光驱动分子马达[13]。前者是基于超分子化学的新飞跃，后者是光化学、立体化学、物理有机化学的交叉融合。目前，国际上人工分子机器的研究主流仍然是新机器基元的创制及其在分子科学以及纳米科学上的应用，比如分子泵[14-16]、分子行走器[17,18]、分子合成器[19]、分子纳米车[20]、分子跨膜通道[21-23]等。这些研究的基本逻辑和原理是基于单个离散型分子机器基元的功能应用，是回答费曼"There's plenty of room at the bottom"著名论述[24]的典型例子，也展示了分子机器在纳米科学方面有着巨大的研究空间和广阔的前景。

尽管人工分子机器的合成原型是生物分子机器，但是目前的人工分子机器的结构和功能仍然难以比拟生物分子机器的复杂性[25]。其中，最核心的区别是生物分子机器的化学本质是大分子结构，通过序列精准调控大分子的构象（α-螺旋、β-折叠等）和二级以上的超分子组装行为，进而在超分子层面发挥其动态功能。其基本结构基元其实非常简单，即20种天然氨基酸，都是结构极其简单的小分子。而目前的人工分子机器的基本工作原理却是基于单个复杂结构小分子的立体化学构象调控，这从本质上制约了其仿生的模式发展。但这也为人工分子机器的未来发展提供了重要思路：颠覆现有人工小分子机器的结构原型，进一步融合合成化学、超分子化学、高分子化学、动态共价化学等，设计结构简单、序列可控、组装可控、功能特异的"超分子机器"，构筑像生物分子机器一样的可做功的智能软物质材料。如图8-1所示。

基于以上背景，本章基于现有人工分子机器的研究现状，以相关的几项代表性工作为例，总结并讨论发展"超分子机器"的可行性和发展中的挑战和机遇，希望以此为契机，推动化学与生物学的进一步交融和学科的共同发展。

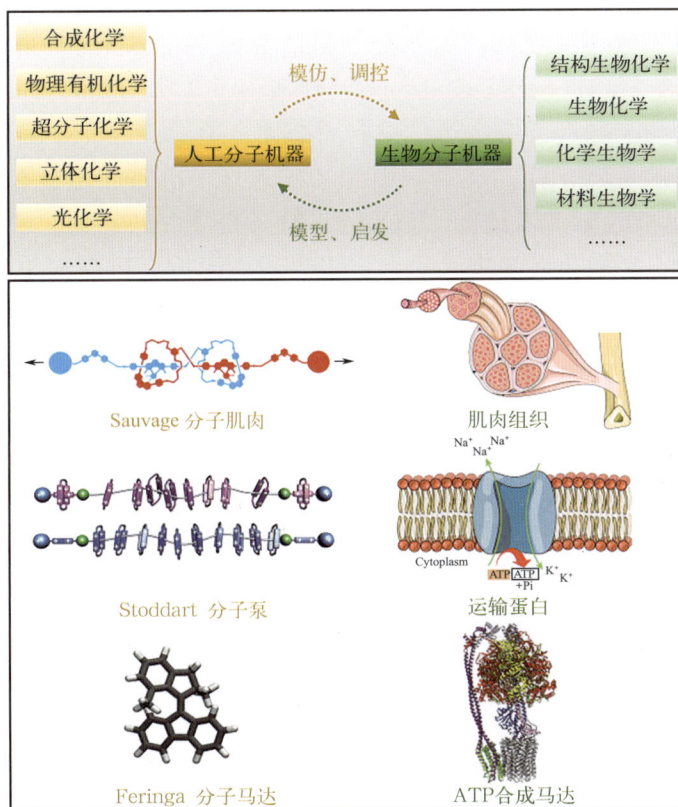

图8-1　人工分子机器与生物分子机器

8.2　超分子机器的内涵

这里提出的"超分子机器"（supra-molecular machines），在概念上是2016年诺贝尔化学奖"人工分子机器"在更大的空间尺度上的一次升华。区别于基于单个有机小分子的离散型分子机器，这里主要强调在超分子尺度上"做功"的重要性。其中，"超分子"的概念已被广泛接受（1987年诺贝尔化学奖）[26]，即超越分子尺度的化学。然而，"机器"的概念其实目前仍然没有得到普遍共识，即使是在诺奖公布以后。分子机器的早期原型其实是一类结构像机器的分子，如分子螺旋桨、分子梭、分子电梯、分子车、分子转子等[27-31]。这些分子的合成和热运动的基础研究，毫无疑问直接推动了人工分子机器的问世和发展。如今，人工分子机器的严格定义（按目前具有普遍认可度的 Stoddart 教授 2012 年发表于 *Chem. Soc. Rev.* 的综述[32]）是：能否做功，应该是区分分子开关（molecular switch）和分子机器（molecular machin）的最关键特征。这一区分，也成为国际分子机器学界的主流思想。随后，一些专家学者不断对此定义进行细致"打磨"。比如 Aprahamian 指出[33]，做功必须是在一定"负载"状态下进行，否则分子机器的做功将以无意义的热运动耗散掉，没有实质性的"有用功"输出。Giuseppone 则强调了做功运动的方向性的重要性[34]，即来回的可逆运动不是真正的做功，只有周期性、单向性的非平衡做功的分子体系才能实现有意义的机器一样的运动。因此，人工分子机器的定义有从早期 Balzani、Credi 等人的广义的定义[35]发展为"狭义人工分子机器"的趋势。

毫无疑问，广义和狭义的定义给人们带来不少困扰：目前人工分子机器的定义的共识是什么？如何进入人工分子机器这个领域？人工分子机器的未来是什么？笔者认为，我们应当抛开人工分子机器定义的争论，人工分子机器的广义和狭义的定义都是符合科学发展规律的，二者发展的目标是一致的，即在分子尺度上模拟生命分子机器，在纳米尺度上开展一次"工业革命"，变革纳米科学，开发智能分子材料。

本章提出的"超分子机器"，无论其定义如何，在我们的兴趣范畴上，应当是"超越分子尺度的像机器一样可做功材料"。一方面，"超越分子尺度"意味着更加聚焦二级结构，即构象的时空调控。"像机器一样可做功"指的是能够输出机械功，或者储存化学势能，并可控释放。"材料"包括分子、超分子、高分子、宏观等材料，这个材料可以是液体、固体、晶体、玻璃、陶瓷、塑料、泡沫等具有工业应用场景的宽范畴材料。总之，我们认为，人工分子机器的未来应该是开发具有多种物质基本形态、多尺度、多功能的仿生机器智能材料。后文，我们将举例说明近年来国内外的一些相关报道。

8.3 超分子机器的雏形

我们很高兴地看到，自分子机器领域的科学家获得诺贝尔化学奖以后，更多的国内外学者加入到了这一领域的研究中，在分子机器相关的基础和应用研究方面取得了诸多进展。由于篇幅所限，本文难以覆盖所有例子，只能选取几个有代表性的、有潜力发展为下一代超分子机器的分子体系进行说明。下面根据分子机器类型进行举例说明。

8.3.1　超分子肌肉

生命体系中的肌肉指的是能够在ATP能量驱动下，进行多次往复线性伸缩运动的蛋白组织结构。可往复伸缩的化学结构很常见，比如最常见的聚合物链，由于其本征的构象熵，可以在应力下发生弹性形变，从而其交联网络展现出像橡胶一样的弹性性质。更加精准的仿生分子肌肉结构最早来源于J. P. Sauvage教授的[c2]雏菊链轮烷[36]，其能够在刺激条件下实现双稳态伸缩致动，这也是J. P. Sauvage教授之所以能获得诺贝尔奖所作的代表性工作之一。然而，以"狭义分子机器"的定义来看，该体系其实不能称之为分子机器，因为肌肉的两端并没有负载，因此没有任何输出功，只能称之为分子开关[34]。

此后，在该分子模型的功能化和线性放大方面，学者们进行了大量的研究工作。其中包括：Stoddart和Grubbs等人分别通过共价聚合的方式得到了分子肌肉（寡）聚合物[37-39]，实现了定义上的放大；Giuseppone等人通过超分子聚合的方式得到了真正意义上的高分子量的分子肌肉[40]，并在纳米和宏观尺度上实现了可视化的可逆致动；田禾、曲大辉等人将分子肌肉负载到两个金纳米颗粒的表面[41]，实现了单颗粒尺度下的可逆致动和光学信号输出；杨海波等人则发展了树枝状巨型轮烷分子肌肉[42-44]，能够通过树枝状巨型分子的独特的拓扑结构，将双稳态轮烷的分子运动放大至更大的尺度，甚至实现宏观材料的可逆致动，这是目前发展较为成熟的超分子肌肉体系。如图8-2所示。

除了机械互锁型分子肌肉外，笔者认为一类基于超分子组装得到的响应型软材料在广义上也可以作为超分子肌肉的雏形。例如，Feringa等人将光响应分子马达通过亲疏水作用力组装成超分子纳米管（单根分子肌肉）[45]，并进一步通过钙离子的络合作用将一维纳米管分级组装为宏观肌肉束。该肌肉束材料的含水量高达95%，且能够在紫外光照射下发生趋光形变，进而在定义上可以克服重力做功，实现光能向机械能的转化。进一步，该课题组开发出了大量光响应超分子肌肉材料[46-49]，在软体机器人、人工细胞支架等方面展现出了应用潜力。

此外，一些最近出现的响应型柔性晶体材料也可以作为超分子肌肉的雏形。例如，童非、Bardeen等人开发了一系列基于有机光响应小分子晶体纳米线的光-机械材料[50]，通过对小尺寸的纳米线晶体持续施加光照，晶体可以在液体环境中像细菌鞭毛一样发生持续的扰动和游泳，展现出了"非平衡"超分子肌肉的雏形和发展前景。

8.3.2　超分子液晶弹性体

超分子液晶弹性体是一类基于液晶小分子超分子组装、刺激响应的弹性体材料[51]。相比于各向同性的分子肌肉凝胶网络，超分子液晶弹性体材料展现出了更加灵敏、更加高效的致动行为，因此在近些年发展迅速[52-54]，相关研究已有大量综述文献进

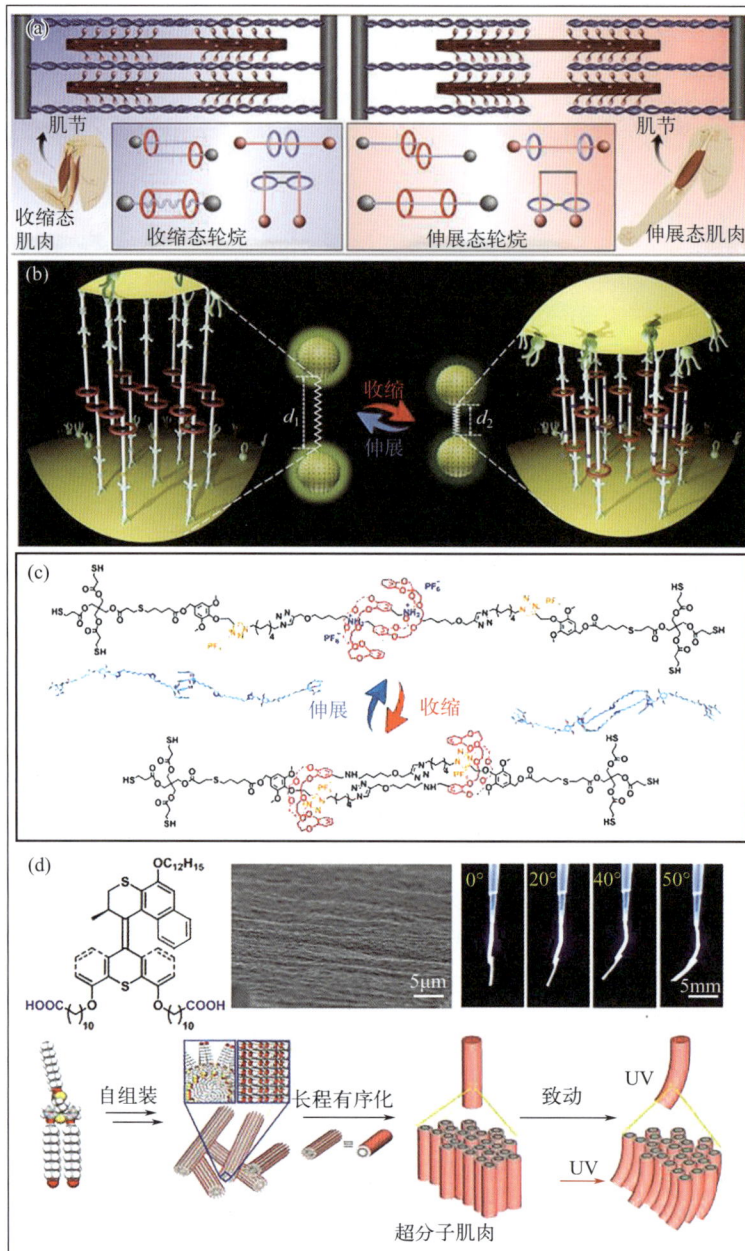

图8-2 超分子肌肉概念示意图及其应用举例

（a）轮烷型分子肌肉示意图；（b）[c2]雏菊链分子肌肉用于纳米颗粒制动器示意图；（c）分子肌肉分子结构及其伸缩致动结构变化；（d）分子马达超分子肌肉结构及其功能示意图

行了总结和讨论,读者可以有针对性地阅读和了解,本文不再赘述。

笔者这里想强调的是,液晶作为一类已被成功商品化的化学材料,原本基础研究已趋于平稳发展。近年来,国内外学者对这一"传统"领域的重新重视和发展,表明未来社会对智能材料的看好和需求。智能软体机器人、液晶致动器、可编程形变材料等尖端技术的迸发进一步刺激了科技界对这一动态化学材料的研究兴趣[52]。液晶材料也正在成为人工分子机器实现动态功能放大的重要载体。Katsonis 等人将微量光驱动分子马达掺杂到液晶中[55],将分子马达的单向旋转运动放大至液晶材料的流体场光学重构中,以此实现了光控的液滴游泳、液滴旋转等极其有趣的动态功能。杨槐等人将分子马达掺杂到液晶弹性体网络中[56],实现了光-机械响应的可逆致动行为。陈家文等人利用光驱动分子马达的本征手性和胆甾相液晶的不对称性放大效应[57],实现了对弹性体薄膜光致动行为的宏观螺旋性调控。Feringa 等人则使用一代分子马达,实现了分子马达集群式、时空同步化的旋转运动和机械致动[58]。

除了分子尺度的创新外,宏观尺度的功能应用也取得了一系列重要进展。最具代表性的是俞燕蕾等人开发的光控流体运输液晶弹性体材料[59],她们将偶氮苯液晶弹性体材料加工成管状,使其能够在光照下产生微小形变,并以此精准调控管中液体的定向运输,即光能转化为机械能,实现了在宏观尺度上像机器一样定向运输液体,即做功超分子机器。

Borer 等人开发了一系列非平衡持续振动的偶氮苯类液晶弹性体材料[60]。其设计核心在于光热效应产生的液晶致动会反过来产生形变遮挡作用,对斜向光照产生负反馈机制,因此薄膜发生弯曲后会自发恢复形变,以此可以调控出持续光照下的自发高频振动致动器,甚至可以通过入射角度的精细调控将光致弯曲形变行为进一步发展为光致波动形变行为,实现软体致动器的宏观爬行等复杂运动。

8.3.3 超分子离子通道

离子通道蛋白是一类非常经典的生物分子机器。利用人工合成的小分子、超分子、大分子来模拟生物离子通道的功能极具挑战。目前的研究主要聚焦在使用人工合成通道模拟"被动运输"过程,即离子在浓度梯度的驱动下,从高浓度往低浓度跨膜运输的过程,其热力学本质是熵驱动的再平衡过程,因此不涉及任何做功。其中,人工离子通道的作用类似于化学反应的催化剂,即不改变跨膜平衡,但可以调控跨膜速率。关于被动型跨膜离子通道的文献和相关综述有很多[61-63],笔者这里不再展开。这里举几个近年来利用分子机器作为仿生超分子离子通道的例子,以展现其在该方向的应用前景、机遇和挑战。

首个将轮烷分子机器引入到人工跨膜离子通道的例子是曲大辉、包春燕等人于2018年报道的冠醚型[2]轮烷体系[64]。该分子体系在轮烷的封堵基团两端修饰了亲水的甘醇链,同时在中间的疏水端设计了经典的苄基烷基胺盐和24[冠]8大环的[2]

轮烷分子梭，使大环分子能够在轮烷杆上像缆车一样来回穿梭（布朗运动），进而带动大环上离子识别主体的跨膜穿梭运动，且实现了钾离子的选择性运输。随后，该课题组进一步将轮烷型分子梭进一步拓展至光响应系统，在轮烷杆上引入光致异构偶氮苯分子作为"门控"基元[65]，通过偶氮苯的光致异构，可以调控冠醚主体的穿梭频率，进而实现了外源刺激对离子通道运输功能的可逆调控。如图8-3所示。

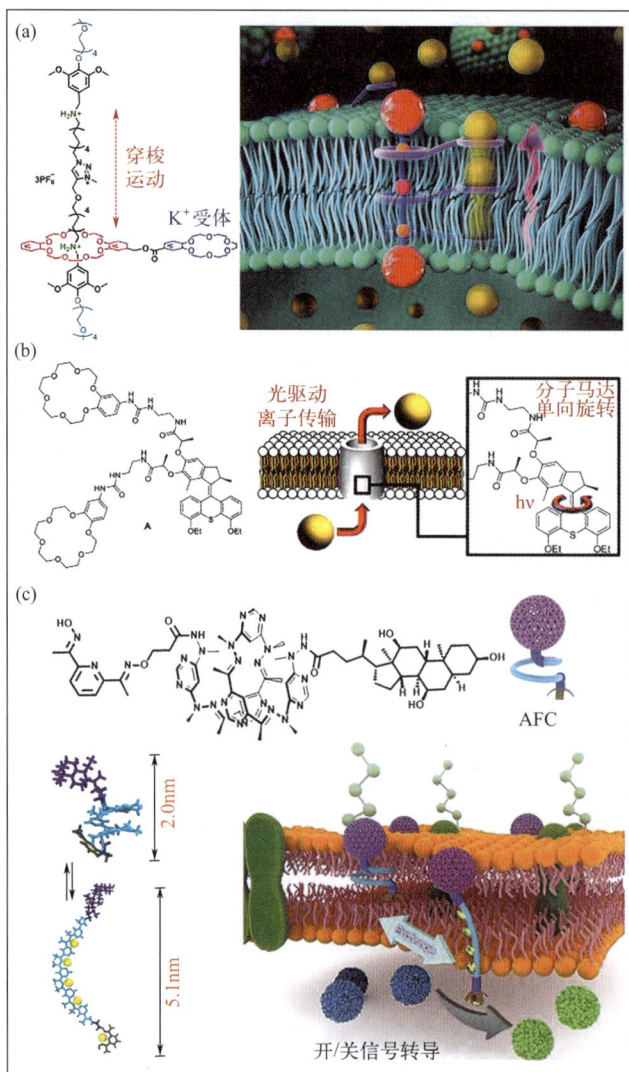

图8-3　超分子跨膜离子通道举例

（a）轮烷型离子通道结构及其示意图；（b）分子马达离子通道结构及其示意图；（c）超分子折叠体离子通道结构及其示意图

除了轮烷型分子机器外，光驱动分子马达也已被用于人工离子通道的构筑。Giuseppone等人将Feringa马达修饰上冠醚[66]，利用光驱动的超快单向旋转，在离子识别主体冠醚的作用下，观察到光激活的离子运输过程。不同于双稳态体系，该体系只有在持续光照下才能实现离子运输功能的激活，即马达的持续转动是离子运输的直接驱动力。遗憾的是，尽管分子马达是单向旋转的，但跨膜组装的分子机器并没有实现主动运输过程，这可能跟组装的朝向并未得到控制有关。在另一个平行的例子中，曲大辉和包春燕等人发展了不同于Giuseppone的设计的分子马达离子通道[67]，即利用分子马达的旋转过程降低磷脂双分子层的黏度，进而使马达底座上的双冠醚组分产生快速的构象变化，实现离子的高效被动运输。该体系与Tour等人前期研究的光驱动分子马达"钻孔"机器有一定的联系[68]，但冠醚的引入保证了离子的选择性和跨膜性，在一定程度上更加有利于离子的选择性高效跨膜运输。

人工折叠体的动态构象也可以用于实现加速离子跨膜运输的功能。与此前已报道的折叠体离子通道不同的是，包春燕等人将构象动态性引入到离子运输调控中[69]，通过金属离子调控的可控折叠模拟自然界中受体蛋白质的跨膜信号传导在"开"和"关"状态之间的可逆切换行为，通过加入Zn^{2+}的强螯合剂实现跨膜通道信号的可逆关闭。

目前，人工分子机器用于仿生离子通道的研究的主要科学挑战在于如何实现主动运输的模拟。该挑战目前尚未有实现的报道，其难点在于如何让人工分子机器克服浓度梯度做功。生物分子机器（如主动运输的通道蛋白质）主要依靠化学燃料ATP驱动的蛋白质三维结构的整体变构作用得以实现，其中涉及超分子空间的分区、离子选择性捕获和释放、超分子结构的跨尺度调控、化学能量转化等一系列极其复杂的问题。因此，利用人工分子机器实现真正可应用的人工离子通道势在必行，但又任重而道远。

8.3.4 超分子框架机器

目前，大多数的分子机器的研究都是在液相进行的，这多半是因为分子机器的动态运转常常需要核磁波谱、分子吸收、振动光谱等液相方法进行表征。然而，面向未来应用的分子机器材料的必然发展趋势是固态分子机器材料，包括分子机器聚合物、晶态分子机器、表面分子机器和分子机器软物质。其中，分子机器与晶态有机框架材料的交叉复合已取得显著进展[70]。Loeb和朱克龙等人在机械互锁金属有机框架材料方面取得了先驱性的进展[71]。该方面已有相关文献进行了完整综述[70]，本文由于篇幅所限，不再过多介绍。

分子机器的核心在于其分子层面的动态运动。因此，将分子机器引入有机框架材料，目的是利用晶态有机框架材料的结构有序性，将分子机器在三维空间中的排列有序化，实现各向异性，进而将其分子层面的动态性放大至宏观材料层面，实现功能调控。然而，该概念的实现难点在于以下几个方面：

① 如何保证分子机器在受限的固态环境中正常运转？

② 如何表征非液相的分子机器？

③ 如何将功能放大至整个宏观层面？放大的机制是什么？

上述三个科学问题引发了近几年来国际上关于分子机器框架材料的讨论和探索。下面举例说明。

冯亮、Stoddart等人将他们发展的人工分子泵通过配位作用修饰到二维金属有机框架的基底上[72]，实现了可逆浓度梯度的"机械化学吸附"。其设计的核心在于有效调控二维金属有机框架的拓扑结构，精准调控金属位点之间的距离，进而使在表面上组装的分子泵之间具有足够的空间自由度，能够在表面上像在液相中一样发挥分子泵的功能。同时，金属有机框架材料还应在分子泵的工作环境（如氧化还原刺激）中保持其化学惰性和结构稳定性，而在其他调控方式下，可控地解组装，实现可逆脱附。因此，该体系是极具代表性的可以做功的"超分子框架机器"。

另一个例子来自Feringa的光驱动分子马达[73]，其将二代分子马达（即转子+定子）通过配体交换策略，成功引入到三维金属有机框架中，作为框架中的"支柱"，有序地排列到有金属机框架单晶结构中，得到的分子马达金属有机框架材料，在晶态环境中，仍然可以保持光驱动单向旋转的特性。通过原位拉曼测试，确定了其旋转速率和在液相中类似。在后续的工作中[74]，该课题组合成了二代分子马达共价有机框架晶态材料，不同于三维框架，二维共价有机框架的空间组装较为紧密，因此没有观测到分子马达在固态时的光响应行为。二维和三维框架的对比进一步表明了三维框架的空间构型能够提供给分子马达足够的自由旋转空间，是良好的固载基底。该体系在概念上将分子转动集成到有机框架材料中，虽然尚未实现真正的功能放大和应用，但有潜力作为下一代"分子机械工厂"的概念[75]应用于小分子物质在框架孔道中的定向运输。

除了晶体材料外，非晶型的多孔芳环骨架材料也可以作为"超分子机器"的载体。比如Feringa等人将分子马达、分子开关通过高效的Yamamoto偶联反应引入到多孔芳环框架材料中[76]，利用对光响应分子的构象控制，可以实现从分子到超分子层面的骨架调控，进而实现多孔材料比表面积的光化学调控。相比于金属有机框架，多孔芳环骨架材料具有更加稳定的性能，同时其无定型的孔道结构理论上具有更多的柔性空间，因此在拓扑变形和功能放大方面展现出了诸多优势。如图8-4所示。

总结与展望

人工分子机器的未来是否应该是"超分子机器"？这一问题虽然在字面上存在一定的争议，但是随着超分子化学概念的普及和发展，尤其是超分子化学在自组装、聚合物、液晶、晶体、固态材料领域的不断延伸，使得分子机器的研究自发地

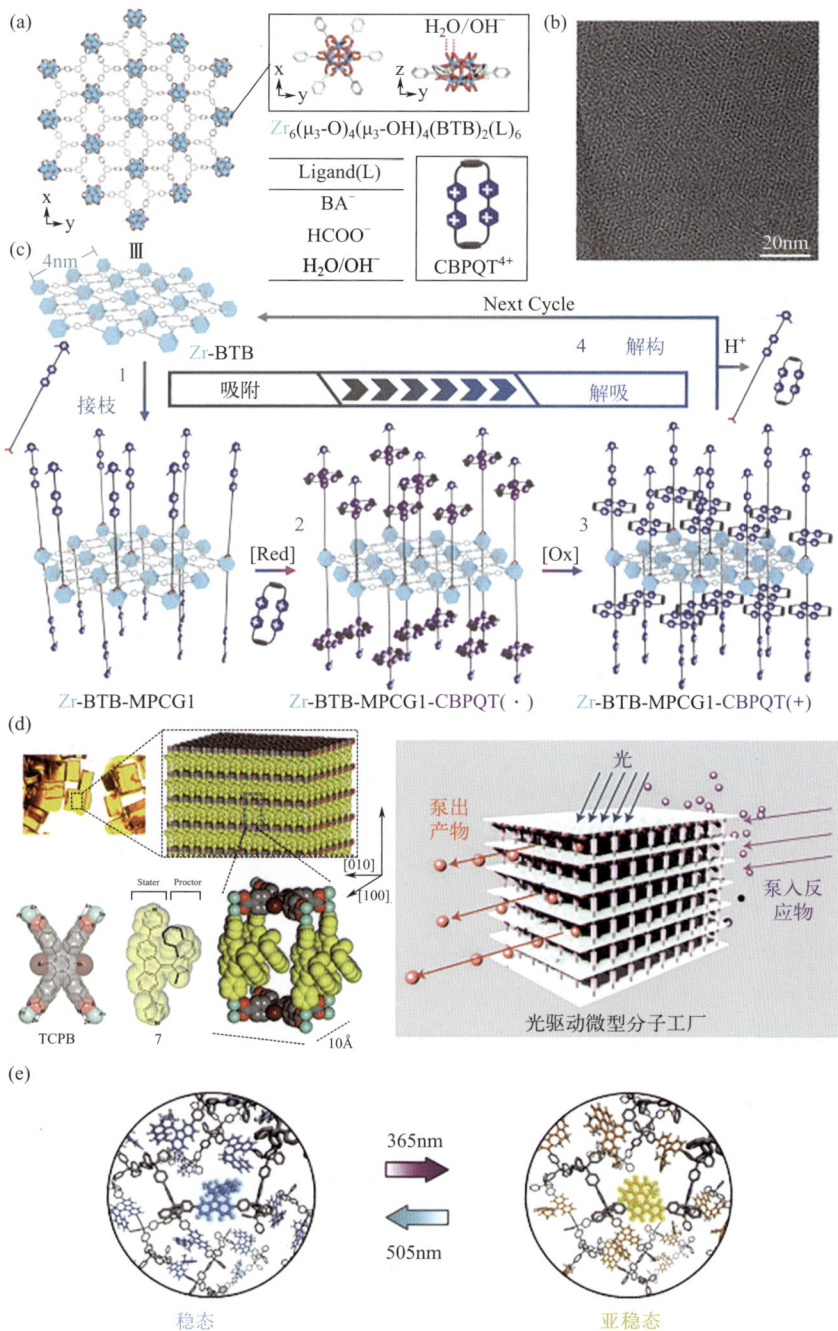

图8-4 超分子机器的概念和举例

（a）金属有机框架结构；（b）透射电子显微镜；（c）分子泵修饰金属有机框架示意图；（d）分子马达金属有机框架结构及分子工厂概念图；（e）光响应马达负载多孔框架材料

向更大的超分子尺度发展。人们总是对能够动态可追踪，甚至是肉眼可见的宏观现象和功能产生广泛的兴趣，也对未来化学家可以通过合成化学构筑出人造生命这一理想充满憧憬。笔者认为，分子机器未来的研究，会逐渐从小分子向大分子以及大分子组装体的方向发展。机械互锁聚合物、液晶弹性体都已展现出区别于现有高分子材料的结构特征和功能优越性。手性分子机器也是未来的重要发展方向之一，利用分子机器对手性物质和材料进行动态调控[77-81]，研究分子机器对生命关键物质的化学调控与干预，可能为分子机器在生命健康领域的应用提供重要方向。核酸分子机器在本章中未做详细讨论，但其是极其重要的研究方向[82-84]。核酸的规模化定制与合成技术的日益成熟为核酸分子机器的发展奠定了重要基础，预计未来将涌现出大批核酸分子机器药物和医用软物质材料。总之，笔者想借本文呼吁更多其他学科的科研工作者投入到这一领域的研究中，在保持学术规范的前提下，发展共识性语言和概念，共同推进分子机器这一重要基础化学研究的多学科发展。

参考文献

[1] Sauvage J P. From chemical topology to molecular machines (Nobel lecture)[J]. Angew. Chem. Int. Ed., 2017, 56: 11080-11093.

[2] Stoddart J F. Mechanically interlocked molecules (MIMs)—molecular shuttles, switches, and machines (Nobel lecture)[J]. Angew. Chem. Int. Ed., 2017, 56: 11094-11125.

[3] Feringa B L. The art of building small: From molecular switches to motors (Nobel lecture)[J]. Angew. Chem. Int. Ed., 2017, 56: 11060-11078.

[4] Iino R, Kinbara K, Bryant Z.Introduction: molecular motors[J]. Chem. Rev., 2020, 120: 1-4.

[5] Ramezani H, Dietz H. Building machines with DNA molecules[J]. Nat. Rev. Genet., 2020, 21: 5-26.

[6] Borsley S, Leigh D A, Roberts B M. Chemical fuels for molecular machinery[J]. Nat. Chem., 2022, 14: 728-738.

[7] Zhang Q, Qu D H, Tian H, et al. Bottom-up: Can supramolecular tools deliver responsiveness from molecular motors to macroscopic materials?[J]. Matter., 2020, 3: 355-370.

[8] Zhang L, Marcos V, Leigh D A. Molecular machines with bio-inspired mechanisms[J]. Proc. Natl. Acad. Sci., 2018, 115: 9397-9404.

[9] Tasbas M N, Sahin E, Erbas-Cakmak S. Bio-inspired molecular machines and their biological applications[J]. Coord. Chem. Rev., 2021, 443: 214039.

[10] Santos A L, Liu D, Reed A K, et al. Light-activated molecular machines are fast-acting broad-spectrum antibacterials that target the membrane[J]. Sci. Adv., 2022, 8: eabm2055.

[11] Abendroth J M, Bushuyev O S, Weiss P S, et al. Controlling motion at the nanoscale: Rise of the Molecular Machines[J]. ACS Nano, 2015, 9: 7746-7768.

[12] Bruns C J, Stoddart J F. The nature of the mechanical bond: From molecules to machines[M]. Wiley-

VCH, 2016.

[13] van Leeuwen T, Lubbe A S, Štacko P, et al. Dynamic control of function by light-driven molecular motors[J]. Nat. Rev. Chem., 2017, 1: 0096.

[14] Feng Y, Ovalle M, Seale J S W, et al. Molecular Pumps and Motors[J]. J. Am. Chem. Soc., 2021, 143: 5569-5591.

[15] Cheng C, McGonigal P R, Schneebeli S T, et al. An artificial molecular pump[J]. Nat. Nanotech., 2015, 10: 547-553.

[16] Qiu Y, Feng Y, Guo Q H, et al. Pumps through the ages[J]. Chem., 2020, 6: 1952-1977.

[17] von Delius M, Leigh D A. Walking molecules[J]. Chem. Soc. Rev., 2011, 40: 3656-3676.

[18] von Delius M, Geertsema E M, Leigh D A. A synthetic small molecule that can walk down a track[J]. Nat. Chem., 2010, 2: 96-101.

[19] Borsley S, Gallagher J M, Leigh D A, et al. Ratcheting synthesis[J]. Nat. Rev. Chem., 2024, 8: 8-29.

[20] Kudernac T, Ruangsupapichat N, Parschau M, et al. Electrically driven directional motion of a four-wheeled molecule on a metal surface[J]. Nature, 2011, 479: 208-211.

[21] Watson M A, Cockroft S L. Man-made molecular machines: Membrane bound[J]. Chem. Soc. Rev., 2016, 45: 6118-6129.

[22] Shen J, Ren C, Zeng H. Membrane-active molecular machines[J]. Acc. Chem. Res., 2022, 55: 1148-1159.

[23] Johnson T G, Langton M J. Molecular machines for the control of transmembrane transport[J]. J. Am. Chem. Soc., 2023, 145: 27167-27184.

[24] Feynman R P. There's plenty of room at the bottom. Engineering and science, 1959,23: 22-36.

[25] Kinbara K, Aida T. Toward intelligent molecular machines: Directed motions of biological and artificial molecules and assemblies[J]. Chem. Rev., 2005, 105: 1377-1400.

[26] Lehn J M. Supramolecular chemistry-scope and perspectives molecules, supermolecules, and molecular devices (Nobel lecture)[J]. Angew. Chem. Int. Ed., 1988, 27: 89-112.

[27] Kelly T R, Cai X, Damkaci F, et al. Progress toward a rationally designed, chemically powered rotary molecular motor[J]. J. Am. Chem. Soc., 2007, 129: 376-386.

[28] Kottas G S, Clarke L I, Horinek D, et al. Artificial molecular rotors[J]. Chem. Rev., 2005, 105: 1281-1376.

[29] Badjić J D, Balzani V, Credi A, et al. A molecular elevator[J]. Science, 2004, 303: 1845-1849.

[30] Vives G, Tour J M. Synthesis of single-molecule nanocars[J]. Acc. Chem. Res., 2009, 42: 473-487.

[31] Anelli P L, Spencer N, Stoddart J F. A molecular shuttle[J]. J. Am. Chem. Soc., 1991, 113: 5131-5133.

[32] Coskun A, Banaszak M, Astumian R D, et al. Great expectations: Can artificial molecular machines deliver on their promise?[J]. Chem. Soc. Rev., 2012, 41: 19-30.

[33] Aprahamian I. The future of molecular machines[J]. ACS Cent. Sci., 2020, 6: 347-358.

[34] Dattler D, Fuks G, Heiser J, et al. Design of collective motions from synthetic molecular switches, rotors, and motors[J]. Chem. Rev., 2019, 120: 310-433.

[35] Balzani V, Venturi M, Credi A. Molecular devices and machines: A journey into the nanoworld[M]. Hoboken: John Wiley Sons, 2006.

[36] Jiménez M C, Dietrich-Buchecker C, Sauvage J P. Towards synthetic molecular muscles: Contraction

and stretching of a linear rotaxane dimer[J]. Angew. Chem. Int. Ed., 2000, 39: 3284-3287.

[37] Clark P G, Day M W, Grubbs R H. Switching and extension of a [c2]Daisy-chain dimer polymer[J]. J. Am. Chem. Soc., 2009, 131: 13631-13633.

[38] Fang L, Hmadeh M, Wu J, et al. Acid-base actuation of [c2]Daisy chains[J]. J. Am. Chem. Soc., 2009, 131: 7126-7134.

[39] Bruns C J, Stoddart J F. Rotaxane-based molecular muscles[J]. Acc. Chem. Res., 2014, 47: 2186-2199.

[40] Goujon A, Du G, Moulin E, et al. Hierarchical self-assembly of supramolecular muscle-like fibers[J]. Angew. Chem. Int. Ed., 2016, 55: 703-707.

[41] Zhang Q, Rao S J, Xie T, et al. Muscle-like artificial molecular actuators for nanoparticles[J]. Chem., 2018, 4: 2670-2684.

[42] Wang X, Li W, Wang W, et al. Construction of type Ⅲ-C rotaxane-branched dendrimers and their anion-induced dimension modulation feature[J]. J. Am. Chem. Soc., 2019, 141: 13923-13930.

[43] Wang X, Wang W, Li W, et al. Dual stimuli-responsive rotaxane-branched dendrimers with reversible dimension modulation[J]. Nat. Commun., 2018, 9: 3190.

[44] Wang X, Li W, Wang W, et al. Rotaxane Dendrimers: Alliance between Giants[J]. Acc. Chem. Res., 2021, 54: 4091-4106.

[45] Chen J, Leung F K C, Stuart MC, et al. Artificial muscle-like function from hierarchical supramolecular assembly of photoresponsive molecular motors[J]. Nat. Chem., 2018, 10: 132-138.

[46] Leung F K C, van den Enk T, Kajitani T, et al. Supramolecular packing and macroscopic alignment controls actuation speed in macroscopic strings of molecular motor amphiphiles[J]. J. Am. Chem. Soc., 2018, 140: 17724-17733.

[47] Chen S, Yang L, Leung F K C, et al. Photoactuating artificial muscles of motor amphiphiles as an extracellular matrix mimetic scaffold for mesenchymal stem cells[J]. J. Am. Chem. Soc., 2022, 144: 3543-3553.

[48] Leung F K C, Kajitani T, Stuart M C, et al. Dual-controlled macroscopic motions in a supramolecular hierarchical assembly of motor amphiphiles[J]. Angew. Chem. Int. Ed., 2019, 58: 10985-10989.

[49] Chen S, Costil R, Leung F K C, et al. Self-assembly of photoresponsive molecular amphiphiles in aqueous media[J]. Angew. Chem. Int. Ed., 2021, 60: 11604-11627.

[50] Tong F, Kitagawa D, Bushnak I, et al. Light-powered autonomous flagella-like motion of molecular crystal microwires[J]. Angew. Chem. Int. Ed., 2021, 60: 2414-2423.

[51] Herbert K M, Fowler H E, McCracken J M, et al. Synthesis and alignment of liquid crystalline elastomers[J]. Nat. Rev. Mater., 2022, 7: 23-38.

[52] Ware T H, Biggins J S, Shick A F, et al. Localized soft elasticity in liquid crystal elastomers[J]. Nat. Commun., 2016, 7: 10781.

[53] Ware T H, McConney M E, Wie J J, et al. Voxelated liquid crystal elastomers[J]. Science, 2015, 347: 982-984.

[54] Yu Y, Ikeda T. Soft actuators based on liquid-crystalline elastomers[J]. Angew. Chem. Int. Ed., 2006, 45: 5416-5418.

[55] Orlova T, Lancia F, Loussert C, et al. Revolving supramolecular chiral structures powered by light in nanomotor-doped liquid crystals[J]. Nat. Nanotechnol, 2018, 13: 304-308.

[56] Sun J, Hu W, Zhang L, et al. Light-driven self-oscillating behavior of liquid-crystalline networks triggered by dynamic isomerization of molecular motors[J]. Adv. Funct. Mater., 2021, 31: 2103311.

[57] Hou J, Long G, Zhao W, et al. Phototriggered complex motion by programmable construction of light-driven molecular motors in liquid crystal networks[J]. J. Am. Chem. Soc., 2022, 144: 6851-6860.

[58] Ryabchun A, Lancia F, Chen J, et al. Macroscopic motion from synchronized molecular power strokes[J]. Chem., 2023, 9: 3544-3554.

[59] Lv J, Liu Y, Wei J, et al. Photocontrol of fluid slugs in liquid crystal polymer microactuators[J]. Nature, 2016, 537: 179-184.

[60] Gelebart A H, Mulder D J, Varga M, et al. Making waves in a photoactive polymer film[J]. Nature, 2017, 546: 632-636.

[61] Zheng S, Huang L, Sun Z, et al. Self-assembled artificial ion-channels toward natural selection of functions[J]. Angew. Chem. Int. Ed., 2021, 60: 566-597.

[62] Barboiu M, Gilles A. From natural to bioassisted and biomimetic artificial water channel systems[J]. Acc. Chem. Res., 2013, 46: 2814-2823.

[63] Zhang Z, Huang X, Qian Y, et al. Smart nanofluidic systems: Engineering smart nanofluidic systems for artificial ion channels and ion pumps: From single-pore to multichannel membranes[J]. Adv. Mater., 2020, 32: 2070026.

[64] Chen S, Wang Y, Nie T, et al. An artificial molecular shuttle operates in lipid bilayers for ion transport[J]. J. Am. Chem. Soc., 2018, 140: 17992-17998.

[65] Wang C, Wang S, Yang H, et al. A light-operated molecular cable car for gated ion transport[J]. Angew. Chem. Int. Ed., 2021, 60: 14836-14840.

[66] Wang W, Huang L, Zheng S, et al. Light-driven molecular motors boost the selective transport of alkali metal ions through phospholipid bilayers[J]. J. Am. Chem. Soc., 2021, 143: 15653-15660.

[67] Yang H, Yi J, Pang S, et al. A light-driven molecular machine controls K^+ channel transport and induces cancer cell apoptosis[J]. Angew. Chem. Int. Ed., 2022, 61: e202204605.

[68] García-López V, Chen F, Nilewski L G, et al. Molecular machines open cell membranes[J]. Nature, 2017, 548: 567-572.

[69] Pang S, Liu J, Li T, et al. Folding and unfolding of a fully synthetic transmembrane receptor for ON/OFF signal transduction[J]. J. Am. Chem. Soc., 2023, 145: 20761-20766.

[70] Saura-Sanmartin A, Pastor A, Martinez-Cuezva A, et al. Mechanically interlocked molecules in metal-organic frameworks[J]. Chem. Soc. Rev., 2022, 51: 4949-4976.

[71] Zhu K, O'Keefe C A, Vukotic V N, et al. A molecular shuttle that operates inside a metal-organic framework[J]. Nat. Chem., 2015, 7: 514-519.

[72] Feng L, Qiu Y, Guo Q, et al. Active mechanisorption driven by pumping cassettes[J]. Science, 2021, 374: 1215-1221.

[73] Danowski W, van Leeuwen T, Abdolahzadeh S, et al. Unidirectional rotary motion in a metal-organic framework[J]. Nat. Nanotechnol, 2019, 14: 488-494.

[74] Stähler C, Grunenberg L, Terban M W, et al. Light-driven molecular motors embedded in covalent organic frameworks[J]. Chem Sci., 2022, 13: 8253-8264.

[75] Huang H, Aida T. Towards molecular motors in unison[J]. Nat. Nanotechnol, 2019, 14: 407.

8

[76] Sheng J, Perego J, Danowski W, et al. Construction of a three-state responsive framework from a bistable photoswitch[J]. Chem., 2023, 9: 2701-2716.

[77] Liu Y, Zhang Q, Crespi S, et al. Motorized macrocycle: A photo-responsive host with switchable and stereoselective guest recognition[J]. Angew. Chem. Int. Ed., 2020, 60: 16129-16138.

[78] Fu R, Zhao Q, Han H, et al. A chiral emissive conjugated corral for high-affinity and highly enantioselective recognition in water[J]. Angew. Chem. Int. Ed. 2023, 62: e202315990.

[79] Ning R, Zhou H, Nie S, et al. Chiral macrocycle-enabled counteranion trapping for boosting highly efficient and enantioselective catalysis[J]. Angew. Chem. Int. Ed., 2020, 59: 10894-10898.

[80] Zong Z, Zhang Q, Qu D, A single-fluorophore multicolor molecular sensor that visually identifies organic anions including phosphates. CCS Chem. 2024, 6: 774-782.

[81] Corra S, de Vet C, Groppi J, et al. Chemical on/off switching of mechanically planar chirality and chiral anion recognition in a [2]rotaxane molecular shuttle[J]. J. Am. Chem. Soc., 2019, 141: 9129-9133.

[82] Yurke B, Turberfield A J, Mills Jr A P, et al. A DNA-fuelled molecular machine made of DNA[J]. Nature, 2000, 406: 605-608.

[83] Mao X, Liu M, Li Q, et al. DNA-Based Molecular Machines[J]. JACS Au, 2022, 2: 2381-2399.

作者简介

张琦，华东理工大学教授，博士生导师，国家优秀青年科学基金（海外）获得者，现任结构可控先进功能材料及其制备教育部重点实验室主任。主要围绕动态化学与智能材料开展研究工作，提出利用天然小分子硫辛酸构筑本征动态聚合物材料，实现了多功能材料的绿色制备和回收。获IUPAC国际青年化学家、ACS-PMSE未来教职学者、ACS-PMSE全球杰出毕业生、ACS-CAS未来领袖者、玛丽·居里学者、上海市浦江学者、晨光学者等称号。现任国际期刊*JACS Au*、*ACS AMI*、*Polym. Sci. Tech.*青年顾问编委。

Approaching Frontiers
of
New Materials

第 9 章

铷的奥秘

谭彦妮　吕剑锋　陈晔松　张培森

铷（rubidium，Rb）作为一种具有独特物理和化学性质的稀有碱金属，已在磁流体发电、铷原子钟、特种玻璃、医药等领域得到应用。随着国内外对铷和含铷材料研究的不断深入，其应用范围也在不断扩大与深化。

铷作为一种稀有碱金属和新兴的工业元素，在光伏电池、特种玻璃、生物医药、原子钟、磁流体发电、离子推进发动机、催化材料、量子计算等领域的重要性日益凸显[1]。铷的独立矿物很少，一般为伴生矿，存在于花岗伟晶岩中，如云母、长石等，还存在于盐湖卤水和海水卤水中，且铷的含量较低。过去，从矿物中提取铷的过程复杂而困难，导致铷产量低、价格高[2]。近年来，随着我国铷矿资源的发现[3]和铷提取技术的进步，铷和含铷材料的应用范围进一步扩大，市场需求也越来越大[4]。关于铷的资源概况、性质以及提取工艺的研究现状和特点，在参考文献[4]中已有综述，但其对铷的应用只进行了概括性介绍。2017年，本文课题组对铷的基本物理性质、铷基合金与铷化合物的晶体学参数以及含铷材料在能源、非线性光学、催化、医药、焊料、特种玻璃和铁磁材料等领域的应用进行了全面的综述[5]。本文综述了铷和含铷材料在催化、光伏、发光和节能材料领域的研究进展，重点探讨了提高含铷材料性能的方法，例如离子掺杂和复合材料制备策略，并对未来为了促进铷和含铷材料的广泛应用而应关注的研究重点进行了展望，以期为相关领域的研究提供科学依据和参考。

9.1　铷和含铷材料的应用研究进展

铷不仅能与其他元素形成独特的含铷化合物，还能够取代原有材料中的碱金属离子（Cs^+、K^+、Na^+）和其他离子，以掺杂的形式进入某些材料的晶体结构的间隙或通道中，从而影响其微观结构，提升材料的性能。近年来，由于含铷材料出色的催化性能、光电性能和光热性能，在催化、光伏、发光材料和节能材料等领域的研究取得了一些新进展。

9.1.1　光催化领域

催化剂是一种能够加速化学反应速率而不改变化学反应方向且在反应前后保持不变的重要物质，在工业生产中具有不可替代的地位。大多数催化剂通常由活性组分、载体和催化助剂组成。常见的催化剂活性组分有金、铂、铅、银、钯等导电金属，过渡金属氧化物、硫化物等半导体和非过渡元素氧化物等绝缘体。一些含铷的化合物在光照射下能够产生强氧化性物质（如羟基自由基、氧气等），因此可以作为光催化剂，用于分解有机化合物和产生氢气。光催化反应机理如图9-1所示[6]。含铷半导体化合物的催化性能源于其特殊的能带结构，在光照条件或者电场作用下，价带（valence band，VB）电子发生跃迁产生自由电子和空穴，两者迁移至颗粒表面后，能够将O_2转变为O_2^-基团和将H_2O转变为活性羟基基团，当能带结构合适时，水中的H^+能够获得导带（conduction band，CB）上的电子，从而产生氢气。

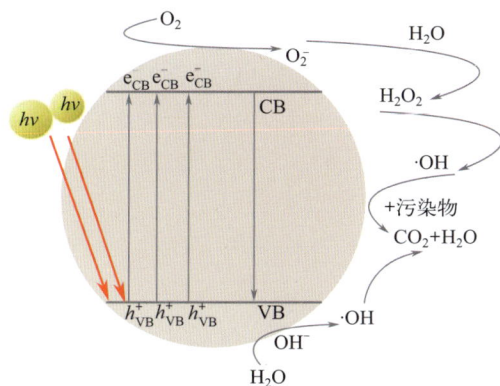

图9-1　光催化反应机理示意图[6]

由于铷具有特殊的光电性能，研究者们开发了一系列新型含铷化合物，这些化合物具有复杂的结构和较宽的带隙结构，适用于可见光光催化领域。如Fukina等人[7]通过固相合成法制备了β-烧绿石[$ATe_{0.5}^{4+}Te_{1.5-x}^{6+}M_x^{6+}O_6$（A=Rb，Cs；$M^{6+}$=Mo，W）]。其中，$Rb^+$和$Cs^+$存在于β-烧绿石[$TeO_6$]八面体间隙中，合成的化合物$CsTeMoO_6$、$RbTe_{1.25}Mo_{0.75}O_6$、$CsTe_{1.625}W_{0.375}O_6$和$RbTe_{1.5}W_{0.5}O_6$的带隙分别为2.02eV、2.07eV、2.52eV和2.51eV。在关于$RbTe_{1.5}W_{0.5}O_6$对甲基蓝（methyl blue，MB）、甲基橙（methyl orange，MO）和罗丹明G（rhodamine G，RhG）的光催化降解性能对比实验中，其对MB的光催化降解性能最佳，在黑暗环境中搅拌3h后降解率达到39%，而再在光照下催化3h后，降解率达到了50%[8]。而Fukina等人[9]发现，另一种用固相法合成的$Rb_{0.9}Nb_{1.625}Mo_{0.375}O_{5.6}$立方β-烧绿石对MB的8h光催化降解率可达85%。Zhang等[10]通过固相法制备了含铷镧系锗酸盐$RbNdGe_2O_6$（RNGO），在可见光照射下，50mg RNGO在120min内对100mL、10^{-5}mol/L的MB溶液的光催化降解率可达97%。

此外，铷与钴、铜、铁、铅、锌、锡、汞等元素形成的双卤化物具有特殊的光热、光电性能，也可应用于催化领域。例如，将碘化铷和碘化汞粉末混合后，在空气气氛中加热反应制备得到Rb_2HgI_4粉末，其对甲基蓝、甲基紫（methyl violet，MV）、罗丹明B和酸黑（acid black 1，AB1）染料均具有良好的催化性能[11]。Ganesan等人[12]对$Rb_xCs_{1-x}SnCl_4$的光催化性能的研究发现，$Rb_{0.5}Cs_{0.5}SnCl_4$在120min内光催化降解亚甲基蓝的降解率为85%，活性最佳。

铷钨青铜（Rb_xWO_3）在催化领域也有重要应用。例如，棒状的$Rb_4W_{11}O_{35}$纳米粉末能够在碱性条件下活化过二硫酸氢酯，从而有效去除废水中的关键污染物——双酚A（bisphenol A，BPA）。在pH值为11.0时，$Rb_4W_{11}O_{35}$能够在150min内光催化降解92%的BPA，降解速率为$0.0173min^{-1}$[13]。此外，铷钨青铜作为一种带隙较大的半导体材料，常被用于与其他半导体催化剂复合形成异质结，以减少空穴和电子的复合，提高载流子的浓度，从而增强其光催化性能。例如，钒酸银和铷钨青铜的复合物（Rb_xWO_3/Ag_3VO_4）能够有效分离光致空穴与电子，使复合材料具有优异的催化降解亚甲基蓝的性能[14]。$Rb_xWO_3@Fe_3O_4$复合纳米材料制成的Janus薄膜，具有89%的海水蒸发效率和淡化海水的能力，这得益于多孔薄膜提供的较大的比表面积和$Rb_xWO_3@Fe_3O_4$的催化性能，该薄膜还具有降解有机染料和还原六价铬的光催化性能[15]。

含铷的新型化合物除了用于催化降解有机染料外，还可用于光催化制氢。例如，层状钙钛矿$Rb_2La_2Ti_3O_{10}$在紫外光照射下具有催化产氢的能力[16, 17]。Wakayama等[18]将Rb_2CO_3和$RbNdNb_2O_7$的混合物进行氮化，制备了层状结构的氮氧化物$Rb_2NdNb_2O_6N \cdot H_2O$，与$RbNdNb_2O_7$相比，该氮氧化物在可见光（$\lambda > 400nm$）区域内也展现出催化产氢的能力。

除了铷化合物具有催化作用，Rb^+还可以作为一种微量添加剂或通过离子掺杂方式提高半导体的光催化活性。Rb^+掺杂可以引起其他材料的晶格畸变，进而改变其带隙结构，提高催化性能。例如，铷铂共掺的氧化锆展现出良好的催化乙醇产生氢气的性能[19]。与纯TiO_2相比，Rb^+掺杂引起的晶格膨胀和变形使TiO_2纳米颗粒具有更小的晶粒尺寸和更好的分散性，Rb^+掺杂0.2%（质量分数）TiO_2对亚甲基蓝的降解最快（60min内降解97%）[20]。另外，Rb的添加对Fe_3O_4催化剂体系中CO_2的转化率和轻烯烃的选择性有积极的影响，可促进CO_2到烯烃的催化转化[21]。表9-1汇总了含铷材料在光催化降解染料领域的研究进展[7-12, 14, 20]。

表9-1　含铷材料在光催化降解染料领域的研究进展汇总

材料	制备方法	光催化应用	光催化降解率/%	照射时间/min
$RbTe_{1.25}Mo_{0.75}O_6$[7]	固相合成法	MB	6	120
$RbTe_{1.5}W_{0.5}O_6$[8]	固相合成法	MB	50	720
		RhG	8	120
		MO	2	120
$Rb_{0.9}Nb_{1.625}Mo_{0.375}O_{5.6}$[9]	固相合成法	MB	85	960
		MO	28	960
$RbNdGe_2O_6$[10]	固相合成法	MB	97	120
Rb_2HgI_4[11]	共沉淀法	AB1	72.1	90

续表

材料	制备方法	光催化应用	光催化降解率/%	照射时间/min
Rb$_2$HgI$_4$[11]	共沉淀法	MO	63.1	90
		MV	53.1	
		RhB	48.1	
Rb$_{0.5}$Cs$_{0.5}$SnCl$_4$[12]	化学沉淀法	MO	85	120
Rb$_x$WO$_3$/Ag$_3$VO$_4$[14]	化学沉淀法	MB	93	90
0.2%Rb-TiO$_2$[20]	溶胶 - 凝胶法	MB	97	60

9.1.2　光伏领域

光伏材料又称太阳能电池材料，是能将太阳能直接转化成电能的材料。目前，商用的硅基材料具有较高的稳定性和高功率转化效率，占据主流商用市场，但是晶体硅的吸收系数低且不透明，限制了其进一步应用。而钙钛矿型太阳能电池优异的光电性质和较低的生产成本，使其备受研究人员的关注。通过开发不同的钙钛矿材料和改善电池的结构，可将钙钛矿太阳能电池的最高光电转换效率（photovoltaic conversion efficiency，PCE）从3.5%提高到25.5%。

通常，钙钛矿材料的结构可以用ABX$_3$来表示。其中，A位为有机阳离子[MA=CH$_3$NH^{3+}，FA=CH(NH$_2$)$^{2+}$]和Cs$^+$、Rb$^+$、K$^+$等，B位为Pb^{2+}、Cu^{2+}等二价阳离子，C位一般为卤族元素（Cl$^-$、Br$^-$、I$^-$）。A位于[BX$_6$]八面体的空隙中。除了核心部件的钙钛矿材料外，一般构成太阳能电池还需上层金属基材料（Au、Ag等）、下层透明导电氧化物（transparent conductive oxides，TCO）、与钙钛矿相邻的电子传输层（electron transport layer，ETL）和空穴传输层（hole transport layer，HTL）。如图9-3所示[22]，根据不同的内部结构可将太阳能电池分为介孔n-i-p、平面n-i-p和平面p-i-n三种层状结构。其发电原理为：当光线照射在钙钛矿材料上时，电子发生跃迁并产生自由电子和空穴，这些空穴和电子随后被传输到相应的电极上，从而产生电势差。如图9-2所示。

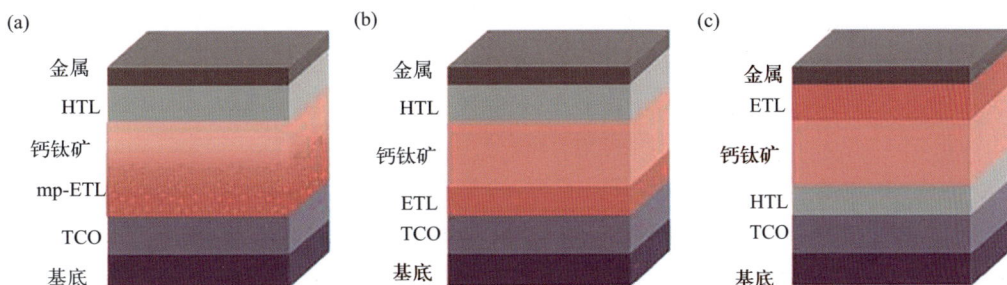

图9-2　三种典型钙钛矿太阳能电池层状结构示意图[22]

从晶体结构的角度，A位离子的改变会影响钙钛矿晶体的对称性和相组成，从而具有调整钙钛矿的带隙结构、提高钙钛矿晶型的相稳定性、阻碍离子迁移等功能，并起到表面功能化及界面修饰的作用[23]。与纯MA（FA）PbI_3相比，A、B、X位共掺的钙钛矿具有更优异的性能。将少量Rb^+掺杂到无机-有机钙钛矿中，可起到稳定相结构和提高光电性能的作用。例如，掺杂Rb^+后，（MAFACs）Pb（IBr）$_3$钙钛矿太阳能电池的PCE从19.5%提高至21.1%[24]。用Rb部分取代FA生成的$Rb_{0.05}FA_{0.95}PbI_3$的最佳光电转换效率为17.16%，高于$FAPbI_3$器件（13.56%）。此外，$Rb_{0.05}FA_{0.95}PbI_3$薄膜在85%的高湿度条件下表现出良好的稳定性，在不封装的情况下可保持1000h的高性能[25]。Saliba等人[26]发现，添加5%（原子分数）Rb能够消除退火后（CsMAFA）PbI_3中的PbI_2相和非活性δ相，器件最终获得了20.6%的PCE和1.186V的开路电压。Rb^+掺杂会降低载流子的复合，减小其与空穴传输层之间的阻抗，从而提升电池的开路电压和性能。Zhao等人[27]通过两步沉积法将RbCl掺入$FAPbI_3$中，使薄膜中的第二相PbI_2转变为非活性相$(PbI_2)_2RbCl$。与PbI_2相比，$(PbI_2)_2RbCl$不易与FA^+和I^-反应，能够提高器件的稳定性和使用寿命，器件保存1000h后仍保持96%的初始PCE，经过85℃、500h的热稳定性测试后仍拥有80%的初始PCE。对Rb^+掺杂$FAPbI_3$优化机理的研究发现，Rb^+的加入在阻断沿晶界扩散途径、抑制卤化物相偏析并最终增强稳定性方面起到了关键作用[28]。

此外，Rb^+也被用于与Cs^+共掺以提高有机钙钛矿电池的PCE、开路电压和化学稳定性。Rb^+和Cs^+掺杂提高钙钛矿性能的原因是多方面的，少量Rb^+和Cs^+掺杂能够影响薄膜中阳离子的偏析，改变薄膜的生长过程[29]。同时，较多Rb^+和Cs^+掺杂也能够促使钙钛矿倾向于生成$RbPbI_3$和$CsPbI_3$相，抑制非活性δ相的生成[26]。Dang等人[30]对Cs^+和Rb^+提高钙钛矿光电性能的机理进行了探究，结果表明，Cs^+和Rb^+的加入会改变钙钛矿薄膜的凝固过程，促进富FA相和活性α相的生长。Zheng等人[31]通过调控掺杂碱金属离子的浓度和阳离子级联掺杂控制薄膜中晶体的取向，发现阳离子级联掺杂会使钙钛矿沿水平面方向生长。此外，添加适量的Cs^+和Rb^+能够显著抑制偏析相的产生，促进光电活性α相的自发形成，从而提高电池的PCE。

有机阳离子构成的钙钛矿在水、氧气、热等环境中不稳定，会导致电池性能下降，因此，研究人员开始关注使用Cs^+、Rb^+等无机离子全部取代MA^+、FA^+而制备的全无机钙钛矿，其中包括$CsPbI_3$、$CsPbBr_3$和$CsPbI_{3-x}Br_x$。$CsPbI_3$是一种典型的无机钙钛矿材料，禁带宽度为1.73eV，具有优异的光电性能[32]。但是，由于Rb^+半径不满足八面体间隙的容差因子，因而$RbPbI_3$是黄色的非钙钛矿相。$CsPbBr_3$具有更好的环境耐受性，但是较宽的带隙限制了其效率，所以Rb^+一般作为掺杂离子提高$CsPbI_3$的光电性能[33]。Rb^+的添加能够改变薄膜的生长过程，减少薄膜的缺陷，从而提高无机钙钛矿电池的稳定性。$CsPbBr_3$的结构稳定，但光吸收范围有限，而$CsPbI_3$的带隙窄，但容易发生相变，因此研究者们开发了铯铅混合卤化物钙钛矿$CsPbI_{3-x}Br_x$，以实现光吸收和结构稳定性之间的平衡[34]。Guo等人[35]发现，Rb^+掺

杂的 $CsPbI_2Br$ 薄膜结晶性好，表面形貌无针孔，光吸收能力增强，且采用低成本碳电极取代有机孔传输层和金属电极的无空穴传输层的电池，其 PCE 为 12%。然而，$CsPbI_{3-x}Br_x$ 存在的主要问题是光诱导卤化物偏析，其机理尚不明确[34]，有待进一步研究。此外，与有机钙钛矿电池相比，无机钙钛矿电池的光电转换效率相对较低，性能提升空间较大。表9-2汇总了近年来含铷钙钛矿太阳能电池的研究进展[24-27, 36, 37]。其中，J_{sc} 为短路电流，V_{oc} 为升路电压，FF 为填充因子。

表9-2 含铷钙钛矿太阳能电池的研究进展汇总

RP钙钛矿（RPP）	电池结构	PCE/%	J_{sc}/（mA·cm^{-2}）	V_{oc}/V	FF/%
（MAFACsRb）Pb（IBr）$_3$[24]	FTO/c-TiO$_2$/m-TiO$_2$/RPP/spiro-OMeTAD/Au	21.1	22.9	1.16	0.78
Rb$_{0.05}$FA$_{0.95}$PbI$_3$[25]	FTO/c-TiO$_2$/m-TiO$_2$/RPP/spiro-OMeTAD/Au	17.2	23.9	1.07	0.67
Rb$_{0.05}$Cs$_{0.048}$（MA$_{0.17}$FA$_{0.83}$）$_{0.90}$Pb（I$_{0.83}$Br$_{0.17}$）$_3$[26]	FTO/c-TiO$_2$/m-TiO$_2$/RPP/spiro-OMeTAD/Au	20.6	22.5	1.19	0.77
FAPbI$_3$ 为第二相的（PbI$_2$）$_2$RbCl[27]	FTO/SnO$_2$/RPP/passivation layer/spiro-OMeTAD/Au	25.6	26.5	1.18	0.83
Rb$_{0.04}$（Cs$_{0.14}$FA$_{0.86}$）$_{0.96}$Pb（Br$_y$I$_{1-y}$）$_3$[36]	FTO/SnO$_x$/RPP/spiro-OMeTAD/Au	19.6	22.6	1.13	0.77
MA$_{0.57}$FA$_{0.38}$Rb$_{0.05}$PbI$_3$[37]	ITO/NFL-ZnO/RPP/spiro-OMeTAD/Ag	17.3	23.7	0.99	0.73

除了将 Rb$^+$ 掺杂于钙钛矿材料外，许多研究还聚焦于 Rb$^+$ 在 ETL 和 HTL 上的应用。例如，将 RbCl 掺杂入 ETL 层常用的材料 TiO$_2$ 中，借助与钙钛矿具有相似晶格结构的 RbCl 晶体，促进钙钛矿薄膜的生长，形成致密、均匀的活性钙钛矿层[38]。将适量的 RbCl 掺入介孔 TiO$_2$ 中可以抑制电荷重组，增大钙钛矿晶粒尺寸，增强 ETL/钙钛矿界面的光电性能，从而提高无 HTL 电池的 PCE[39]。利用 RbF 对介孔 SnO$_2$ 进行改性，也可提高钙钛矿电池器件的 PCE[40]。Zhang 等人[41]将 RbI、磺胺锂盐和 4-叔丁基吡啶同时加入 spiro-OMeTAD 空穴传输层中，发现 RbI 的加入提高了空穴传输层的导电性和空穴传输能力，有助于其与钙钛矿层的能级匹配。

9.1.3 发光领域

钙钛矿薄膜材料具有光吸收效率高、迁移率高以及载流子寿命长等优点，使其在发光二极管器件中有着无可比拟的优势。铷掺杂或铷铯共掺不仅能提升材料的发光效率，还能提高其热稳定性和增加元器件的使用寿命。Lin 等人[42]制备了一系列 Rb$_x$Cs$_{1-x}$PbBrI$_2$（x=0 ～ 0.6），发现通过调整前驱体溶液中铷铯比可以将发光的峰波长从 631nm 调至 588nm，同时该纳米晶体具有较窄的发射线宽和明亮的光致发光特

9

性。Jiang 等人[43]制备了一系列准2D的 $PEA_2(Rb_xCs_{1-x})_{n-1}Pb_nBr_{3n+1}$，随着 Rb^+ 含量的增加，发光的峰蓝移。当 $n=3$、$x=0.6$ 时，发光的波长为478nm，光致发光量子产率（photoluminescence quantum yield，PLQY）为82%，最终实现了纯蓝色光谱稳定的钙钛矿发光二极管，峰值量子效率（external quantum efficiency，EQE）为1.35%，半衰期为14.5min。如图9-3所示，在掺杂 Rb^+ 后发光亮度（从 $28.9cd\cdot m^{-2}$ 增至 $100.6cd\cdot m^{-2}$）和量子发光效率（从0.15%增至1.35%）都显著增加，而且发光的波长红移至476nm，蓝色显色更为准确。

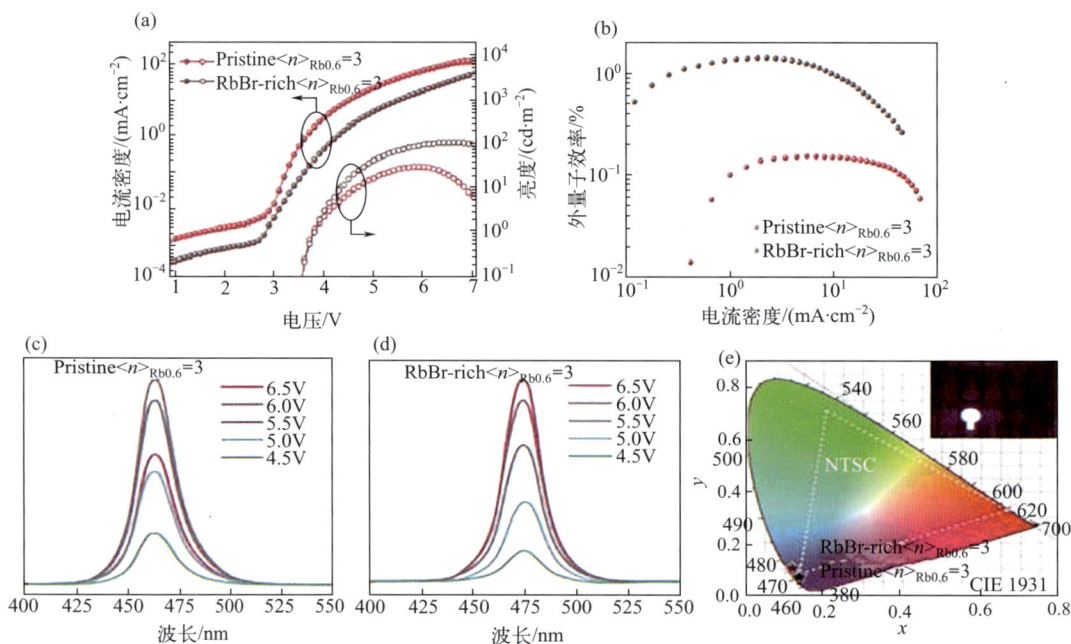

图9-3　原始和富RbBr〈n〉$_{Rb0.6}$=3钙钛矿光电器件相关的性能[43]

（a）I-V 和 L-V 曲线；（b）EQE特征；（c），（d）原始和富RbBr〈n〉$_{Rb0.6}$=3在不同偏压下的电致发光光谱；（e）对应于国际照明委员会（CIE）的色度坐标

铅的毒性和卤化铅钙钛矿对光、湿、热的不稳定性极大地阻碍了其商业化进程。因此，寻找其他元素替代卤化铅钙钛矿中的铅，同时保持其良好的光电性能，具有重要的意义。A_2CuX_3（A=K，Rb；X=Cl，Br）以其优异的光学性能、可半调谐的禁带宽度和高PLQY而受到广泛关注[44]。Zhou 等人[45]通过室温反溶剂法和热注入法成功合成了 Rb_2CuCl_3 和 Rb_2CuBr_3 微纳米晶体，二者在 $380\sim400nm$ 范围内实现深蓝色发射，其PLQY分别为59.9%和59.1%，且用热注入法制备的 Rb_2CuCl_3 和 $CsCu_2I_3$ 晶体混合液能够实现白光发射。此外，碳酸铷作为添加剂，可用于增强器件中掺镁氧化锌ETL的传输性能，同时延长器件的使用寿命[46]。

此外，铷蒸气的电子跃迁产生的能量也被用作光源器件。例如，基于铷在2nm处的D780跃迁，可制造出独立自主工作并产生6mW的频率稳定光源模块[47]。Qin

等人[48]研究了一种780nm可切换的法拉第激光器，其两个同位素激光频率对应于 ^{85}Rb和^{87}Rb的跃迁。该激光器对二极管电流和温度的波动具有良好的稳定性，当二极管温度为16～30℃时，激光器波长波动小于0.8pm，自由运行线宽为18kHz，该激光器可用于激光冷却原子和光频标准等量子精密测量领域。

9.1.4 节能领域

随着城市化的发展，民用建筑耗电量已超过城市整体总耗电量的40%[49]。同时，民用和商业用电量持续增长，因此，减少建筑耗电是节能减排和实现"双碳"目标的重要途径。在建筑耗电中，空调和照明是主要的高耗电因素，尤其是玻璃幕墙建筑[50, 51]。普通玻璃无法有效屏蔽特定波长的光线，导致可见光和红外光穿透玻璃进入室内，造成室内温度升高，从而增加制冷设备的耗电量[52]。因此，开发一种具有透明隔热功能的玻璃薄膜，实现玻璃窗的节能，具有重要的现实意义[53]。

纳米钨青铜（M_xWO_3，$x<0.33$）是一种能够吸收近红外光的透明隔热材料，其中M可以是Cs^+、Rb^+、K^+、Na^+、NH_4^+等。这些离子掺杂进入氧化钨的六方通道，形成六方结构的钨青铜[54]，铷钨青铜晶体结构示意图如图9-4所示。Guo等人[55-57]使用WCl_6为钨源、乙醇为还原剂的溶剂热法分别将Cs^+、Rb^+、K^+、Na^+、NH_4^+掺入氧化钨中制备得到Cs_xWO_3、Rb_xWO_3、K_xWO_3、$(NH_4)_xWO_3$钨青铜，发现这些钨青铜在近红外区域的透过率（T_{NIR}）很低，而可见光透过率（T_{Vis}）较高。在这些掺杂离子中，Cs^+和Rb^+的半径分别为0.167nm和0.152nm，与氧化钨的六方通道半径0.163nm接近，离子能够进入，同时较大的离子半径不易脱离，使材料具有良好的化学稳定性[58]。因此，铯钨青铜和铷钨青铜通常具有更为优异的近红外屏蔽性能[59]。尽管铷钨青铜的光学性能与铯钨青铜相近，但由于铷化合物价格高昂，所以关于铷钨青铜的研究相对较少。

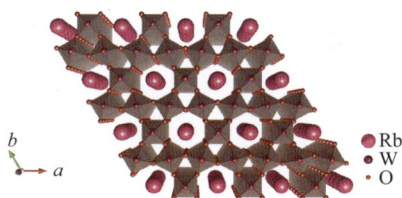

图9-4 铷钨青铜晶体结构示意图

Liu课题组[60, 61]研究了铯、钾离子共掺钨青铜的性能，发现当两种离子共掺时，能够提高钨青铜中载流子的浓度和五价钨的含量，进而增强局域表面等离子共振和小极子吸收机制，提升材料的近红外屏蔽性能。徐文艾[62]使用钨酸钠为钨源，乙二醇为还原剂，氯化铷、氯化铯分别为铷源和铯源，合成了铷、铯共掺钨青铜 [(Cs，Rb)$_x$WO$_3$]。研究发现，当Rb：Cs=2：1（原子比）时，(Cs，Rb)$_x$WO$_3$展现出最佳的近红外屏蔽性能（$T_{Vis, max}$=74.9%，$T_{950 nm}$=20.9%，$T_{NIR, min}$=8.6%）。王淑敏[63]的研究也表明，当 Rb：Cs=2：1 时材料的光学性能最佳，且铷铯比对钨青铜粉末的形貌和相结构没有明显的影响。

对于铯、铷钨青铜粉末的应用，一般是先将纳米粉末分散于含成膜剂的溶液中，然后使用旋涂、浸渍提拉、滚涂等方式在玻璃上制备成薄膜。徐兴雨[64]使用有机溶剂热法制备了颗粒状铯钨青铜纳米粉末，并研究了不同水性成膜剂和分散工艺对旋涂制备的钨青铜薄膜性能的影响，发现使用球磨分散和聚氨酯为成膜剂制备的水性薄膜的综合光学性能最佳且硬度较高。Ran 等人[65]采用溶剂热法分别用草酸、柠檬酸和酒石酸作为还原剂制备了铯钨青铜粉末，并进行热处理，后续使用水性成膜剂聚乙烯醇（polyvinyl alcohol，PVA）制备了薄膜。如图9-5所示，使用酒石酸制备的钨青铜薄膜具有最优异的透明隔热性能，近红外屏蔽率为90%。在隔热性能模拟实验中，使用涂覆有钨青铜薄膜的玻璃后，室内温度显著降低。Tan 等人[66]利用在铷、铯共掺钨青铜 PVA 薄膜上喷涂聚二甲基硅氧烷和疏水性气相二氧化硅的方式，构建了具有自清洁功能的超疏水薄膜，其水接触角为163.3°±4.1°，可见光透过率约为63%，近红外屏蔽率约为93%，该薄膜还具有良好的化学稳定性和耐水冲击性。

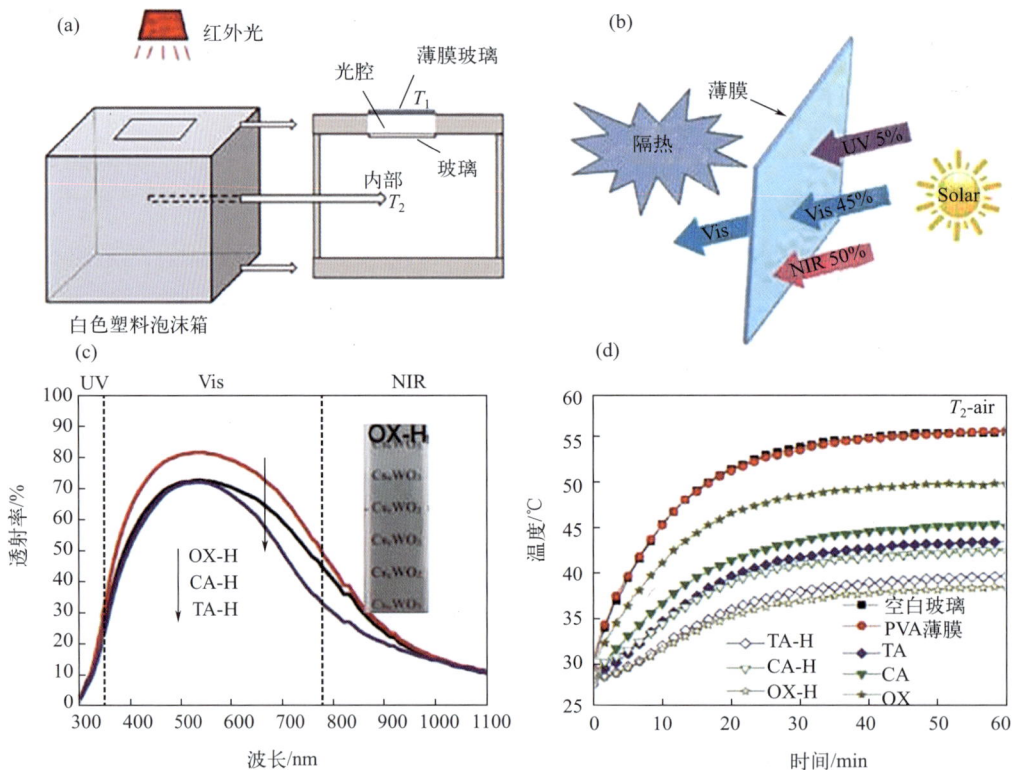

图9-5　薄膜玻璃保温性能测试装置示意图

（a）和透明隔热机理示意图（b），薄膜的 UV-Vis-NIR 谱图（c）及不同 Cs_xWO_3 薄膜覆膜密封盒照射时间与内部空气温度 T_2 曲线（d）[65]

此外，也可将钨青铜粉末与其他功能材料复合制备成薄膜，以获得更好的性能。例如，将铷钨青铜、钾钨青铜和铵钨青铜分别与ZnO进行复合制备成薄膜，其中Rb_xWO_3/ZnO具有最好的近红外屏蔽性能，且对氮氧化物气体具有良好的光催化降解作用，原因是在Rb_xWO_3/ZnO中形成了ZnO和铷钨青铜异质结[67]。表9-3汇总了铷钨青铜在节能材料领域的研究进展[62,63,66-70]。

表9-3　铷钨青铜在节能材料领域的研究进展汇总

材料	制备方法	成膜剂	薄膜制备方法	T_{Vis}/%	T_{NIR}/%
$Rb_{0.22}Cs_{0.11}WO_3$[62]	溶剂热法/乙二醇体系	无	刮刀涂布	75	91
$Rb_{0.22}Cs_{0.11}WO_3$[63]	溶剂热法/乙醇-乙酸混合体系	PVA	流动涂覆	73	92
$Rb_xCs_yWO_3$[66]	溶剂热法/乙醇-乙酸混合体系	PVA	旋涂	63	93
Rb_xWO_3/ZnO[67]	溶剂热-化学沉淀联用法	火棉胶	刮刀涂布	72	90
$Rb_{0.23}WO_3$[68]	溶剂热法/乙醇-乙酸混合体系	火棉胶	刮刀涂布	74	87
Rb_xWO_3[69]	溶剂热法/乙醇-水混合体系	火棉胶	刮刀涂布	63	92
$(Cs，Rb)_xWO_3$[70]	溶胶-凝胶法	PVP	流动涂覆	85	73

9.1.5　其他领域

除了上述的应用领域外，铷和含铷材料的应用领域还包括铷原子钟、玻璃添加剂、光刻材料、医学成像、光热治疗等。其中，铷原子钟的工作原理是基于铷原子从一个高"能量态"跃迁至低的"能量态"释放的固定频率电磁波为节拍器来测定时间[71]。单独使用铷原子钟频率会发生漂移，意味着时钟隔一段时间需要进行校准。但将其溯源同步到GPS卫星的铯原子钟上，输出频率几乎无漂移，且其制备和维护成本远低于铯钟[72]。Guo等人[73]通过将光强与C场电路相关联来优化铷原子钟启动特性，提高了时钟启动阶段的稳定性。铷化合物还可以作为添加剂加入玻璃中，以提高玻璃的稳定性，降低导电率，提高耐蚀性。其中添加的化合物主要为碳酸铷，其具有特殊的光学性质。研究表明，在硅/钼涂层的反射镜中使用硅化铷代替硅，能够增加其对紫外线的反射率，从而提高紫外光光刻的效率[74]。此外，同位素^{82}Rb示踪技术与正电子发射断层扫描技术（^{82}Rb-PET）相结合，可用于心肌血流、心肌灌注的成像[75,76]。^{82}Rb的半衰期比较短（1.27min），对心肌成像有利，可确保对患者的低辐射暴露，且使用现场发电机生产，无需依赖回旋加速器。Jensen等人[77]通过正电子距离矫正技术提高了^{82}Rb-PET的空间分辨率，尽管噪声略多，但结合呼吸门控技术可降低噪点，使其适用于小动物的心肌灌注成像。此外，铷还被用于储氢材料[78]、原子重力仪[79]、量子热机[80]、磁力仪[81]和滤波器[82]等高科技领域，但相关文献报道较少。

9.2 提高含铷材料性能的方法

提高含铷材料性能的方法主要为离子掺杂和复合材料制备。需要指出的是，这些方法中材料的作用是相互的。一方面，铷离子能够以离子掺杂的形式被引入其他材料中，或者铷的化合物能够作为添加剂与其他材料结合形成复合材料，例如，将铷离子掺入 TiO_2 粉末中以提高其光催化性能[20]，将铷离子掺入钙钛矿太阳能电池中以提高其光伏性能[26]等，在前文中已有详述；另一方面，也可以在含铷化合物中掺杂其他离子或添加其他材料制备复合材料。最终目的都是提高材料的性能。

离子掺杂是一种提高材料性能的重要手段，通过在材料晶格中引入特定的离子，实现对材料内部结构的调控，从而影响其宏观性能和功能。例如，将 Cs^+ 掺入 Rb_2SnCl_6 中形成的 $(Rb_xCs_{1-x})_2SnCl_6$ 缺陷钙钛矿，可提高材料的热稳定性和光催化效率[12]。Wang 等人[83]利用 Mo 离子掺杂不同种类的碱钨青铜，光学测试表明，Mo 掺杂是提高包括铷钨青铜在内的碱钨青铜红外光吸收率的有效途径。对铷钨青铜来说，最优的掺杂比为 n（Mo）：n（W）=0.03。利用 Rb^+ 和 Cs^+ 共掺杂的方式可以提高钨青铜的近红外屏蔽性能，当 n（Rb）：n（Cs）=2时，获得了最佳的近红外屏蔽性能，可见光透过率峰值为 74.9%，近红外光透过率为 8.6%[62]。黄春波等[70]也采用 Cs^+ 和 Rb^+ 共掺的方式提高了钨青铜的透明隔热性能，研究结果表明，Cs^+ 和 Rb^+ 共掺钨青铜的透明绝热指数 K=157.34，比 Rb^+ 单掺杂提高了 23.92，且比 Rb^+ 单掺杂的温差下降了 5.7℃。

复合材料制备是提高含铷材料性能的另一种方式。它通过将两种或两种以上材料结合在一起，形成具有独特性能的新材料。这种结合能够综合各组成材料的优势，弥补单一材料的不足，从而显著提升材料的整体性能。例如，Rb_xWO_3/Ag_3VO_4 纳米复合材料光催化剂，其对降解MB的光催化活性优于纯 Rb_xWO_3 或 Ag_3VO_4[14]。Naseem 等人[84]将不同含量的 Rb_xWO_3 与再生三乙酸纤维素（recycled triacetate cellulose，rTAC）混合，采用溶液电纺丝方法制备了具有光热性能的 Rb_xWO_3/rTAC 多孔纤维薄膜，结果表明，复合材料的光驱动水蒸发效率更高。随后，该研究团队又制备了 $Rb_xWO_3@Fe_3O_4$ 纳米复合材料，开发了Janus膜，该薄膜具有优异的水蒸发性能、光热转换性能、海水淡化性能、污水处理性能和光催化性能[15]。将铷钨青铜与氧化锌复合得到的 Rb_xWO_3/ZnO 纳米复合材料具有优异的近红外屏蔽性能，在紫外光照射下表现出良好的 NO 分解活性[67]。

除了上述方法外，调控含铷材料本身的粒度和形貌也可以改善其性能。例如，吕剑锋等人[85]采用水热法制备了不同形状的铷钨青铜粉末，研究发现，相比于棒状铷钨青铜，片状的铷钨青铜具有更优异的近红外屏蔽性能。另外还发现，对粉末进行热处理也可以改善其性能，因为热处理可以去除钨青铜表面的有机物，改善纳米

粉末的亲水性。热处理后的片状铷、铯钨青铜粉末具有更优异的近红外屏蔽性能和光热性能。

总结与展望

随着各类铷矿资源的不断发现及其提取技术的进步，铷的产量得以显著提升。然而，由于含铷材料的应用范围相对较窄、用量较小，限制了其进一步发展。为了拓展含铷材料的应用范围，可以采取以下策略：

① 合成新型的含铷化合物；

② 将 Rb$^+$ 单掺杂或与其他离子共掺到现有材料中，以调控其微观组织和相应的能带结构，从而改善其性能或功能。

铷及其化合物具有光电和光热性能，在催化、光伏、发光和节能等领域发展迅速，具有广阔的应用前景：

① 在催化领域，铷主要应用于合成具有特殊能带结构的无机化合物，这些化合物具有光催化降解污染物和光催化产氢的能力。然而，与常用的硫化物、氧化物光催化剂相比，含铷化合物的光催化性能仍需进一步提高。

② 在光伏和发光领域，铷主要应用于少量掺杂于有机 ABX$_3$ 钙钛矿中或合成全无机钙钛矿。尽管铷的掺杂比例较低（5%左右），但其能够显著提高钙钛矿电池的性能、稳定性和使用寿命。同时，含铷的钙钛矿具有优异的光学性能、可半调谐的禁带宽度和高 PLQY，在发光半导体领域具有很大的优势。

③ 在节能领域，铷主要应用于 Rb$_x$WO$_3$ 和 (Rb，Cs)$_x$WO$_3$ 两种钨青铜材料中，利用该材料的透明隔热性能，减少室内制冷设备的使用，以达到节能减排的目的。与商用的 ITO、FTO、纳米金、纳米银等薄膜相比，钨青铜具有制备成本较低、近红外屏蔽性能优异等优点，因此备受关注。

此外，铷还被应用于原子钟、特种玻璃、储氢材料、原子重力仪等高科技领域。尽管铷在高新材料领域展现出广阔的应用前景，但许多研究仍处于初级阶段，距离商业化应用还有一定的距离。未来研究应着重致力于降低成本、提高材料性能和使用寿命等方面。同时，铷在其他领域的潜在应用也亟待进一步探索和拓展。

参考文献

[1] GAO L, MA G H, ZHENG Y X, et al. Research trends on separation and extraction of rare alkali metal

from salt lake brine: rubidium and cesium[J]. Solvent Extraction and Ion Exchange, 2020, 38(7): 753-776.

[2] XING P, WANG C Y, CHEN Y Q, et al. Rubidium extraction from mineral and brine resources: A review[J]. Hydrometallurgy, 2021, 203: 105644.

[3] 王雷, 蒋宗和, 韩润生, 等. 湘南长城岭矿区首次发现超大型铷矿床[J]. 昆明理工大学学报(自然科学版), 2019, 44(4): 1-4.

[4] 刘磊, 马保中, 王成彦, 等. 铷的应用及提取工艺研究进展[J]. 有色金属科学与工程, 2022, 13(5): 5-8.

[5] 谭彦妮, 刘咏. 铷及含铷材料的性能与应用研究进展[J]. 中国有色金属学报, 2017, 27(2): 272-281.

[6] LEE K M, LAI C W, NGAI K S, et al. Recent developments of zinc oxide based photocatalyst in water treatment technology: a review[J]. Water Research, 2016, 88: 428-448.

[7] FUKINA D G, SULEIMANOV E V, BORYAKOV A V, et al. Structure analysis and electronic properties of $ATe_{0.5}^{4+}Te_{1.5-x}^{6+}M_x^{6+}O_6$(A=Rb,Cs,M^{6+}=Mo, W) solid solutions with β-pyrochlore structure[J]. Journal of Solid State Chemistry, 2021, 293: 121787.

[8] FUKINA D G, KORYAGIN A V, KOROLEVA A V, et al. Photocatalytic properties of β-pyrochlore $RbTe_{1.5}W_{0.5}O_6$ under visible-light irradiation[J]. Journal of Solid State Chemistry, 2021, 300: 122235.

[9] FUKINA D G, KORYAGIN A V, TITAEV D N, et al. The photocatalytic oxidation ability of $Rb_{0.9}Nb_{1.625}Mo_{0.375}O_{5.62}$ with classic β-pyrochlore structure[J]. European Journal of Inorganic Chemistry, 2022, 2022(28): e202200371.

[10] ZHANG J H, HAO X D, WANG X, et al. Synthesis, structure, and characterization of $RbNdGe_2O_6$ as a novel visible-light-driven catalyst for photodegradation methylene blue[J]. Journal of Solid State Chemistry, 2020, 285: 121246.

[11] ABKAR E, GHANBARI M, AMIRI O, et al. Facile preparation and characterization of a novel visible-light-responsive Rb_2HgI_4 nanostructure photocatalyst[J]. RSC Advances, 2021, 11(49): 30849-30859.

[12] GANESAN R, MURALIDHARAN R, PARTHIPAN G, et al. Investigations on caesium-incorporated rubidium tin chloride-defect perovskite nanomaterial as highly efficient ultraviolet photocatalysts[J]. Journal of Materials Science: Materials in Electro-nics, 2021, 32(20): 25409-25424.

[13] HU J, ZENG X K, YIN Y C, et al. Accelerated alkaline activation of peroxydisulfate by reduced rubidium tungstate nanorods for enhanced degradation of bisphenol A[J]. Environmental Science: Nano, 2020, 7(11): 3547-3556.

[14] CHALA T F, WU C M, MOTORA K G. Rb_xWO_3/Ag_3VO_4 nanocomposites as efficient full-spectrum (UV, visible, and near-infrared) photocatalysis[J]. Journal of the Taiwan Institute of Chemical Engineers, 2019, 102: 465-474.

[15] NASEEM S, WU C M, MOTORA K G. Novel multifunctional $Rb_xWO_3@Fe_3O_4$ immobilized Janus membranes for desalination and synergic-photocatalytic water purification[J]. Desalination, 2021, 517: 115256.

[16] BOLTERSDORF J, MAGGARD P A. Silver exchange of layered metal oxides and their photocatalytic activities[J]. ACS Catalysis, 2013, 3(11): 2547-2555.

[17] RODIONOV I A, SOKOLOVA I P, SILYUKOV O I, et al. Protonation and photocatalytic activity of the $Rb_2La_2Ti_3O_{10}$ layered oxide in the reaction of hydrogen production[J]. International Journal of Photoenergy, 2017, 2017: 9628146.

[18] WAKAYAMA H, HIBINO K, FUJII K, et al. Synthesis of a layered niobium oxynitride, Rb$_2$NdNb$_2$O$_6 \cdot$ N$_2$O, showing visible-light photocatalytic activity for H$_2$ evolution[J]. Inorganic Chemistry, 2019, 58(9): 6161-6166.

[19] MARTINELLI M, GARCIA R, WATSON C D, et al. Promoting the selectivity of Pt/m-ZrO$_2$ ethanol steam reforming catalysts with K and Rb dopants[J]. Nanomaterials, 2021, 11(9): 2233.

[20] JIA L, YANG L M, WANG W, et al. Preparation and characterization of Rb-doped TiO$_2$ powders for photocatalytic applications[J]. Rare Metals, 2024, 43: 555-561.

[21] SUN Z T, CHEN X, LU F X, et al. Effect of Rb promoter on Fe$_3$O$_4$ microsphere catalyst for CO$_2$ hydrogenation to light olefins[J]. Catalysis Communications, 2022, 162: 106387.

[22] LI Z, KLEIN T R, KIM D H, et al. Scalable fabrication of perovskite solar cells[J]. Nature Reviews Materials, 2018, 3(4): 18017.

[23] LEE J W, TAN S, SEOK S I, et al. Rethinking the A cation in halide perovskites[J]. Science, 2022, 375(6583)：1186.

[24] YADAV P, DAR M I, ARORA N, et al. The role of rubidium in multiple-cation-based high-efficiency perovskite solar cells[J]. Advanced Materials, 2017, 29(40): 28892279.

[25] PARK Y H, JEONG I, BAE S, et al. Inorganic rubidium cation as an enhancer for photovoltaic performance and moisture stability of HC(NH$_2$)$_2$PbI$_3$ perovskite solar cells[J]. Advanced Functional Materials, 2017, 27(16): 1605988.

[26] SALIBA M, MATSUI T, DOMANSKI K, et al. Incorporation of rubidium cations into perovskite solar cells improves photovoltaic performance[J]. Science, 2016, 354(6309): 206-209.

[27] ZHAO Y, MA F, QU Z H, et al. Inactive (PbI$_2$)$_2$ RbCl stabilizes perovskite films for efficient solar cells[J]. Science, 2022, 377(6605): 531-534.

[28] XU C Z, CHEN X W, MA S F, et al. Interpretation of rubidium-based perovskite recipes toward electronic passivation and ion-diffusion mitigation[J]. Advanced Materials, 2022, 34(14): 2109998.

[29] LIU L, LU J, WANG H, et al. A-site phase segregation in mixed cation perovskite[J]. Materials Reports：Energy, 2021, 1(4): 100064.

[30] DANG H X, WANG K, GHASEMI M, et al. Multi-cation sy-nergy suppresses phase segregation in mixed-halide perovskites[J]. Joule, 2019, 3(7): 1746-1764.

[31] ZHENG G H, ZHU C, MA J Y, et al. Manipulation of facet orientation in hybrid perovskite polycrystalline films by cation cascade[J]. Nature Communications, 2018, 9(1): 2793.

[32] YOON S M, MIN H, KIM J B, et al. Surface engineering of ambient-air-processed cesium lead triiodide layers for efficient solar cells[J]. Joule, 2021, 5(1): 183-196.

[33] BERNASCONI A, RIZZO A, LISTORTI A, et al. Synthesis, properties，and modeling of Cs$_{1-x}$Rb$_x$SnBr$_3$ solid solution: A new mixed-cation lead-free all-inorganic perovskite system[J]. Chemistry of Materials, 2019, 31(9): 3527-3533.

[34] ZHAO Z R, GU F D, RAO H X, et al. Metal halide perovskite materials for solar cells with long-term stability[J]. Advanced Energy Materials, 2019, 9(3): 1802671.

[35] GUO Y, ZHAO F, TAO J, et al. Efficient and hole-transporting-layer-free CsPbI$_2$ Br planar heterojunction perovskite solar cells through rubidium passivation[J]. ChemSusChem, 2019, 12(5): 983-989.

[36] LUO L, KU Z L, LI W X. 19.59% efficiency from Rb$_{0.04}$ Cs$_{0.14}$FA$_{0.86}$Pb(Br$_y$ I$_{1-y}$)$_3$ perovskite solar cells

9

made by vapor-solid reaction technique[J]. Science Bulletin, 2021, 66: 962-964.

[37] MAHMUD M A, ELUMALAI N K, PAL B, et al. Electrospun 3D composite nano-flowers for high performance triple-cation perovskite solar cells[J]. Electrochimica Acta, 2018, 289: 459-473.

[38] TANG Y, ROY R, ZHANG Z, et al. Rubidium chloride doping TiO$_2$ for efficient and hysteresis-free perovskite solar cells with decreasing traps[J]. Solar Energy, 2022, 231: 440-446.

[39] ABDULZAHRAA H G, MOHAMMED M K A, MOHAMMED R A S. Electron transport layer engineering with rubidium chloride alkali halide to boost the performance of perovskite absorber layer[J]. Current Applied Physics, 2022, 34: 50-54.

[40] CHEN Q, PENG C T, DU L, et al. Synergy of mesoporous SnO$_2$ and RbF modification for high-efficiency and stable perovskite solar cells[J]. Journal of Energy Chemistry, 2022, 66: 250-259.

[41] ZHANG X X, WANG Y K, LI G X, et al. Rubidium iodide-doped spiro-OMeTAD as a hole-transporting material for efficient perovskite photodetectors[J]. The Journal of Physical Chemistry C, 2022, 126(22): 9528-9540.

[42] LIN Y H, QIU Z H, WANG S H, et al. All-inorganic Rb$_x$Cs$_{1-x}$PbBrI$_2$ perovskite nanocrystals with wavelength-tunable properties for red light-emitting[J]. Inorganic Chemistry Communications, 2019, 103: 47-52.

[43] JIANG Y Z, QIN C C, CUI M H, et al. Spectra stable blue perovskite light-emitting diodes[J]. Nature Communications, 2019, 10(1): 1-9.

[44] LI Y Y, ZHOU Z C, TEWARI N, et al. Progress in copper metal halides for optoelectronic applications[J]. Materials Chemistry Frontiers, 2021, 5(13): 4796-4820.

[45] ZHOU Z C, LI Y Y, XING Z S, et al. Potassium and rubidium copper halide A$_2$CuX$_3$ (A = K, Rb, X = Cl, Br) micro and nanocrystals with near unity quantum yields for white light applications[J]. ACS Applied Nano Materials, 2021, 4(12): 14188-14196.

[46] LEE Y, KIM H M, KIM J, et al. Remarkable lifetime improvement of quantum-dot light emitting diodes by incorporating rubidium carbonate in metal-oxide electron transport layers[J]. Journal of Materials Chemistry C, 2019, 7(32): 10082-10091.

[47] STRANGFELD A, WIEGAND B, KLUGE J, et al. Compact plug and play optical frequency reference device based on doppler-free spectroscopy of rubidium vapor[J]. Optics Express, 2022, 30(7): 12039-12047.

[48] QIN X M, LIU Z J, SHI H B, et al. Switchable Faraday laser with frequencies of [85]Rb and [87]Rb 780nm transitions using a single isotope [87]Rb Faraday atomic filter[J]. Applied Physics Letters, 2024, 124(16): 161104.

[49] 刘卓然, 宾宏. 楼宇供电系统研究现状及其对电器的影响分析[C] // 2021年中国家用电器技术大会论文集. 合肥: 中国家用电器协会, 2021: 1964-1972.

[50] 李静. 纳米铯钨青铜有机相分散体的制备及其在涂料中应用性能的研究[D]. 北京: 北京化工大学, 2018.

[51] 叶彩华, 朱文炎. 民用建筑空调能耗与室内空气污染调查[J]. 科技创新导报, 2018, 15(7): 201-202.

[52] CAI L G, WU X M, GAO Q, et al. Effect of morphology on the near infrared shielding property and thermal performance of K$_{0.3}$WO$_3$ blue pigments for smart window applications[J]. Dyes and Pigments, 2018, 156: 33-38.

[53] XU X Y, ZHANG W L, HU Y, et al. Preparation and overall energy performance assessment of wide waveband two-component transparent NIR shielding coatings[J]. Solar Energy Materials and Solar Cells, 2017, 168: 119-129.

[54] SI W, YIN Y K, HU Y P, et al. Analysis on factors affecting the cooling effect of optical shielding in pavement coatings[J]. Building and Environment, 2022, 211: 108766.

[55] GUO C S, YIN S, ZHANG P L, et al. Novel synthesis of homogenous Cs_xWO_3 nanorods with excellent NIR shielding properties by a water controlled-release solvothermal process[J]. Journal of Materials Chemistry, 2010, 20(38): 8227-8229.

[56] GUO C S, YIN S, HUANG L J, et al. Synthesis of one-dimensional potassium tungsten bronze with excellent near-infrared absorption property[J]. ACS Applied Materials & Interfaces, 2011, 3(7): 2794-2799.

[57] GUO C S, YIN S, DONG Q, et al. Simple route to $(NH_4)_xWO_3$ nanorods for near infrared absorption[J]. Nanoscale, 2012, 4(11): 3394-3398.

[58] SHRISHA, WU C M, MOTORA K G, et al. Cesium tungsten bronze nanostructures and their highly enhanced hydrogen gas sensing properties at room temperature[J]. International Journal of Hydrogen Energy, 2021, 46(50): 25752-25762.

[59] YIN S, ASAKURA Y. Recent research progress on mixed valence state tungsten based materials[J]. Tungsten, 2019, 1(1): 5-18.

[60] SONG X, LIU J X, SHI F, et al. Facile fabrication of $K_m Cs_n WO_3$ with greatly improved near-infrared shielding efficiency based on W^{5+}-induced small polaron and local surface plasmon resonance (LSPR) modulation[J]. Solar Energy Materials and Solar Cells, 2020, 218: 110769.

[61] ZHANG H Y, LIU J X, SHI F, et al. Controlling the growth of hexagonal $Cs_x WO_3$ nanorods by Li^+-doping to further improve its near infrared shielding performance[J]. Solar Energy Materials and Solar Cells, 2022, 238: 111612.

[62] 徐文艾. 双掺型 $(Cs, Rb)_x WO_3$ 和 $Cs_x WO_{3-y} F_y$ 钨青铜材料的制备及透明隔热性能研究［D］. 太原: 太原理工大学, 2017.

[63] 王淑敏. $Cs_x WO_3$ 纳米粒子和 $Cs_x WO_3/SiO_2$ 复合涂层的制备及其近红外屏蔽性能研究［D］. 南京: 东南大学, 2018.

[64] 徐兴雨. 纳米透明隔热涂料的研制及其综合节能评估［D］. 北京: 中国石油大学(北京), 2017.

[65] RAN S, LIU J X, SHI F, et al. Microstructure regulation of $Cs_x WO_3$ nanoparticles by organic acid for improved transparent thermal insulation performance[J]. Materials Research Bulletin, 2019, 109: 273-280.

[66] TAN Y N, LYU J F, ZHANG D C, et al. $Rb_x Cs_y WO_3$ based superhydrophobic transparent thermal insulation film for energy saving[J]. Colloids and Surfaces：A, 2024, 692: 133994.

[67] WU X Y, WANG J T, ZHANG G K, et al. Series of $M_x WO_3/ZnO$ (M = K, Rb, NH_4) nanocomposites: Combination of energy saving and environmental decontamination functions[J]. Applied Catalysis：B, 2017, 201: 128-136.

[68] GUO C S, YIN S, DONG Q, et al. Near-infrared absorption properties of $Rb_x WO_3$ nanoparticles[J]. CrystEngComm, 2012, 14(22): 7727-7732.

[69] GUO C S, YIN S, DONG Q, et al. Solvothermal fabrication of rubidium tungsten bronze for the

9

absorption of near infrared light[J]. Journal of Nanoscience and Nanotechnology, 2013, 13(5): 3236-3239.

[70] 黄春波, 郑威猛, 王俊生, 等. 碱钨青铜粉体的溶胶-凝胶法合成与表征[J]. 稀有金属材料与工程, 2020, 49(4): 1331-1336.

[71] SHARMA K R, ATTRI D, SAIYED M A R, et al. Precise calorimetric rubidium mass estimation and its application to the rubidium atomic frequency standard (RAFS)[J]. Journal of Thermal Analysis and Calorimetry, 2022, 147: 10049-10056.

[72] CUI J Q, MING G, WANG F, et al. Design and studies of an ultra high-performance physics package for vapor-cell rubidium atomic clock [C] ∥ China Satellite Navigation Conference (CSNC 2022) Proceedings. Singapore: Springer, 2022: 403-414.

[73] GUO Y G, ZHU L L, WANG S W, et al. Improving the start-up characteristics of the rubidium atomic clock[J]. AIP Advances, 2022, 12(4): 045216.

[74] SAEDI M, SFILIGOJ C, VERHOEVEN J, et al. Effect of rubidium incorporation on the optical properties and intermixing in Mo/Si multilayer mirrors for EUV lithography applications[J]. Applied Surface Science, 2020, 507: 144951.

[75] CHOUEIRY J, MISTRY N P, BEANLANDS R S, et al. Automated dynamic motion correction improves repeatability and reproducibility of myocardial blood flow quantification with rubidium-82 PET imaging[J]. Journal of Nuclear Cardiology, 2023, 30: 1133-1146.

[76] LASSEN M L, WISSENBERG M, BYRNE C, et al. Performance of 8-vs 16 ECG-gated reconstructions in assessing myocardial function using rubidium-82 myocardial perfusion imaging: Findings in a young, healthy population[J]. Journal of Nuclear Cardiology, 2023, 30: 1406-1413.

[77] JENSEN M, BENTSEN S, CLEMMENSEN A, et al. Feasibility of positron range correction in 82-rubidium cardiac PET/CT[J]. EJNMMI Physics, 2022, 9(1): 51.

[78] MAKHDOOM M, AZAM S, ALREBDI T A, et al. Rb and Cs doping effects in sodium borohydride: Density functional theory for hydrogen (H_2) storage purpose[J]. International Journal of Hydrogen Energy, 2021, 46(2): 2405-2412.

[79] HUANG P W, TANG B, CHEN X, et al. Accuracy and stabi-lity evaluation of the ^{85}Rb atom gravimeter WAG-H5-1 at the 2017 International Comparison of Absolute Gravimeters[J]. Metrologia, 2019, 56(4): 045012.

[80] BOUTON Q, NETTERSHEIM J, BURGARDT S, et al. A quantum heat engine driven by atomic collisions[J]. Nature Communications, 2021, 12(1): 2063.

[81] 缪培贤, 杨世宇, 王剑祥, 等. 抽运-检测型非线性磁光旋转铷原子磁力仪的研究[J]. 物理学报, 2017, 66(16): 45-54.

[82] AHRENDSEN K, TRANTHAM K, TUPA D, et al. Progress on the rubidium spin filter[C] ∥ Annual Meeting of the APS Division of Atomic, Molecular and Optical Physics Meeting Abstracts. Washington, D.C.: Bulletin of the American Physical Society, 2022.

[83] WANG T, XIONG Y, LI R, et al. Dependence of infrared absorption properties on the Mo doping contents in M_xWO_3 with various alkali metals[J]. New Journal of Chemistry, 2016, 40(9): 7476-7481.

[84] NASEEM S, WU C M, CHALA T F. Photothermal-responsive tungsten bronze/recycled cellulose triacetate porous fiber membranes for efficient light-driven interfacial water evaporation[J]. Solar

Energy, 2019, 194: 391-399.

[85]　吕剑锋, 谭彦妮, 邹俭鹏, 等. 铷、铯钨青铜粉末及其透明隔热薄膜[J]. 稀有金属材料与工程, 2023, 52(8): 2757-2764.

作者简介

谭彦妮，中南大学粉末冶金研究员，副研究员，材料学博士，硕士生导师。长期从事纳米功能材料研究。曾国家公派在英国伯明翰大学留学2年。主持多项国家、省市自然科学项目，主持湖南省教改项目1项，中南大学教改项目3项。国际期刊的审稿人，荣获英国物理学会出版社IOP Trusted Reviewer。*Biofunctional Materials*、*EcoEnergy*、中国有色金属学报，粉末冶金材料科学与工程青年编委。在国际期刊发表SCI论文50多篇，出版英文Book chapter 3本，中文著作一本，申请专利16项，已授权12项。2024年指导本科生参加全国大学生节能减排大赛获得国赛一等奖。

9